一陸特受験教室 無線工学

吉川忠久 著

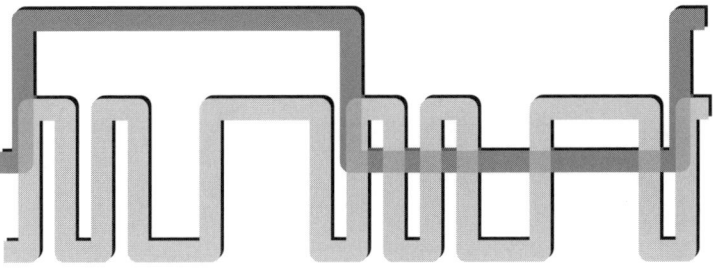

 東京電機大学出版局

はじめに

　第一級陸上特殊無線技士（一陸特）の免許は，無線従事者として固定通信を行う固定局や人工衛星と通信を行う地球局などの無線局の無線設備の運用，あるいはメーカーなどで無線設備を保守する技術者として勤務するときに必要な資格です．

　また，無線局を開設するときや省令で定められた期間ごとに総合通信局の職員による無線局の検査が行われますが，その検査の一部が省略される条件として，登録検査等事業者の検査や点検があります．このとき，一陸特の有資格者は，登録検査等事業者の点検員として従事することができます．

　そこで一陸特の試験問題においては，上に示した業務に従事する無線技術者が必要とする知識について出題されています．また，一陸特の資格の操作範囲には，より簡単に取得することができる二陸特，三陸特の資格の操作範囲も含まれています．これらの資格は陸上移動通信系の無線局の無線設備を操作することができる資格ですから，試験では陸上移動系の無線通信に関する内容が主に出題されています．最近の一陸特の国家試験の出題傾向として，これらの資格の操作に必要な多重無線設備以外の無線設備に関する問題も増加しています．

　本書では，現在出題されている国家試験問題に合わせて，その解答に必要な知識の解説を中心に構成しました．また，基本問題練習によって，その知識を確実なものとすることができます．

　本書の姉妹書である「集中ゼミ」は学習のまとめとして，「合格精選問題集」は国家試験前の練習問題として活用すると，効率よく合格することができるでしょう．

　一陸特よりも上級の資格として，第二級陸上無線技術士（二陸技），第一級陸上無線技術士（一陸技）があります．無線技術者としてそれらの資格を目指している方も多いと思いますが，いきなり上級の資格を受験するのはかなり難しいので，本書でひととおりのことを学習して一陸特を取得してから二陸技，一陸技の学習に進まれることをお勧めします．

　本書によって，一人でも多くの方が一陸特の国家試験に合格し，資格を取得することにお役に立てれば幸いです．

2007年2月

著者しるす

目　次

一陸特とは ……………………………………………………………… vi
本書の使い方 …………………………………………………………… viii

第1章　無線工学の基礎

- 1.1　直流回路 ………………………………………………………1
- 1.2　交流回路 ………………………………………………………7
- 1.3　4端子回路網 …………………………………………………12
- 1.4　抵抗減衰器 ……………………………………………………14
- 1.5　フィルタ ………………………………………………………16
- 1.6　伝送線路 ………………………………………………………17
- 1.7　導波管 …………………………………………………………21
- 1.8　半導体・ダイオード …………………………………………25
- 1.9　トランジスタ・電子管 ………………………………………26
- 1.10　電子回路（増幅・発振・変調回路） ………………………30
- 1.11　電子回路（パルス・デジタル回路） ………………………35
- 基本問題練習 ………………………………………………………37

第2章　変調・復調

- 2.1　アナログ変調方式 ……………………………………………61
- 2.2　パルス変調方式 ………………………………………………66
- 2.3　変復調器 ………………………………………………………72
- 基本問題練習 ………………………………………………………76

第3章　多重通信システム

- 3.1　多重通信方式 …………………………………………………90
- 3.2　マイクロ波通信回線 …………………………………………95
- 基本問題練習 ………………………………………………………96

第4章　送受信装置

- 4.1　FM（F3E）送受信装置 ……………………………………105

4.2	SS-FM送受信装置	108
4.3	PCM送受信装置	110
4.4	受信機の特性	112
4.5	衛星通信用の送受信装置	114
4.6	電池	116
4.7	電源装置	118
基本問題練習		121

第5章　中継方式

5.1	各種中継方式	139
5.2	干渉・遠隔監視	141
5.3	衛星通信回線	144
5.4	多元接続方式	146
基本問題練習		147

第6章　レーダ

6.1	パルスレーダ	158
6.2	CWレーダ（持続波レーダ）	164
基本問題練習		165

第7章　アンテナ

7.1	周波数帯の分類	175
7.2	線状アンテナ	176
7.3	アンテナの性能	178
7.4	立体構造アンテナ	180
基本問題練習		185

第8章　電波伝搬

8.1	電波伝搬の分類	195
8.2	直接波と大地反射波の干渉	196
8.3	自由空間電波伝搬	198
8.4	対流圏伝搬	199
8.5	見通し距離	201
8.6	山岳回折	202

8.7	電波伝搬における諸現象	203
8.8	衛星通信の電波伝搬	205
基本問題練習		205

第9章　測定

9.1	基本電気計測	220
9.2	マイクロ波帯の測定機器	225
9.3	無線機器に関する測定	228
9.4	アンテナ系に関する測定	230
基本問題練習		232

国家試験受験ガイド …………………………………………………244
索引 ………………………………………………………………247

一陸特とは！

　第一級陸上特殊無線技士（一陸特）は，無線局における多重無線設備の技術操作または操作の監督を行うことができる資格である．具体的には，国や地方自治体が設置した防災行政無線，通信事業者が設置した固定無線通信回線，衛星無線通信回線，移動無線データ通信回線，あるいは放送事業者が設置したテレビ中継無線通信回線用の多重無線装置などの無線設備の技術操作を行うことができる．また，第二級陸上特殊無線技士，第三級陸上特殊無線技士の操作範囲の操作を行うことができる．

　無線局の無線設備の技術操作または操作の監督を直接行うことだけではなく，基地局や陸上移動局などの無線設備の点検し，保守を行う登録検査等事業者の点検員として従事することもできる．

　無線通信士，無線技術士，特殊無線技士，アマチュア無線技士などの無線従事者の資格の取得者数は600万を超えている．そのうち，一陸特の資格取得者数は約19万であり，一陸特の資格取得者数は，陸上移動通信，固定通信，衛星通信の伸びに伴って増加している．

　また，国家試験の受験者数は，毎年約10,000人，合格率は約30パーセントである．

　第二級陸上特殊無線技士は，自動車などの速度を測定するレーダ，VSAT小規模地球局，国などの設置した中短波帯の陸上移動局や基地局の無線設備の技術操作を行うことができる．また，第三級陸上特殊無線技士の操作範囲の操作を行うことができる．

　第三級陸上特殊無線技士は，自動車などに設置したVHF・UHF帯の陸上移動局や基地局の無線設備の技術操作を行うことができる．

　無線工学の試験問題の例を次に示す．

答案用紙記入上の注意：答案用紙のマーク欄には、正答と判断したものを一つだけマークすること。

第一級陸上特殊無線技士「無線工学」試験問題

24問

〔1〕 次の記述は、衛星通信に用いられる地球局用アンテナ系として望ましい特性について述べたものである。このうち誤っているものを下の番号から選べ。

1　アンテナ系の雑音温度が高いこと。
2　衛星から到来する微弱な電波が受信できるよう、アンテナ利得が高いこと。
3　給電回路の損失が小さいこと。
4　アンテナの放射特性において、サイドローブの利得は、メインローブの最大利得よりできるだけ低い(小さい)こと。

〔2〕 標本化定理において、周波数帯域が 300〔Hz〕から 3〔kHz〕までのアナログ信号を標本化して、忠実に再現することが原理的に可能な標本化周波数の下限の値として、正しいものを下の番号から選べ。

1　300〔Hz〕　　2　600〔Hz〕　　3　3〔kHz〕　　4　6〔kHz〕　　5　9〔kHz〕

〔3〕 図に示す回路において、端子 ab 間に直流電圧を加えたところ、4〔Ω〕の抵抗に 1.5〔A〕の電流が流れた。端子 ab 間に加えられた電圧の値として、正しいものを下の番号から選べ。

1　10〔V〕
2　12〔V〕
3　14〔V〕
4　16〔V〕
5　18〔V〕

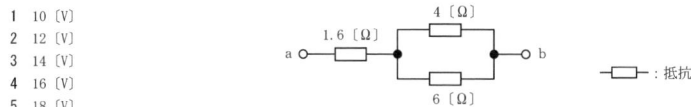

〔4〕 増幅器の入力端の入力信号電圧 v_i〔V〕に対する出力端の出力信号電圧 v_o〔V〕の比(v_o/v_i)による電圧利得が G〔dB〕のとき、入力信号電力に対する出力信号電力の比による電力利得として正しいものを下の番号から選べ。ただし、増幅器の入力抵抗 R_i〔Ω〕と出力端に接続される負荷抵抗 R_o〔Ω〕は等しい($R_i = R_o$)ものとする。

1　G〔dB〕
2　$G-3$〔dB〕
3　$G-6$〔dB〕
4　$G+3$〔dB〕
5　$G+6$〔dB〕

〔5〕 次の記述は、あるダイオードの特徴とその用途について述べたものである。この記述に該当するダイオードの名称として、正しいものを下の番号から選べ。

ひ素やインジウムのような不純物の濃度が普通のシリコンダイオードの場合より高く、逆方向電圧を上げていくと、ある電圧で急に大電流が流れるようになって、それ以上、逆方向電圧を上げることができなくなる特性を有しており、電源回路等に広く用いられている。

1　ピンダイオード
2　バラクタダイオード
3　ツェナーダイオード
4　ガンダイオード

〔6〕 次の記述は、接合形トランジスタと比べたときの電界効果トランジスタ(FET)の一般的な特徴について述べたものである。□□内に入れるべき字句の正しい組合せを下の番号から選べ。

(1) チャネルを流れる電流は、 A キャリアからなる。
(2) 入力インピーダンスは、極めて B 。
(3) 雑音は、 C 。

	A	B	C
1	多数	低い	大きい
2	多数	高い	小さい
3	少数	高い	大きい
4	少数	低い	小さい

本書の使い方

1 本書の構成

本書の構成は各章ごとに**基礎学習**,**基本問題練習**となっている.

まず,国家試験問題を解くのに必要な事項や公式などは基礎学習に挙げてあるが,計算過程や補足的な説明については各問題ごとに解説してある.

出題されている国家試験の問題は選択式なので,出題範囲の内容をすべて覚える必要はないが,試験問題を解くためには各項目のポイントを正確につかんでおかなければならない.そこで基礎学習により全体の内容を理解し,次に基本問題練習によって実際に出題された問題を解くことにより,理解度を確かめながら学習していくことができるので,国家試験に対応した学習を進めることができる.

2 基礎学習

① 基礎学習では国家試験問題を解答するために必要な知識を解説してある.

② **太字**の部分は,試験問題を解答するときのポイントとなる部分,あるいは今後の出題で重要と思われる部分なので,特に注意して学習すること.

③ **Point**では,試験問題を解答するために必要な法則,公式,方式の特徴などをまとめてある.

④ **Basic**では,本文の計算過程などを理解する上で必要な数学の公式などについて解説してある.

⑤ **網掛け**の部分では,試験問題によく出題される用語の意味,項目の説明などについて解説してある.

3 基本問題練習

① 過去に出題された問題を中心に,各項目ごとに必要な問題をまとめてある.

② 実際の国家試験では,過去に出題された問題とまったく同じ問題が出題されることもあるが,計算の数値が変わっていたり,正解以外の選択肢の内容が変わって出題されることがある.穴埋め補完式の問題では穴の位置を変えて出題されることがあるので,解答以外の内容についても学習するとよい.

③ 各問題の解説では,計算問題については計算の過程を,説明問題では補足的な解説を示してある.公式を覚えることは重要であるが,それだけでは解答を導き出せないので,計算の過程をよく理解して計算方法に慣れておくことも必要である.また,正誤式の問題では誤っている箇所の正しい内容を示してあるので,それらを比較して学習するとよい.

④ 各問題の右下のp.**は,基礎学習で解説してある関連事項のページを示している.問題を解きながら,関連する内容を参考にするときは,そのページを参照するとよい.

1 無線工学の基礎

1.1 直流回路

1 オームの法則

図1・1のように，抵抗 R〔Ω：オーム〕に電圧 V〔V：ボルト〕を加えると，電流 I〔A：アンペア〕が流れる．このとき，次式が成り立つ．

$$I = \frac{V}{R} \ \text{〔A〕} \tag{1.1}$$

また，次のように表すこともできる．

$$V = RI \ \text{〔V〕} \quad R = \frac{V}{I} \ \text{〔Ω〕} \tag{1.2}$$

抵抗 R は，電圧 V と電流 I の関係を表す定数で，電流の流れにくさを表す．

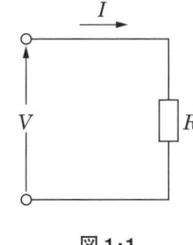

図1・1

2 キルヒホッフの法則

(1) 第一法則（電流の法則）

図1・2の回路の接続点Pにおいて，流入する電流の和と流出する電流の和は等しくなり，次式が成り立つ．

$$I_1 + I_2 = I_3 \tag{1.3}$$

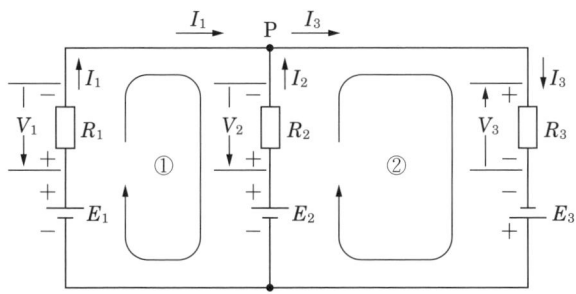

E：起電力
Vの向きは，Iの向きによって定まる

図1・2

(2) 第二法則（電圧の法則）

図1・2の閉回路①において，各部の電圧降下の和は起電力と等しくなり，次式が成り立つ．

$$E_1 - E_2 = V_1 - V_2$$
$$= I_1 R_1 - I_2 R_2 \tag{1.4}$$

閉回路②では，次式が成り立つ．

$$E_2 + E_3 = V_2 + V_3$$
$$= I_2 R_2 + I_3 R_3 \tag{1.5}$$

キルヒホッフ第二の法則は，回路のある点から一回りして元に戻る閉回路では，どの経路を通っても常に成り立つ．

3 抵抗の接続

(1) 直列接続

図1・3のように抵抗を直列接続したときの合成抵抗R_S〔Ω〕は，次式で表される．

$$R_S = R_1 + R_2 + R_3 \ 〔Ω〕 \tag{1.6}$$

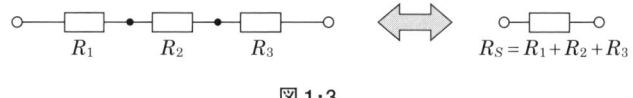

図1・3

(2) 並列接続

図1・4のように抵抗を並列接続したときの合成抵抗R_P〔Ω〕は，次式で表される．

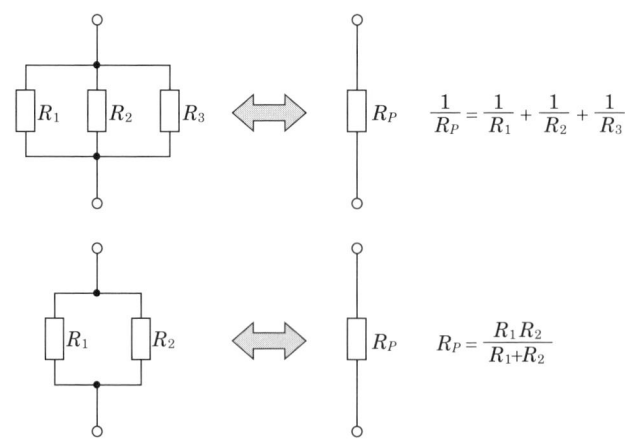

図1・4

$$\frac{1}{R_P} = \frac{1}{R_1} + \frac{1}{R_2} + \frac{1}{R_3} \tag{1.7}$$

二つの抵抗の並列接続では，次式で表すこともできる．

$$R_P = \frac{R_1 R_2}{R_1 + R_2} \ [\Omega] \tag{1.8}$$

4 コイルの接続

(1) インダクタンス

インダクタンス L 〔H：ヘンリー〕のコイルに流れている電流 i を短い時間 Δt 〔s〕の間に Δi 〔A〕変化させると，このとき発生する誘起電圧の大きさ e 〔V〕は，次式で表される．

$$e = L \frac{\Delta i}{\Delta t} \ [\text{V}] \tag{1.9}$$

(2) 直列接続

① 相互誘導がない接続

図1・5(a)のように，コイル相互の磁束の影響がない状態で直列に接続したときの合成インダクタンス L〔H〕は，次式で表される．

$$L_S = L_1 + L_2 \ [\text{H}] \tag{1.10}$$

② 相互誘導がある接続

図1・5(b)のように，コイル相互の磁束が影響する状態では，相互インダクタンスを M〔H〕

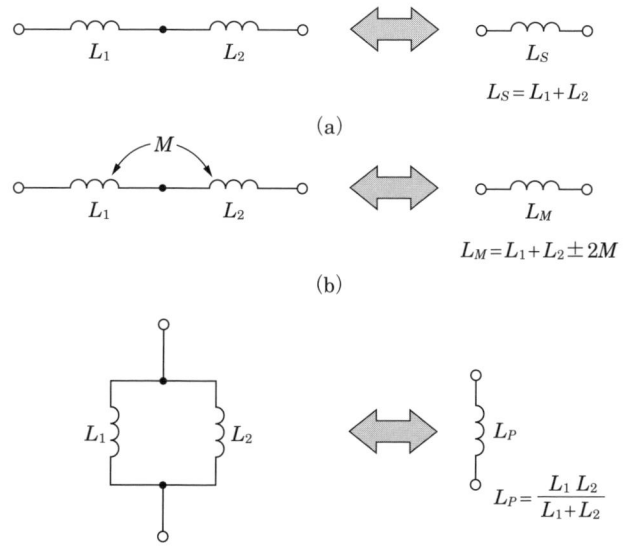

図1・5

とすると，合成インダクタンスL_M〔H〕は，次式で表される．

磁束が互いに加わるような和動接続では，

$$L_M = L_1 + L_2 + 2M \text{ 〔H〕} \tag{1.11}$$

磁束が互いに打ち消し合うような差動接続では，

$$L_M = L_1 + L_2 - 2M \text{ 〔H〕} \tag{1.12}$$

また，コイルの結合の状態を表す結合係数kは，次式で表される．

$$k = \frac{M}{\sqrt{L_1 + L_2}} \tag{1.13}$$

(3) 並列接続

図1・5(c)のように，コイル相互の磁束の影響がない状態で並列に接続したときの合成インダクタンスL_P〔H〕は，次式で表される．

$$L_P = \frac{L_1 L_2}{L_1 + L_2} \text{ 〔H〕} \tag{1.14}$$

5 コンデンサの接続

(1) 静電容量

図1・6のように，静電容量がC〔F：ファラド〕のコンデンサに電圧V〔V〕を加えると，電荷Q〔C：クーロン〕が蓄積される．このとき，次式が成り立つ．

$$Q = CV \text{ 〔C〕} \tag{1.15}$$

また，次のように表すこともできる．

$$V = \frac{Q}{C} \text{ 〔V〕} \qquad C = \frac{Q}{V} \text{ 〔F〕} \tag{1.16}$$

> 静電容量Cは，電圧Vと電荷Qの関係を表す定数で，同じ電圧を加えたときにどのくらいの電荷が蓄積されるかを表す．

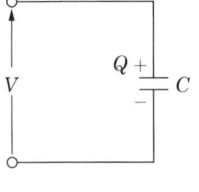

図1・6

電荷を蓄えることができる部品をコンデンサという．

(2) 直列接続

図1・7のようにコンデンサを直列接続したときの合成静電容量C_S〔F〕は，次式で表される．

$$\frac{1}{C_S} = \frac{1}{C_1} + \frac{1}{C_2} + \frac{1}{C_3} \tag{1.17}$$

二つのコンデンサの直列接続では，次式で表すこともできる．

$$C_S = \frac{C_1 C_2}{C_1 + C_2} \ [\mathrm{F}] \tag{1.18}$$

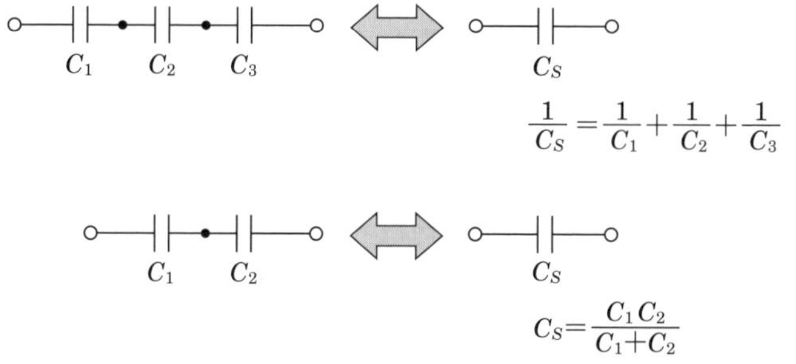

$$\frac{1}{C_S} = \frac{1}{C_1} + \frac{1}{C_2} + \frac{1}{C_3}$$

$$C_S = \frac{C_1 C_2}{C_1 + C_2}$$

図 1・7

(3) 並列接続

図1・8のようにコンデンサを並列接続したときの合成静電容量 C_P [F] は，次式で表される．

$$C_P = C_1 + C_2 + C_3 \ [\mathrm{F}] \tag{1.19}$$

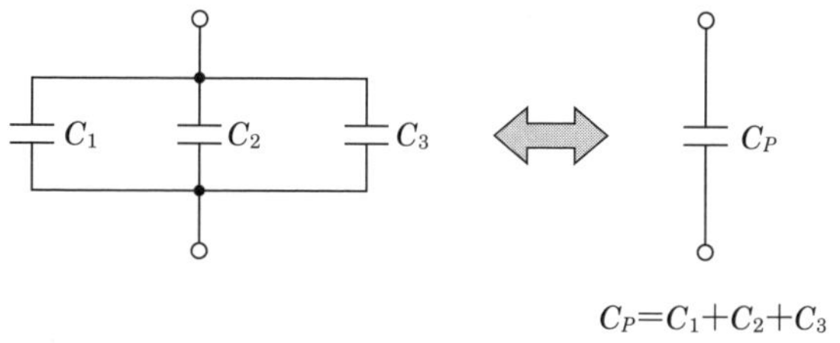

$$C_P = C_1 + C_2 + C_3$$

図 1・8

6 電圧源と電流源

(1) 起電力

電池などの電圧を発生させる能力を**起電力**または**電圧源**という．電池などの電源は，図1・9(b) のような**電圧源** E [V] と**内部抵抗** r [Ω] の等価回路で表すことができる．電圧源の内部抵抗は，0 として扱う．

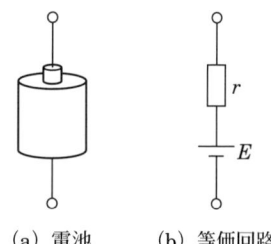

(a) 電池　　(b) 等価回路

図 1・9

1.1 直流回路

(2) 電流源

内部抵抗が r〔Ω〕,電圧が E〔V〕の電圧源の出力を短絡させると,短絡電流 I_0〔A〕は,

$$I_0 = \frac{E}{r} \text{〔A〕} \tag{1.20}$$

で表される.電池などに負荷抵抗を接続すると,電池の内部抵抗によって電流が制限される.短絡電流 I_0 は,負荷抵抗の値を変化させたときに取り出すことができる最大電流を表す.

図 1・10 に電流源で表した等価回路を示す.図 1・9(b)の電圧源の回路は,図 1・10(b)の回路で表すこともできる.電流源はトランジスタの等価回路などで用いられている.また,電流源の内部抵抗は無限大として扱い,電流源は回路に並列に挿入される.

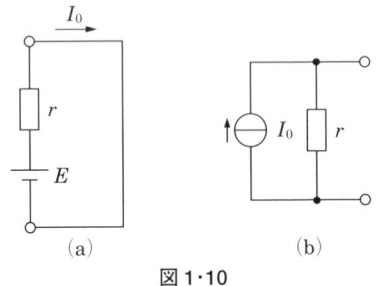

図 1・10

7 ミルマンの定理

図 1・11(a)のようにいくつかの起電力と抵抗が並列に接続されているとき,その端子電圧 V〔V〕は,**ミルマンの定理**によって次式で表される.

$$V = \frac{\dfrac{E_1}{R_1} + \dfrac{E_2}{R_2} - \dfrac{E_3}{R_3}}{\dfrac{1}{R_1} + \dfrac{1}{R_2} + \dfrac{1}{R_3}} \text{〔V〕} \tag{1.21}$$

図 1・11(a)の起電力を含む回路は,図 1・11(b)のように電流源に置き換えることができる.また,n 番目の起電力 E_n の向きが V の向きに対して反対のときは $E_n = -E_n$ として,起電力が無いときは $E_n = 0$ として計算する.

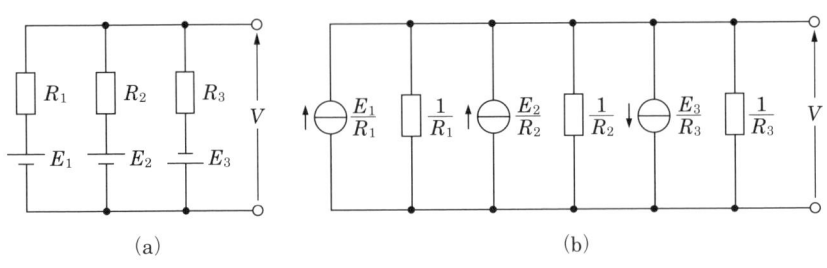

図 1・11

1.2 交流回路

1 正弦波交流

図1・12のように時間と共に周期的に変化する電圧や電流を交流といい，電流の**最大値**がI_m〔A〕の正弦波交流電流において，ある瞬間の値を表す**瞬時値**i〔A〕は次式で表される．

$$i = I_m \sin \omega t \tag{1.22}$$

ただし，**角周波数**$\omega (= 2\pi f)$

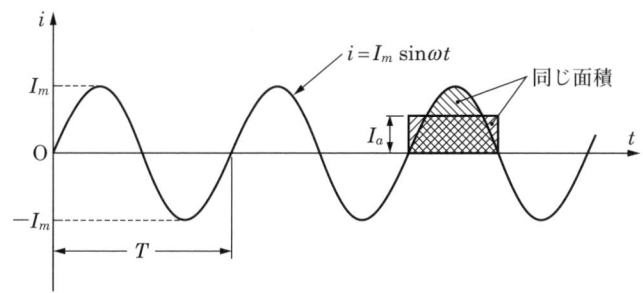

図1・12

最大値I_m〔A〕の正弦波交流電流を半周期で平均した値を**平均値**といい，平均値I_a〔A〕は，次式で表される．

$$I_a = \frac{2}{\pi} I_m \fallingdotseq 0.637 I_m \text{〔A〕} \tag{1.23}$$

また，直流と同じ電力を発生する値を**実効値**I_e〔A〕といい，次式で表される．

$$I_e = \frac{1}{\sqrt{2}} I_m \fallingdotseq 0.707 I_m \text{〔A〕} \tag{1.24}$$

交流の電圧や電流は，一般に実効値で表される．

2 インピーダンス

抵抗，コイル，コンデンサに正弦波交流電流を流したときの各素子の瞬時値電圧v_R，v_L，v_Cは，次式で表される．

$$v_R = Ri = RI_m \sin \omega t \tag{1.25}$$

$$v_L = \omega L I_m \cos \omega t = \omega L I_m \sin\left(\omega t + \frac{\pi}{2}\right) \tag{1.26}$$

$$v_C = -\frac{1}{\omega C} \cos \omega t = \frac{1}{\omega C} \sin\left(\omega t - \frac{\pi}{2}\right) \tag{1.27}$$

電流の位相を基準にとると，抵抗の電圧v_Rは同位相，コイルの電圧v_Lは90°($= \frac{\pi}{2}$〔rad：

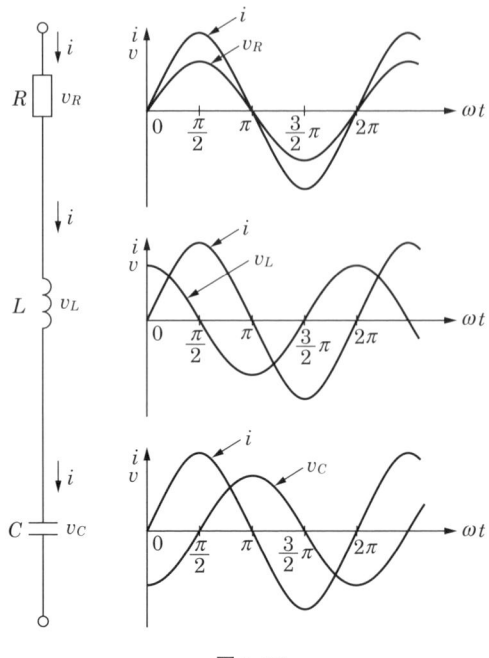

図1・13

ラジアン〕）進み，コンデンサの電圧 v_C は90°遅れる．また，抵抗と同じように交流電流を妨げる働きをする定数を**リアクタンス**という．コイルによる**誘導性リアクタンス**を X_L〔Ω〕，コンデンサによる**容量性リアクタンス**を X_C〔Ω〕とすると，リアクタンスは次式で表される．

$$X_L = \omega L \ 〔Ω〕 \qquad X_C = \frac{1}{\omega C} \ 〔Ω〕$$

3 交流の複素数表示

抵抗と誘導性リアクタンスの直列回路に交流電流 $\dot{I}$ を流すと，電圧 $\dot{V}$ は次式で表される．

$$\dot{V} = \dot{V}_R + \dot{V}_L = R\dot{I} + jX_L\dot{I} = \dot{Z}\dot{I}$$

ここで，$\dot{V}_R$ は電流と同位相の電圧を表し，$\dot{V}_L$ は電流に対して90°位相が進んだ電圧を表す．これらの記号は，大きさと時間的な位相のずれを表すベクトル量として，**図1・14**のように表される．

このとき，$\dot{Z}$〔Ω〕を回路の**インピーダンス**といい，次式で表される．

$$\dot{Z} = R + jX_L \tag{1.28}$$

$\dot{Z}$ の大きさ Z〔Ω〕は，

$$Z = \sqrt{R^2 + X_L{}^2} \tag{1.29}$$

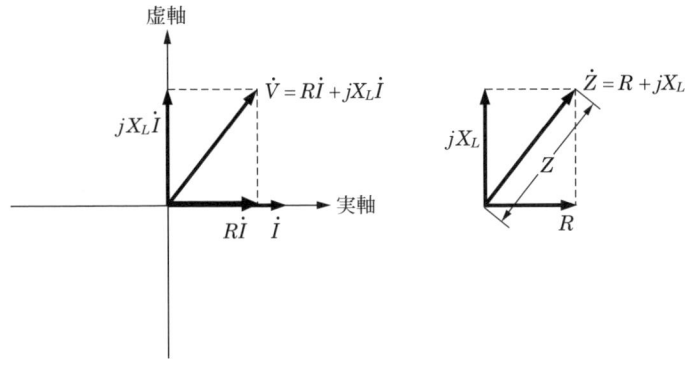

図1・14

ここで,

$\omega = 2\pi f$ （ω〔rad/s〕：角周波数，f〔Hz〕：周波数）

図1・15(a)のような抵抗，コイル，コンデンサの直列回路では，

$$\dot{Z} = R + j\left(\omega L - \frac{1}{\omega C}\right) \tag{1.30}$$

回路を流れる電流 $\dot{I}$〔A〕は，次式で表される．

$$\dot{I} = \frac{\dot{E}}{\dot{Z}} \tag{1.31}$$

> インピーダンスは，回路に交流電圧を加えたときの，電流の流れにくさを表す．
> 交流回路では，電流に対してコイルの電圧の位相は90°進み，コンデンサの電圧の位相は90°遅れる．電流や電圧の大きさと位相を表すために，ベクトル表示が用いられる．虚数 j は，電流や電圧の位相が90°異なることを表す．

4 アドミタンス

図1・15(a)の回路の**アドミタンス** $\dot{Y}$〔S：ジーメンス〕は，次式で表される．

$$\dot{Y} = G + jB \tag{1.32}$$

$$= \frac{1}{\dot{Z}} = \frac{1}{R+jX} = \frac{R}{R^2+X^2} - j\frac{X}{R^2+X^2} \tag{1.33}$$

ただし，G〔S〕：**コンダクタンス**，B〔S〕：**サセプタンス**

$$X = \omega L - \frac{1}{\omega C} \tag{1.34}$$

1.2 交流回路

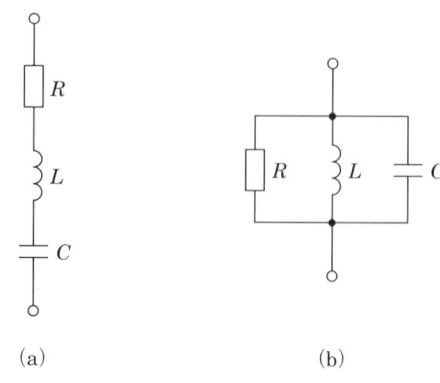

図 1・15

図1・15(b)の回路のアドミタンス $\dot{Y}$ [S]は,次式で表される.

$$\dot{Y} = \frac{1}{R} + j\left(\omega C - \frac{1}{\omega L}\right) \tag{1.35}$$

アドミタンスは,回路に交流電圧を加えたときの,電流の流れやすさを表す.

Basic

●虚数単位 j の計算(数学の記号では i を用いる.)

$$j = \sqrt{-1} \quad j^2 = -1 \quad j^3 = -j \quad \frac{1}{j} = -j$$

5 共振回路

(1) 共振周波数

図1・15(a)の回路において,式(1.30)の虚数部(j の項)が零になるとき,「回路が共振した」という.このときの角周波数を $\omega_0 = 2\pi f_0$ とすると,

$$\omega_0 L - \frac{1}{\omega_0 C} = 0$$

よって,

$$\omega_0 L = \frac{1}{\omega_0 C}$$

$$\omega_0^2 = \frac{1}{LC} \quad \therefore \quad \omega_0 = \frac{1}{\sqrt{LC}}$$

したがって，共振周波数 f_0〔Hz〕は次式で表される．

$$f_0 = \frac{1}{2\pi\sqrt{LC}} \text{〔Hz〕} \tag{1.36}$$

図1・15(a)の回路を**直列共振回路**といい，図1・15(b)の回路を**並列共振回路**という．並列共振回路の共振周波数は直列共振回路と同じ値となり，式(1.36)で表される．

(2) 共振回路のQ

共振回路のQは，回路が共振したときに，抵抗で消費される電力（エネルギー）をP_R〔W〕，リアクタンスに蓄えられる電力（エネルギー）をP_X〔W〕とすると，次式で表される．

$$Q = \frac{P_X}{P_R}$$

図1・15(a)の**直列共振回路**では，抵抗とリアクタンスに流れる電流の大きさをI〔A〕とすると，

$$Q_P = \frac{P_X}{P_R} = \frac{I^2 \omega_0 L}{I^2 R} = \frac{\omega_0 L}{R} = \frac{1}{\omega_0 CR} \tag{1.37}$$

ただし，共振時においては，

$$\omega_0 L = \frac{1}{\omega_0 C}$$

図1・15(b)の並列共振回路のQは，次式で表される．

$$Q_S = \frac{R}{\omega_0 L} = \omega_0 CR \tag{1.38}$$

共振回路のQは，周波数を変化させたときの回路の先鋭度（鋭さ）を表す．

Point

直列共振回路では，共振時の回路のインピーダンスは最小，回路に流れる電流は最大になる．
並列共振回路では，共振時の回路のインピーダンスは最大（アドミタンスは最小），外部から回路に流れる電流は最小になる．このとき，回路内のLC間を流れる電流は最大になる．

6 交流の電力

抵抗に電圧$\dot{V}$を加えて電流$\dot{I}$を流すと，電圧と電流は同位相なので，直流を加えた場合と同じように電力が消費される．電圧と電流の実効値をV, Iとすると，電力Pは次式で表される．

$$P = VI \text{〔W〕} \tag{1.39}$$

コイルやコンデンサのリアクタンスでは電圧と電流の間に位相差が90°あるので，エネルギーの消費となる電力消費は発生しないが，電圧と電流の積を求めることはできる．

図1・16(a)のように，抵抗RとリアクタンスXで構成されたインピーダンスZに加わる電圧と電流の位相角をθとすると，抵抗で消費される**有効電力**P_a〔W〕は次式で表される．

$$P_a = VI\cos\theta = RI^2 \text{〔W〕} \tag{1.40}$$

インピーダンス回路の電圧V，電流Iの積は**皮相電力**P_s〔VA：ボルトアンペア〕と呼ばれ，次式で表される．

$$P_s = VI = ZI^2 \text{〔VA〕} \tag{1.41}$$

見かけの電力P_s，有効電力P_aを用いて，図1・16(b)のように電力の関係を表した図を描くことができる．図において，P_q〔var：バール〕はリアクタンスに蓄えられる電力を表す．この値は**無効電力**と呼ばれ，次式で表される．

$$P_q = VI\sin\theta = XI^2 \text{〔var〕} \tag{1.42}$$

また，$\cos\theta$を力率と呼び，次式で表される．

$$\cos\theta = \frac{P_a}{P_s} = \frac{R}{Z} \tag{1.43}$$

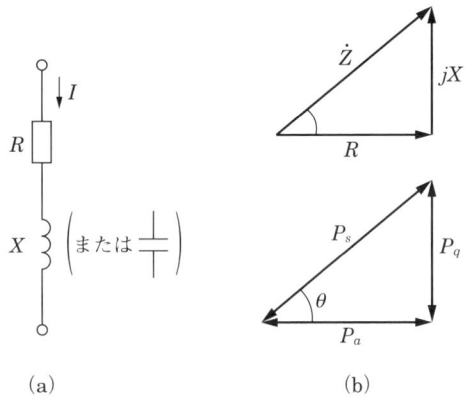

(a)　　　　　　　　(b)

図1・16

 **4端子回路網**

1　4端子定数

図1・17の回路において4端子定数A，B，C，Dを用いると，次式の関係が成り立つ．これらの定数を**基本パラメータ**または**Fパラメータ**という．

$$\dot{V}_1 = A\dot{V}_2 + B\dot{I}_2 \qquad (1.44)$$
$$\dot{I}_1 = C\dot{V}_2 + D\dot{I}_2 \qquad (1.45)$$

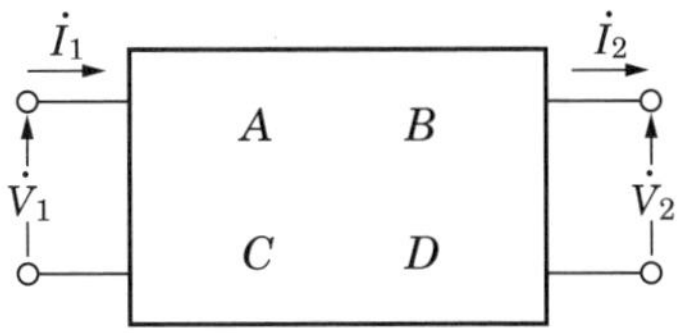

図1・17

2 基本回路のFパラメータ

図1・18(a)の回路において，出力端子を開放したとき($\dot{I}_2=0$)，および短絡したとき($\dot{V}_2=0$)のそれぞれの条件より，4端子定数A，B，C，Dを求めると，

$$A = \left(\frac{\dot{V}_1}{\dot{V}_2}\right)_{\dot{I}_2=0} = 1 \qquad (1.46)$$

$$B = \left(\frac{\dot{V}_1}{\dot{I}_2}\right)_{\dot{V}_2=0} = \dot{Z}_a \qquad (1.47)$$

$$C = \left(\frac{\dot{I}_1}{\dot{V}_2}\right)_{\dot{I}_2=0} = 0 \qquad (1.48)$$

$$D = \left(\frac{\dot{I}_1}{\dot{I}_2}\right)_{\dot{V}_2=0} = 1 \qquad (1.49)$$

同様にして，図1・18(b)の回路は，

$$A = 1 \quad B = 0 \quad C = \frac{1}{\dot{Z}_b} \quad D = 1$$

図1・18(c)の回路は，

$$A = 1 + \frac{\dot{Z}_a}{\dot{Z}_b} \quad B = \dot{Z}_a \quad C = \frac{1}{\dot{Z}_b} \quad D = 1$$

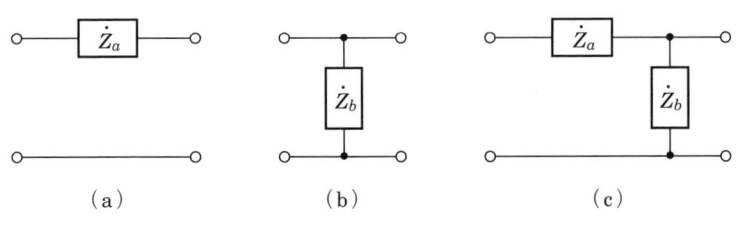

図1・18

Point

出力側を短絡すると$\dot{V}_2=0$，解放すると$\dot{I}_2=0$となるので，それらの値を式(1.44)，式(1.45)に代入すれば4端子定数を求めることができる．

1.3 4端子回路網

3 映像インピーダンス

4端子回路網を図1・19に示すように縦続接続したとき，接続点において左右を見たインピーダンス $\dot{Z}_1$ と $\dot{Z}_2$ が等しくなるように回路を構成したときのインピーダンスを**影像インピーダンス**という．また，図1・20に示すように2次側を解放，短絡したときの1次側から見たインピーダンスをそれぞれ $\dot{Z}_F$，$\dot{Z}_S$ とすると，影像インピーダンス $\dot{Z}$ は次式で表される．

$$\dot{Z} = \sqrt{\dot{Z}_F \dot{Z}_S}$$

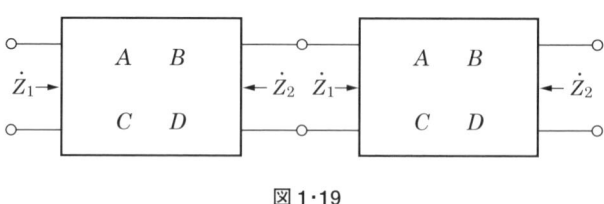

図1・19

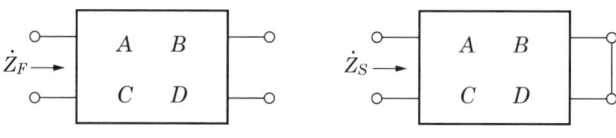

図1・20

1.4 抵抗減衰器

抵抗減衰器は，入力信号に所要の減衰を与えて出力させる回路で，T形，π形，L形，H形などの回路構成がある．一般に入力インピーダンス（入力抵抗）と出力インピーダンス（出力抵抗）が等しいものが用いられる．

図1・21(a)に示すT形回路において，出力に抵抗 R_L を接続したとき，入力側から見たインピーダンスが R_L となるときは，次式が成り立つ．

$$R_{12} = \frac{(R_1 + R_L)R_2}{R_1 + R_L + R_2} \tag{1.50}$$

$$R_L = R_0 = R_1 + R_{12} = R_1 + \frac{(R_1 + R_L)R_2}{R_1 + R_L + R_2} \tag{1.51}$$

ただし，R_0 および R_{12} は図の合成抵抗である．

入力電圧を V_1，入力電流を I_1 とすると，出力電流 I_2 は，

$$I_2 = \frac{I_1 R_{12}}{R_1 + R_L} = \frac{I_1 R_2}{R_1 + R_L + R_2} \tag{1.52}$$

入出力電圧の減衰量$1/n$は，入出力インピーダンスがR_Lなので，入出力電流I_1，I_2の減衰量と等しくなり，次式で表される．

$$\frac{1}{n} = \frac{I_2}{I_1} = \frac{R_2}{R_1 + R_L + R_2} \tag{1.53}$$

式(1.51)に代入すると，

$$R_L = R_1 + \frac{(R_1 + R_L)}{n}$$

$$nR_L = nR_1 + (R_1 + R_L) \quad \therefore \quad R_1 = \frac{(n-1)R_L}{n+1} \tag{1.54}$$

式(1.54)を式(1.53)に代入すると，

$$nR_2 = \frac{(n-1)R_L}{n+1} + R_L + R_2 \quad \therefore \quad R_2 = \frac{2nR_L}{n^2 - 1} \tag{1.55}$$

図1・21(b)のπ形回路では，

$$R_1 = \frac{(n^2 - 1)R_L}{2n} \tag{1.56}$$

$$R_2 = \frac{(n+1)R_L}{n-1} \tag{1.57}$$

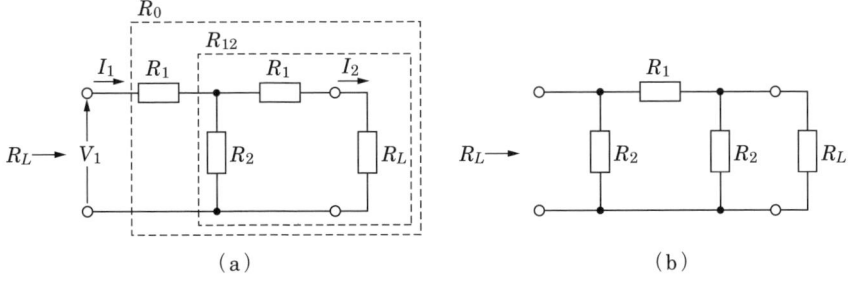

図1・21

Point

●デシベル

　回路の電圧や電力の比はデシベルで表すことができる．デシベルは大きな桁数の数値を表すときに便利な表し方である．

1.4　抵抗減衰器

電圧比 A_V をデシベル A_{dB} で表すと，次式で表される．

$A_{dB} = 20 \times \log_{10} A_V$ 〔dB〕 (1.58)

電力利得 G をデシベル G_{dB} で表すと，

$G_{dB} = 10 \times \log_{10} G$ 〔dB〕 (1.59)

ここで，$\log_{10}$ は常用対数である．数値をいくつか示すと，

$\log_{10} 2 \fallingdotseq 0.3$ $\qquad\qquad\qquad \log_{10} 3 \fallingdotseq 0.48$

$\log_{10} 10 = \log_{10} 10^1 = 1$ $\qquad \log_{10} 100 = \log_{10} 10^2 = 2$

$\log_{10} 10^n = n$

また，log の計算では，真数の積は log の和として計算することができる．
電圧利得が 40 倍の回路の利得をデシベルで表すと，

$20 \log_{10} 40 = 20 \log_{10} (2 \times 2 \times 10)$

$\qquad\qquad\quad = 20 \log_{10} 2 + 20 \log_{10} 2 + 20 \log_{10} 10$

$\qquad\qquad\quad \fallingdotseq 6 + 6 + 20 = 32$ 〔dB〕

1.5 フィルタ

フィルタには，入力信号を加えたときに特定の周波数以上の信号を出力させる**高域通過フィルタ**（HPF：High Pass Filter），特定の周波数以下の信号を出力させる**低域通過フィルタ**（LPF：Low Pass Filter），特定の周波数帯域の信号を出力させる**帯域通過フィルタ**（BPF：Band Pass Filter），特定の周波数帯域の信号を出力させない**帯域阻止（帯域消去）フィルタ**（BEF：High Eliminate Filter）がある．図1・22に各フィルタ回路と減衰特性を示す．フィルタ回路は，コイル L やコンデンサ C のリアクタンスで構成されている．コイルのリアクタンスは周波数が高くなると大きくなるので，LPF では入力から出力に直列に挿入され，高い周波数の信号を減衰させて，低い周波数の信号を通過させている．コンデンサの

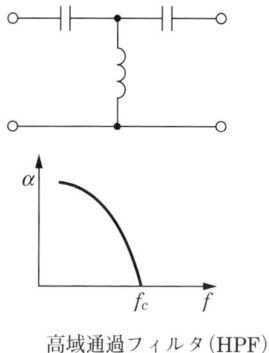

高域通過フィルタ（HPF）

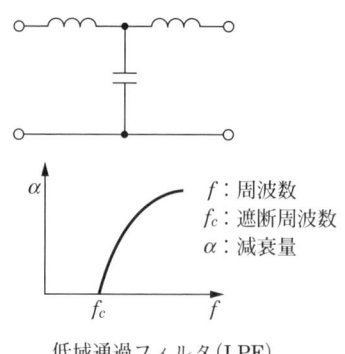

f：周波数
f_c：遮断周波数
α：減衰量

低域通過フィルタ（LPF）

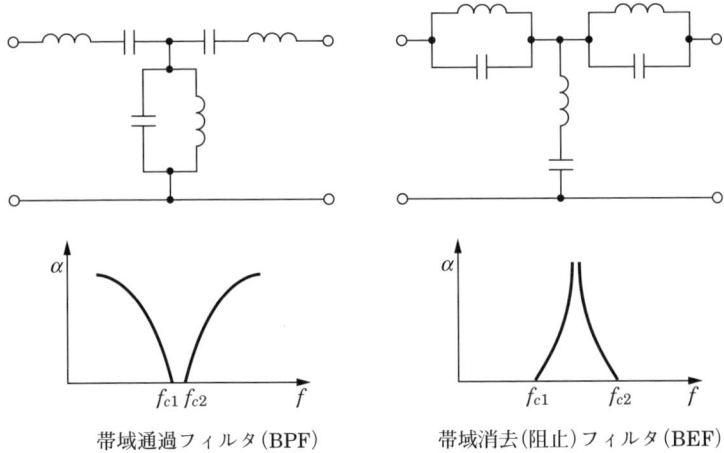

図 1・22

リアクタンスは周波数が低くなると大きくなるので，HPFでは入力から出力に直列に挿入され，低い周波数の信号を減衰させて，高い周波数の信号を通過させている．

1.6 伝送線路

1 分布定数線路

2本の平行線路に高周波電流を流すと，図1・23に示すように，単位長さ（1m）あたりにインピーダンス $\dot{Z}=R+j\omega L$〔Ω〕およびアドミタンス $\dot{Y}=G+j\omega C$〔Ω〕を持つ．

伝送線路上に電圧および電流を伝送すると，それらは常に特定の比を持って伝送する．このとき，電圧と電流の比から求めることができる**特性インピーダンス** $\dot{Z}_0$〔Ω〕は，次式で表される．

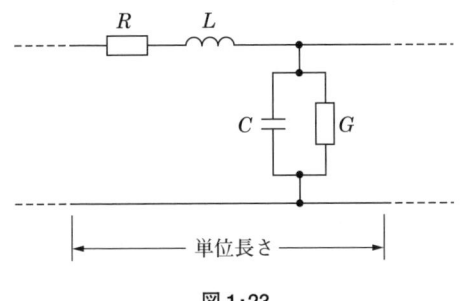

図 1・23

$$\dot{Z}_0 = \sqrt{\frac{\dot{Z}}{\dot{Y}}} = \sqrt{\frac{R+j\omega L}{G+j\omega C}} \ [\Omega] \tag{1.60}$$

また，線路の損失がない**無損失線路**の特性インピーダンスZ_0〔Ω〕は，

$$Z_0 = \sqrt{\frac{L}{C}} \ [\Omega] \tag{1.61}$$

で表され，リアクタンス成分を含まない抵抗値を持つ．これらの特性インピーダンスは，線路の形状で定まる特定の値を持つ．

> 線路に高周波電流を流すと，線路上に発生する電界と磁界の状態は，線路の太さや間隔，線路を支持する誘電体などによって定まる．これらの単位長さあたりの状態を電気回路の定数で表したものが，線路のインピーダンスやアドミタンスである．
> また，無損失線路でも線路を伝送する電圧と電流の比は一定の値を持つ．この値を表したものが特性インピーダンスであり，特性インピーダンスは抵抗値を持つが，線路の損失となるわけではない．

2 反射係数と電圧定在波比
(1) 反射係数

線路の特性インピーダンスと同じインピーダンスを受端に接続すると，送端から給電された電圧や電流はそのまま受端に供給される．ところが，線路の受端に特性インピーダンスと異なるインピーダンスを接続すると，**図1・24**のように受端で反射が生じて線路上に電圧や電流の値が異なる状態が発生する．これらを線路上の**電圧分布**，**電流分布**という．

入射波電圧を$\dot{V}_f$，反射波電圧を$\dot{V}_r$とすると，受端にインピーダンス$\dot{Z}_R$を接続したときに電圧が反射する程度を表す**反射係数**$\varGamma$は，次式で表される．

$$\varGamma = \frac{\dot{V}_r}{\dot{V}_f} = \frac{\dot{Z}_R - Z_0}{\dot{Z}_R + Z_0} \tag{1.62}$$

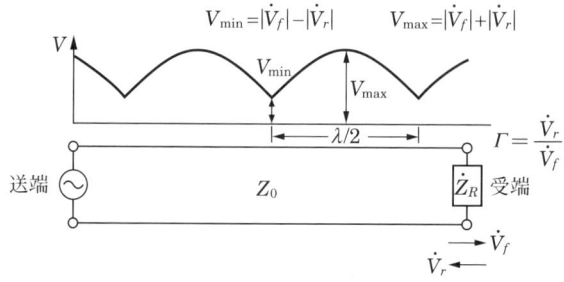

図1・24

受端を短絡した線路では，$\dot{Z}_R = 0$ だから $\varGamma = -1$，受端を開放した線路では，$\dot{Z}_R = \infty$ だから $\varGamma = 1$ で表される．

(2) 電圧定在波比

線路に反射があるとき，線路上の電圧の最大点を $V_{\max}$，最小点を $V_{\min}$ とすると，それらの比を表す**電圧定在波比** S は，次式で表される．

$$S = \frac{V_{\max}}{V_{\min}} = \frac{|\dot{V}_f| + |\dot{V}_r|}{|\dot{V}_f| - |\dot{V}_r|} = \frac{1 + \dfrac{|\dot{V}_r|}{|\dot{V}_f|}}{1 - \dfrac{|\dot{V}_r|}{|\dot{V}_f|}} = \frac{1 + |\varGamma|}{1 - |\varGamma|} \tag{1.63}$$

受端を短絡あるいは，開放した線路では，$|\varGamma| = 1$ だから $S = \infty$ で表される．

> **Point**
> ●定在波比と反射係数の範囲
> $1 \leq S \leq \infty$，$-1 \leq \varGamma \leq 1$，$0 \leq |\varGamma| \leq 1$ の関係がある．

(3) 線路のインピーダンス

図 1・25 に示すように，受端から距離 l の点から受端側を見た**線路のインピーダンス** $\dot{Z}$〔Ω〕は，位相定数を β とすると，次式で表される．

$$\dot{Z} = Z_0 \frac{\dot{Z}_R + jZ_0 \tan \beta l}{Z_0 + j\dot{Z}_R \tan \beta l} \text{〔Ω〕} \tag{1.64}$$

ただし，$\beta = \dfrac{2\pi}{\lambda}$

ここで，λ は伝送する電波の波長で，電波の周波数を f〔Hz〕，速度を c〔m/s〕とすると，波長 λ〔m〕は，

$$\lambda = \frac{c}{f} = \frac{3 \times 10^8}{f} \text{〔m〕}$$

で表される．位相定数 β は，長さ l が変化すると位相角が変化することを表し，$l = \lambda$ のときは，$\beta l = 2\pi$〔rad〕の位相角が変化することを表す．

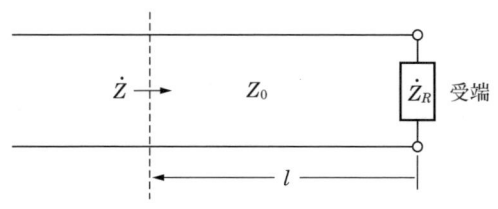

図 1・25

1.6 伝送線路

> **Point**
>
> ● 受端短絡線路のインピーダンス
>
> 　受端を短絡した受端短絡線路において，受端から距離 l の点から受端側を見た線路のインピーダンス $\dot{Z}$ はリアクタンスの値を持ち，次式で表される．
>
> $$\dot{Z} = jZ_0 \tan \beta l \tag{1.65}$$
>
> 　l が $\lambda/4$ までの範囲内では $\dot{Z}$ は誘導性リアクタンスとなり，受端短絡線路はコイルと同じ動作をする．$l = \lambda/4$ のときは $\dot{Z} = \infty$ となり，並列共振する．
>
> ● 受端開放線路のインピーダンス
>
> 　受端に何も接続していない受端開放線路において，受端から距離 l の点から受端側を見た線路のインピーダンス $\dot{Z}$ はリアクタンスの値を持ち，次式で表される．
>
> $$\dot{Z} = -jZ_0 \cot \beta l \tag{1.66}$$
>
> 　l が $\lambda/4$ までの範囲内では $\dot{Z}$ は容量性リアクタンスとなり，受端開放線路はコンデンサと同じ動作をする．$l = \lambda/4$ のときは $\dot{Z} = 0$ となり，直列共振する．

3 平行2線式給電線

　図1・26に平行2線式給電線の構造を示す．HF帯の送受信用アンテナの給電線として用いられるものは，導線を一定の間隔ごとに碍子などの絶縁体で作られたセパレータで保持した構造となっている．VHF，UHF帯の受信用として用いられるものは，全体をポリエチレンなどの誘電体で被って2線を平行に保つ構造である．

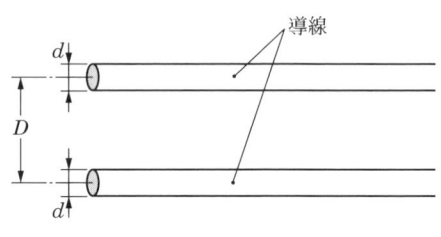

図1・26

導線の直径を d 〔mm〕，導線の中心間の距離を D 〔mm〕とすると，特性インピーダンス Z_0 〔Ω〕は次式で表される．

$$Z_0 = 277 \log_{10} \frac{2D}{d} \ [\Omega] \tag{1.67}$$

HFは3〜30MHz，VHFは30〜300MHz，UHFは300MHz〜3GHzの周波数帯．

4 同軸給電線（同軸ケーブル）

　図1・27に同軸給電線（同軸ケーブル）の構造を示す．一般に編組み銅線を用いた外部導体，単銅線またはより銅線の内部導体，およびそれを支持する誘電体（一般にポリエチレン充てん）で構成される．直流からUHF帯までの周波数の給電に用

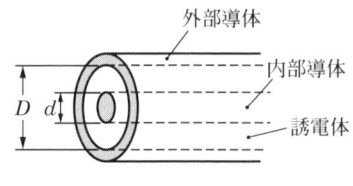

図1・27

いられる．内部導体の外径を d〔mm〕，外部導体の内径を D〔mm〕とすると，特性インピーダンス Z_0〔Ω〕は，次式で表される．

$$Z_0 = \frac{138}{\sqrt{\varepsilon_r}} \log_{10} \frac{D}{d} \text{〔Ω〕} \tag{1.68}$$

ただし，ε_r は誘電体（絶縁体）の比誘電率である．

1.7 導波管

1 導波管

マイクロ波帯の給電においては，同軸ケーブルでは導体の抵抗損と絶縁体の誘電体損が大きくなり，伝送効率が低下する．そこで，図1・28に示すような構造の**導波管**が用いられる．導波管は管内を中空にした金属管で，これに電磁波を直接送り込むと，管壁で反射を繰り返しながら電磁エネルギーが伝送される．導波管の損失は管壁に流れるわずかな誘導電流による熱損失だけなので，伝送効率は良好である．

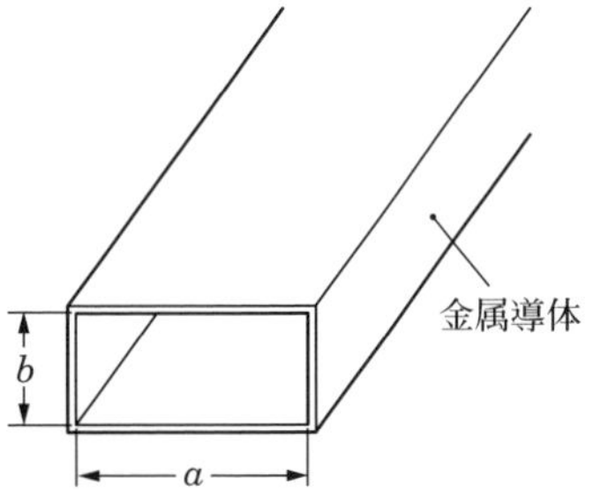

図1・28

導波管内では，入射する電波の波長と導波管の形状によって決まる一定の電磁界分布が発生する．これは，管壁の境界条件が満足するような電磁界分布の電磁波しか伝搬しないので，管の横幅と電磁波の波長によって定まる特定の反射角度の電波だけが伝搬されるためである．この電磁界分布の波長を**管内波長** λ_g といい，TE_{10} モードでは次式で表される．

$$\lambda_g = \frac{\lambda}{\sqrt{1-\left(\frac{\lambda}{2a}\right)^2}} = \frac{\lambda}{\sqrt{1-\left(\frac{\lambda}{\lambda c}\right)^2}} \tag{1.69}$$

ただし，a は導波管の長辺の長さ，λ_C は遮断波長である．

ここで，管内の電磁界分布を**モード**（姿態）という．電界 E だけが管軸方向の成分を持つものを E 波または **TM 波**（磁気的横波）という．電界が管軸と垂直方向の成分を持つ場合を H 波または **TE 波**（電気的横波）という．導波管の長辺の x 軸方向に 1/2 波長ごとの変化で電界が分布しているときの変化の数を m，短辺の y 軸方向の変化の数を n とすれば，このときのモードは TE_{mn}（または H_{mn}）と表され，図1・29の電磁波モードは TE_{10}（H_{10}）である．TE_{10} モードは方形導波管の基本モードと呼ばれ，一般に TE_{10} モードが用いられる．

マイクロ波帯は，3～30GHz（または，2～10GHz）の周波数帯．

導波管で電磁波を伝送すると，ある周波数以下の電磁波は伝送することができないという欠点を持つ．この周波数を**遮断周波数（遮断波長）**という．
また，管内波長 λ_g は自由空間の波長 λ よりも長い．

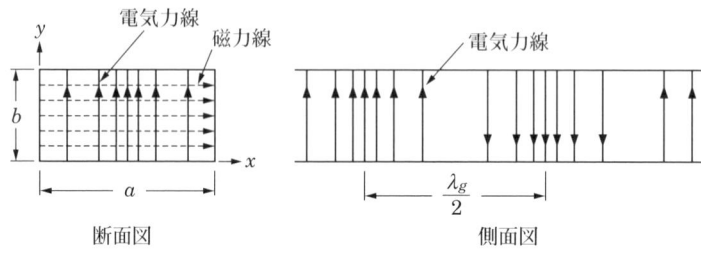

図 1・29

> **Point**
>
> 方形導波管の長辺の長さを a [m] とすると，遮断波長 λ_c は次式で表される．
> $$\lambda_c = 2a \tag{1.70}$$
> また，電波の自由空間の速度を $c = 3 \times 10^8$ [m/s] とすると，遮断周波数 f_c は次式で表される．
> $$f_c = \frac{c}{\lambda_c}$$

2 位相速度・群速度

導波管の管内では，図 1・30 に示すように，入射した電磁波は波長と長辺の長さで定ま

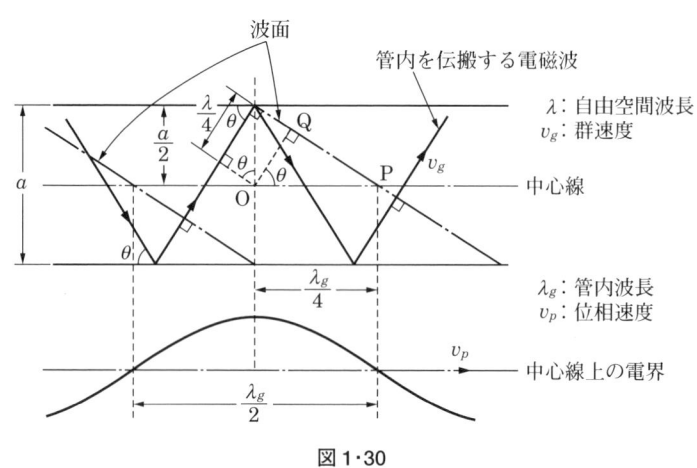

図 1・30

特定の角度で反射した電磁波として伝搬する．

電磁波と管壁のなす角度をθとすると，図1・30の三角形OPQより，次式が成り立つ．

$$\frac{\lambda_g}{4}\cos\theta = \frac{\lambda}{4} \tag{1.71}$$

よって，

$$\lambda_g = \frac{\lambda}{\cos\theta} \tag{1.72}$$

ただし，λは自由空間波長，λ_gは管内波長

管内の電磁界分布の位相が進行する速度を位相速度という．周波数は入射した電磁波と変わらないので，管内波長λ_g〔m〕と周波数f〔Hz〕から求めることができる**位相速度**v_p〔m/s〕は次式で表される．

$$v_p = f\lambda_g = \frac{c}{\lambda}\lambda_g \tag{1.73}$$

ここに式(1.72)を代入すると，

$$v_p = \frac{c}{\lambda} \times \frac{\lambda}{\cos\theta} = \frac{c}{\cos\theta} \tag{1.74}$$

ただし，cは自由空間における電波の速度である．

また，図1・30より次式が成り立つ．

$$\frac{a}{2}\sin\theta = \frac{\lambda}{4}$$

よって，

$$\sin\theta = \frac{\lambda}{2a}$$

三角関数の公式より，$\cos\theta = \sqrt{1-\sin^2\theta}$だから，これを式(1.74)に代入すると，

$$v_p = \frac{c}{\sqrt{1-\left(\frac{\lambda}{2a}\right)^2}} = \frac{c}{\sqrt{1-\left(\frac{\lambda}{\lambda_c}\right)^2}} \tag{1.75}$$

エネルギーが管内の軸方向に伝搬する速度を**群速度**v_g〔m/s〕といい，次式で表される．

$$v_g = c\cos\theta$$

$$= c\sqrt{1-\left(\frac{\lambda}{2a}\right)^2} = c\sqrt{1-\left(\frac{\lambda}{\lambda_c}\right)^2} \tag{1.76}$$

Point

① 導波管内の電磁界分布の位相が進行する速度を位相速度という．
② 位相速度は，自由空間における速度より速い．
③ 電磁波エネルギーの伝わる速度を群速度という．
④ 群速度は，自由空間における速度より遅い．

1.7 導波管

⑤ 導波管内では，位相速度よりも群速度が遅くなる．
⑥ 位相速度 v_p と群速度 v_g の積は，真空中（自由空間）の電磁波の速度 c の2乗である．
$$v_p v_g = c^2$$

3 導波管の整合

(1) 導波管窓

図1・31(a)に示すように管内の電界と同じ方向に薄い導体板を挿入した素子を**誘導性窓**，図1・31(b)に示すように直角に挿入した素子を**容量性窓**といい，導波管のインピーダンス整合に用いられる．

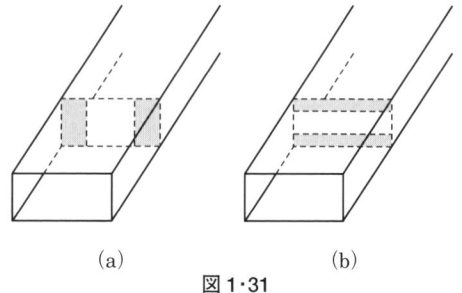

図1・31

> 誘導性窓はコイル，容量性窓はコンデンサ，これらを組み合わせた窓は並列共振回路と等化的な働きをする．

(2) 分岐

図1・32(a)を**E面T分岐**（直列分岐）という．E面T分岐では，①からの入力波は②，③に分岐し，②，③は逆位相になる．③からの入力波は①，②に逆位相で分岐する．

図1・32(b)は**H面T分岐**（並列分岐）という．H面T分岐では，①からの入力波は②，③に，③からの入力波は①，②に，いずれも同位相で分岐する．

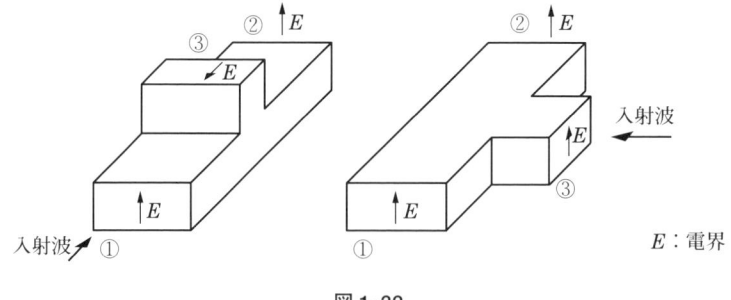

図1・32

(3) マジックT

図1・33のような構造の分岐導波管回路を**マジックT**という．④からの入力波は①，②には均等に分岐するが，④から③へ侵入した電磁波は電界の向きが長辺方向となるので，遮断波長が短辺の長さの2倍となって④より遮断波長が短くなるから，電磁波は遮断されて伝わら

ない．また，③からの入力波は①，②には均等に分岐するが，同様にして④へは伝わらない．**マジックT**は，受信機の**周波数変換回路**や**インピーダンス測定回路**などに用いられる．

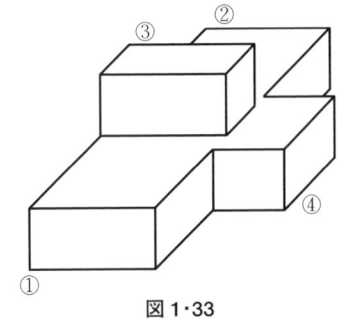

(4) アイソレータ・サーキュレータ

順方向の電磁波の伝送においては減衰が少なく，逆方向の伝送では大きな減衰を与える伝送回路を**アイソレータ**という．

図1・34に示すように，時計回りの方向への伝送においては減衰が少なく，逆方向に回転する方向においては大きな減衰を与える伝送回路を

図1・33

(a) 記号　　(b) 構造

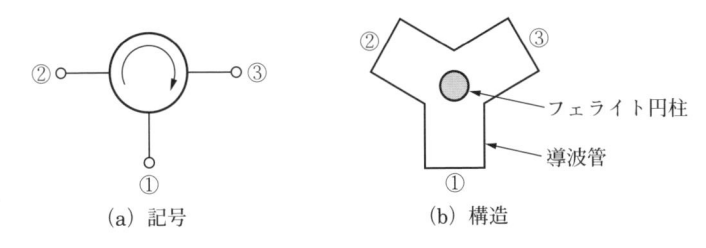

図1・34

サーキュレータという．これらの素子は，外部磁界を与えられたフェライトに電磁波が入射すると発生する**ファラデー効果**を用いたファラデー回転子により構成される．入力波は，ポート①→②→③→①の順に結合し，逆向きには結合しない非可逆性である．

1.8 半導体・ダイオード

1 半導体

(1) 真性半導体

ゲルマニウム(Ge)やシリコン(Si)などの不純物を含まない半導体のことである．電気伝導は**自由電子**および**正孔（ホール）**によって行われる．導体と絶縁体の中間の電気抵抗を持ち，導体と異なり温度が上昇すると抵抗値が減少する．

電気伝導を行う自由電子や正孔（ホール）をキャリアという．

(2) n形半導体，p形半導体

n形半導体は，4価のゲルマニウムやシリコンに**5価**のひ素(As)やアンチモン(Sb)などのドナーとなる不純物を混ぜた半導体であり，電気伝導は主に**自由電子**によって行われる．

p形半導体は，ゲルマニウムやシリコンに3価のインジウム(In)やガリウム(Ga)などの**アクセプタ**となる不純物を混ぜた半導体であり，電気伝導は主に**正孔(ホール)**によって行われる．

2 ダイオード

p形半導体とn形半導体で構成された2極素子で，順方向には電流が流れるが，逆方向には電流が流れにくい整流作用などを持つ．次のような種類がある．

(1) 整流用ダイオード

pn接合のシリコン接合ダイオードで，交流電源の**整流**などに用いられる．

(2) ツェナーダイオード（定電圧ダイオード）

ひ素やインジウムのような不純物の量を普通のダイオードの場合より多く混ぜたシリコン接合ダイオードである．逆方向電圧を次第に上げていくとある電圧で急に大電流が流れるようになり，それ以上に逆方向電圧が上がらない定電圧特性を持つ．この現象を利用したダイオードは，**定電圧電源回路**などに広く用いられている．

(3) バラクタダイオード（可変容量ダイオード）

pn接合ダイオードに逆方向電圧を加えると静電容量を持つという特性を利用したもので，**可変容量素子**として用いられる．

(4) ガンダイオード

ガリウム砒素(GaAs)などの化合物半導体に高電圧を加えると負性抵抗特性を持つという特性を利用した素子で，**マイクロ波帯**の発振および増幅回路に用いられる．受信機の**局部発振器**などに使用されている．

(5) インパットダイオード

逆方向電圧を加えて徐々にその電圧を上昇させ，ある電圧以上にすると電界によって電子がなだれ現象を起こし，電圧変化に対して電流が急激に増加する．マイクロ波およびミリ波帯の発振および増幅回路に用いられる．同種のダイオードの中では，やや**雑音が大きい**が，高出力が得られる．

1.9 トランジスタ・電子管

1 トランジスタ

(1) pn接合トランジスタ

図1·35に示すように，p形半導体とn形半導体をnpn構造に接合した素子，あるいはpnpに接合した素子を**トランジスタ**という．図1·35に示す構造において，エミッタとベース間を流れる電流をわずかに変化させると，エミッタとコレクタ間を流れる電流を大きく変化させることができるので，**増幅作用**がある．

> p形，n形両方の半導体のキャリアにより電流を制御するので，**バイポーラトランジスタ**という．入力電流の変化に対する出力電流の変化の比率を**電流増幅率**という．

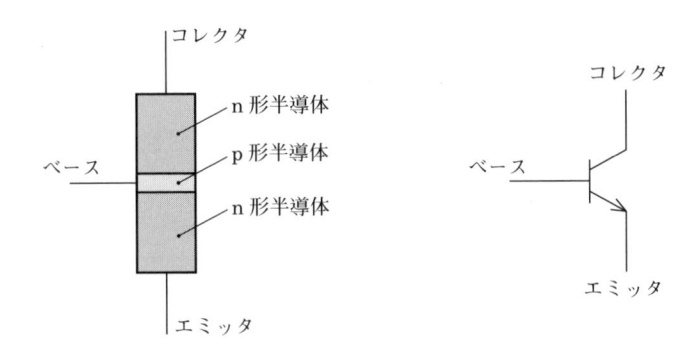

図1・35

(2) FET（電界効果トランジスタ）

図1・36に示す**接合形電界効果トランジスタ（FET）**は，n形半導体にp形半導体のゲートを接合し，ゲート電圧を変化させ，n形半導体の空乏層のすきま（チャネル）を通って移動する電子を制御することによってドレイン電流を制御する電圧制御素子である．キャリアが移動するチャネルがn形半導体で構成されたものを**nチャネル接合形FET**という．チャネルをp形半導体，ゲートをn形半導体で構成したものは**pチャネル接合形FET**という．また，酸化膜により絶縁された金属のゲートで構成された**MOS形FET**もある．FETは，n形またはp形の1種類の半導体のキャリアを制御するので，**ユニポーラトランジスタ**という．図1・37にMOS形FETの図記号を示す．

FETは，電極間容量の影響を受けない低周波においては，入力インピーダンスが高い**電圧制御素子**である．

> FETはユニポーラトランジスタで**電圧制御素子**．トランジスタはバイポーラトランジスタで**電流制御素子**である．

nチャネル接合形FET

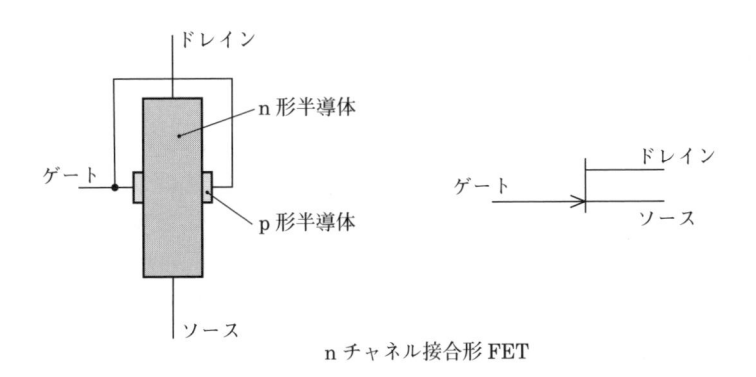

図1・36

1.9 トランジスタ・電子管

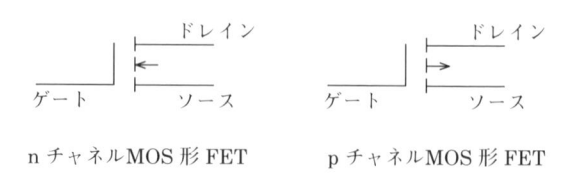

nチャネルMOS形FET　　pチャネルMOS形FET

図1・38

> **Point**
>
> ● FETの特徴
>   トランジスタに比較して次の特徴がある．
>   ① 低周波で入力インピーダンスが高い．
>   ② 低雑音でひずみが少ない．
>   ③ 利得が小さい．
>   ④ 大電流のスイッチング特性が優れている．
>   ⑤ 集積化に適する．

(3) 半導体記憶装置（メモリIC）

通信機器や測定器などに内蔵されている電子計算処理部（コンピュータ）を構成する半導体記憶装置には，次の種類がある．

RAM（Random Access Memory）：番地（アドレス）の付いた任意のどの記憶場所にも同じ時間でアクセスすることができ，書き込み，読み出しのできる記憶装置．

ROM（Read Only Memory）：電源を切っても記憶内容が消失せず，あらかじめ記憶された情報の読み出し専用に使われる記憶装置．

2 電子管

電極間を真空にして，熱電子による電子流を電界や磁界で制御し，増幅，発振回路に用いられる素子を**電子管**または**真空管**という．

(1) クライストロン

直進形クライストロンは増幅器に，反射形クライストロンは発振器に用いられる．

① 直進形クライストロン（複空洞クライストロン）

図1・38に**直進形クライストロン**の原理的構造図を示す．**電子銃（カソード）**から放出された電子流は，**入力格子（グリッド）**を通過するときに，入力の**空洞共振器**の電位によって速度変調を受ける．ドリフト空間を進む間に電子流の密度が変化し，密度変調された電子流が**出力格子**を通過して集群電極に向かう．このとき，密度変調を受けた電子流は出力の空洞共振器にエネルギーを供給し，入力高周波は増幅されて出力される．

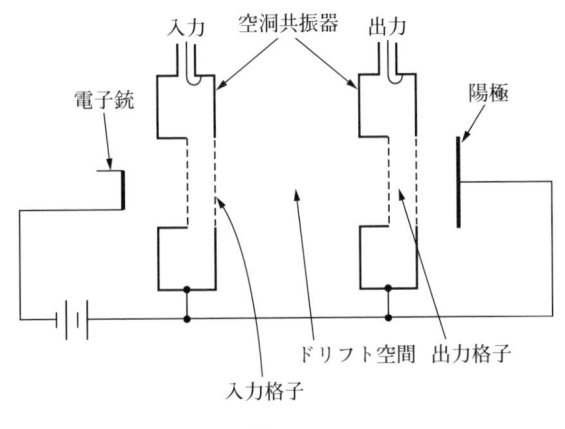

図 1・38

② 反射形クライストロン

図1・39に**反射形クライストロン**の原理的構造図を示す．**陰極（カソード）**から放出された均一の電子流は，**格子（グリッド）**を通過するとき，**空洞共振器**の電位によって速度変調を受け，電子流はリペラに向かう．リペラが負電位なので，途中で引き返すときに電子流は密度変調を受ける．この電子流によって空洞共振器にエネルギーが供給され，空洞共振器の構造で決まる発振周波数で発振が持続される．

図 1・39

(2) 進行波管（TWT：Travelling Wave Tube）

図1・40に**進行波管**の原理的構造図を示す．電子銃から放射された電子は，強力な磁界によって収束されてコレクタに到達する．入力された高周波は，**ヘリックス（ら旋）**回路によって速度が遅くなる．管内を進行する電磁波と同じ方向に流れる電子流と，入力された高周波電界の電子流の速度が等しくなると，相互作用によって電磁波が増幅されることを利用したものである．クライストロンに比較して，広い周波数帯域の増幅が可能である．

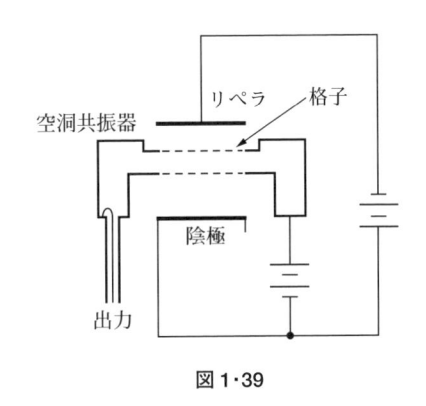

図 1・40

1.9 トランジスタ・電子管

(3) マグネトロン

図1・41にマグネトロンの原理的構造図を示す．円柱状の陰極と，それをとりまく円筒形の空洞共振器の構造を持つ陽極で構成された電子管である．電子流を制御する電極（グリッド）は持たない．陰極から放射された電子は，強力な磁界によって陰極の周りを回転する向きに運動して，陽極の空洞付近を通過する．このとき，空洞共振器にエネルギーが供給され，空洞共振器の構造で決まる発振周波数で発振が持続される．

マグネトロンは，パルスレーダなどの大電力のマイクロ波のパルス発振器に用いられる．

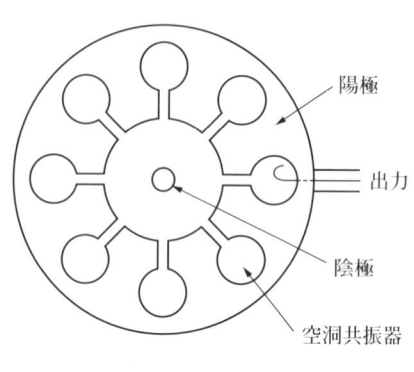

図1・41

> 空洞共振器の構造で決まる発振周波数で発振を持続するので，周波数は可変できない．パルスレーダなどの大電力のマイクロ波のパルス発振器に用いられる．

Point

●マイクロ波用電子管の特徴
反射形クライストロン：空洞共振器を持つので狭帯域特性．発振器に用いられる．
進行波管：広帯域特性．増幅器に用いられる．
マグネトロン：空洞共振器を持つので狭帯域特性．パルスレーダなどの大電力発振器に用いられる．

1.10 電子回路（増幅・発振・変調回路）

1 増幅回路

(1) トランジスタ増幅回路

図1・42にエミッタ接地増幅回路を示す．入力側のベース電流をわずかにΔI_B変化させると，出力側のコレクタ電流ΔI_Cは大きく変化するので，増幅回路を構成することができる．

エミッタ接地増幅回路の**電流増幅率**βは，次式で表される．

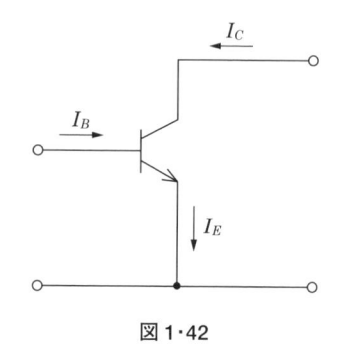

図1・42

$$\beta = \frac{\Delta I_C}{\Delta I_B} \tag{1.77}$$

ベースを接地してエミッタを入力としたベース接地増幅回路の**電流増幅率**αは，次式で表される．

$$\alpha = \frac{\Delta I_C}{\Delta I_E} \tag{1.78}$$

(2) 増幅回路の動作点

トランジスタのコレクタ電流は一方向にしか流れないので，+-に変化する交流信号を増幅するときは，**図1・43**のように，入力信号に直流バイアス電圧を加えてベース電圧とする．コレクタ電流が入力信号の全周期の区間に渡って流れるようにバイアス電圧を加える動作点を**A級**，入力信号の半分の周期のみコレクタ電流が流れる動作点を**B級**，一部の周期のみ流れる動作点を**C級**という．

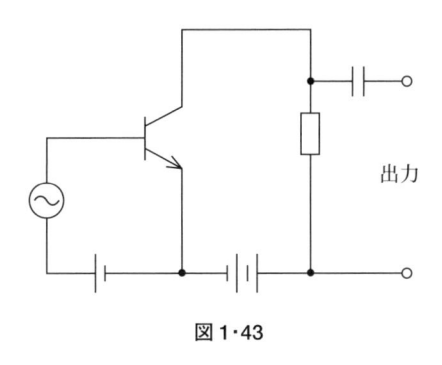

図1・43

(3) 演算増幅回路

OPアンプとも呼ばれる．差動増幅回路で構成されたICで，直流から高周波までの広い範囲で増幅回路として用いられる．入力端子を選択すると，入出力の位相を逆位相で増幅する反転増幅回路と，同位相で増幅する非反転増幅回路として用いることができる．

(4) 増幅度

図1・44に反転増幅回路を示す．増幅器回路の入力電圧をv_I〔V〕，出力電圧をv_O〔V〕とすると，電圧増幅度Aは次式で表される．

$$A = \frac{v_O}{v_I} \tag{1.79}$$

電圧増幅度Aをデシベルで表すと，

$$A_{dB} = 20 \log_{10} \frac{v_O}{v_I} \text{〔dB〕} \tag{1.80}$$

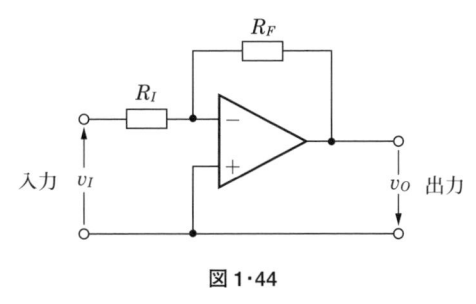

図1・44

増幅器回路の入力電力をP_I〔V〕，出力電力をP_O〔V〕として，電力増幅度をデシベルで表すと，

$$G_{dB} = 10 \log_{10} \frac{P_O}{P_I} \text{〔dB〕} \tag{1.81}$$

図1・44の反転増幅回路の増幅度は，回路の抵抗値より次式で表される．

1.10 電子回路（増幅・発振・変調回路）

$$A = \frac{R_F}{R_I} \tag{1.82}$$

(5) 負帰還増幅回路

増幅回路の出力の一部を入力と逆位相で入力に戻す回路を負帰還増幅回路という．**図1・45**に示す直列負帰還増幅回路において，増幅回路の**利得**をA，帰還回路の**帰還率**をβとすると，負帰還増幅回路全体の利得A_Fは次式で表される．

$$A_F = \frac{v_O}{v_I} = \frac{v_O}{v_A} \times \frac{v_A}{v_I}$$

$$= A \times \frac{v_A}{v_A - v_\beta} = \frac{A}{1 - A\beta} \quad (1.83)$$

図1・45

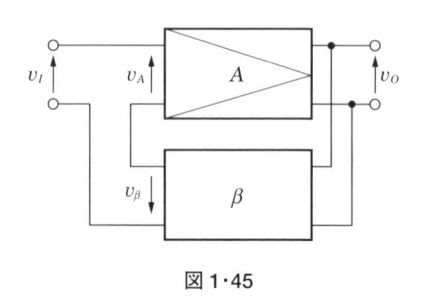

負帰還増幅回路は，増幅度は低下するが，ひずみを減少させることができる，周波数特性を良くする，動作を安定にすることができる，などの利点がある．

2 発振回路

発振回路は，増幅回路と特定の周波数に共振する特性を持つ帰還回路で構成される．帰還回路の定数が周囲の温度変化や外部からの衝撃などで変動すると，発振周波数も変動するので，温度特性のあまり良くないコイルとコンデンサを用いた**LC発振回路**は低周波で用いられ，高周波ではより安定な水晶発振回路が用いられる．

(1) 水晶発振回路

図1・46に**水晶発振回路**を示す．**水晶発振子**のリアクタンスは狭い周波数範囲で誘導性となり，出力側のLC同調回路が容量性のときに発振が持続する．発振を安定的に持続させるためには，LC同調回路の同調周波数を発振周波数よりも少し低く設定する．

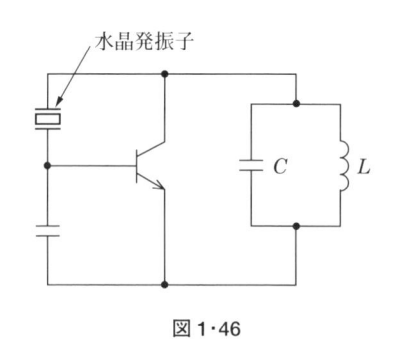

図1・46

(2) 位相同期ループ（PLL）発振回路

図1・47にPLL（Phase Locked Loop）**発振回路**を示す．水晶発振回路と分周器で構成された基準発振部の出力周波数f_0は，**VCO**（**電圧制御発振器**：Voltage Controlled Oscillator）の出力周波数を$1/n$に分周した周波数と**位相比較器**で比較される．変動による周波数差が発生すると，その差に応じた電圧が位相比較器から出力される．VCOはこの電圧で制御され，

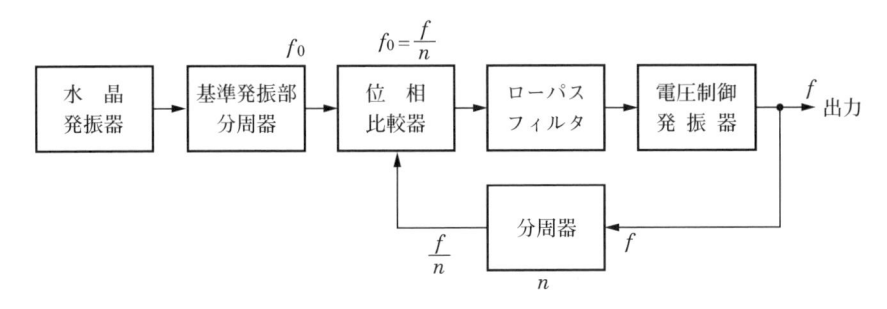

```
水晶      基準発振部    f₀    位相       ローパス   電圧制御        f
発振器 →   分周器    →  比較器 →  フィルタ →  発振器  →●→ 出力
                              ↑                        │
                              │    分周器    ←──────────┘
                              └──── n ←────
                                f/n        f
```

図 1・47

発振周波数を元の周波数に戻すことによって周波数を安定に保つことができる．可変発振器として用いるには，分周器の分周比 n を変化させることで発振周波数を変化させることができる．

> 位相比較器に周波数変調（FM）波を入力すると，ローパスフィルタから周波数偏移に比例した出力を得ることができるので，周波数変調波の復調に用いることができる．

3 変調回路

変調は，信号波で搬送波の振幅・周波数・位相などを変化させる方式であり，それぞれ**振幅変調（AM），周波数変調（FM），位相変調（PM）**という．

搬送波電流を $i_c = I_c \sin \omega_c t$，信号波電流を $i_s = I_s \cos \omega_s t$ とする．

振幅変調された被変調波 i_{AM} は，変調度を m_A とすると，次式で表される．

$$i_{AM} = I_c(1 + m_A \cos \omega_s t) \sin \omega_c t$$

ただし，搬送波の周波数を f_c，信号波の周波数を f_P とすると，$\omega_c = 2\pi f_c$，$\omega_s = 2\pi f_P$，また，$m_A = \dfrac{I_s}{I_c}$ で表される．

位相変調された被変調波 i_{PM} は，最大位相偏移を m_P とすると，次式で表される．

$$i_{PM} = I_c \sin(\omega_c t + m_P \cos \omega_s t)$$

周波数変調された被変調波 i_{FM} は，変調指数を m_F とすると，次式で表される．

$$i_{FM} = I_c \sin(\omega_c t + m_F \sin \omega_s t)$$

ただし，信号波の周波数を f_s，最大周波数偏移を Δf とすると，$m_f = \dfrac{\Delta f}{f_s}$ で表される．

図 1・48 に振幅変調のコレクタ変調回路を示す．信号波の電圧でコレクタ電圧を変化させることで，搬送波の振幅を変化させて振幅変調を行うことができる．

> コレクタ変調回路では，効率のよい C 級増幅が用いられる．

1.10 電子回路（増幅・発振・変調回路）

図1・48

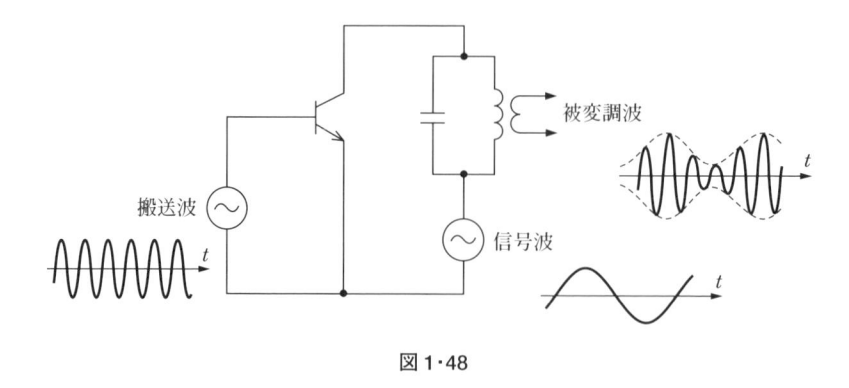

4 雑音

　増幅器の内部などで発生した原信号以外の出力を**雑音**という．雑音波形の振幅と位相に規則性がある**周期性雑音**と，周期性のない**不規則性雑音**（ランダム雑音）に分類される．不規則性雑音のうち，比較的長時間にわたって波形が連続的に変化する雑音を連続性雑音といい，周波数のスペクトル分布が一様なものを**平坦雑音**または**白色雑音**（white noise）という．さらに，抵抗体から発生する熱雑音などがある．また，連続性雑音は正規分布をするので，**ガウス雑音**ともいう．継続時間が比較的短いパルス状の波形が低い頻度で不規則に繰り返される雑音を**衝撃性雑音**という．

　白色雑音は，周波数に対する振幅が一定な雑音である．

> FM方式の復調回路は，搬送波の周波数の偏移が大きいと出力が大きくなる特性を持つので，雑音出力が周波数に比例する．このとき，周波数対雑音振幅特性のグラフは三角形になる．この特性を**三角雑音**という．

Point

●雑音指数

　雑音指数は，増幅回路や受信機などの雑音性能を表すもので，入力の信号対雑音比F_{IN}と出力の信号対雑音比F_{OUT}との比で求めることができる．雑音指数は，信号対雑音比の劣化度を表し，雑音指数が小さい方が増幅回路内部で発生する雑音が小さい．

　増幅回路において，入力の信号電力をS_I，入力の雑音電力をN_I，出力の信号電力をS_O，出力の雑音電力をN_Oとすると，雑音指数Fは次式で表される．

$$F = \frac{F_{IN}}{F_{OUT}} = \frac{\dfrac{S_I}{N_I}}{\dfrac{S_O}{N_O}}$$

1.11 電子回路（パルス・デジタル回路）

1 パルス回路

　低周波増幅回路などの回路で用いられるトランジスタは，入力信号を忠実に再現する必要があるので，入力にバイアス電流を与えて動作させる．パルス回路で用いられるトランジスタは，導通状態のときコレクタ電流が飽和するまでベース電流を流すので，出力電圧はコレクタ電源電圧または飽和電圧（約０V）のいずれかの値を持つ．このようなトランジスタの動作をスイッチング動作という．

(1) 非安定マルチバイブレータ回路

　マルチバイブレータは二つのトランジスタで構成された回路で，片方のトランジスタが導通（ON）状態のとき，もう一方のトランジスタは非導通（OFF）の状態を持つ回路である．図 1・49 に非安定マルチバイブレータを示す．安定状態を持たず，C_1R_1 および C_2R_2 の時定数で決まる一定の時間のみ ON−OFF の状態が反転し，これを繰り返すので，これらの時間の和を周期とする方形波の発振回路として動作する．

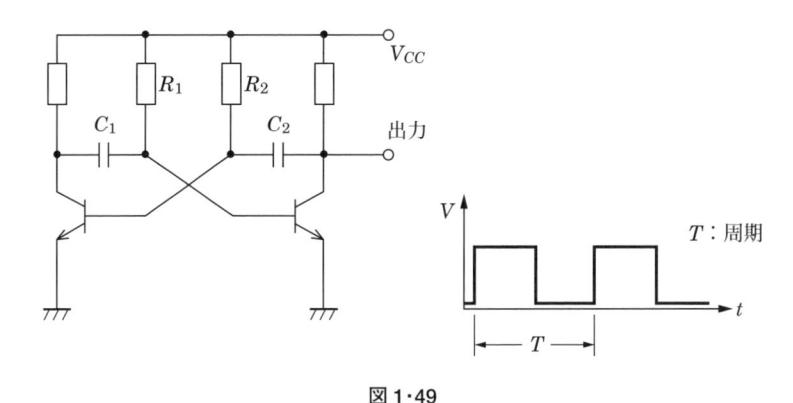

図 1・49

(2) 単安定マルチバイブレータ回路

　図 1・50 に単安定マルチバイブレータを示す．トリガパルスが入力されると，回路の CR の時定数で決まる一定の時間のみ方形波パルスが出力される回路である．

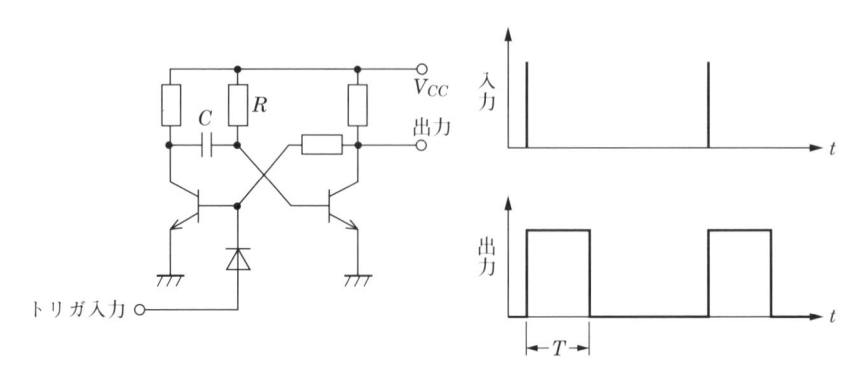

図1・50

(3) 双安定マルチバイブレータ回路

図1・51に双安定マルチバイブレータを示す．常に出力がONまたはOFFの状態を保持して，トリガ入力によって一つの安定状態が与えられると，次のトリガ入力によりもう一つの安定状態となるまでその状態を保持している．トリガパルスが入力されると，この状態が反転してON－OFFの状態が逆になる回路である．

双安定マルチバイブレータ回路は，フリップフロップ回路ともいう．

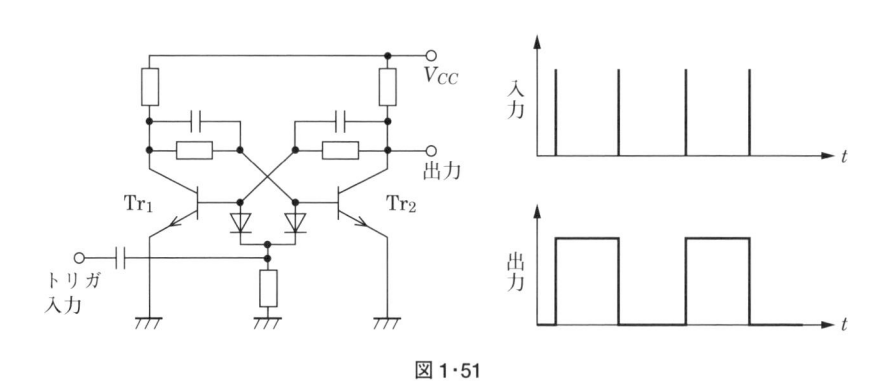

図1・51

(4) シュミットトリガ回路

正弦波や歪んだパルス波形を入力して，方形波の出力波形を得る回路である．

2 デジタル回路（論理回路）

論理回路は，回路に与えられた論理条件によってその結果を出力する回路である．論理回路の出力は，回路の電圧が高い状態（Hまたは1）または低い状態（Lまたは0）の二つの値を持つ．

第1章　無線工学の基礎

(1) 基本論理回路の種類

A —▷∘— C　　A,B —D— C　　A,B —D∘— C　　A,B —⊃— C　　A,B —⊃∘— C
　NOT　　　　　AND　　　　　NAND　　　　　OR　　　　　NOR

図 1・52

(2) 真理値表

真理値表は，論理素子の入力と出力の状態を表した表である．

表 1・1

入力		出力 C				
A	B	NOT	AND	NAND	OR	NOR
0	0	1	0	1	0	1
0	1	1	0	1	1	0
1	0	0	0	1	1	0
1	1	0	1	0	1	0
論理式		$\overline{A} = C$	$A \cdot B = C$	$\overline{A \cdot B} = C$	$A + B = C$	$\overline{A + B} = C$

NOTの入力はAのみ
論理式はブール代数の式を表す（「￣」否定，　「＋」和，　「・」積）．

基本問題練習

問 1

図1・53に示す回路において，$6\,\Omega$の抵抗に$0.5\mathrm{A}$の電流が流れたとき，端子a－b間に加えられた電圧の値として，正しいものを下の番号から選べ．

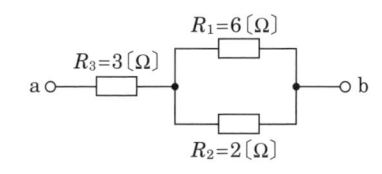

図1・53

1　6V　　　2　8V
3　9V　　　4　12V
5　15V

▶▶▶▶▶ p.1

解説　図1・53の回路において，抵抗$R_1\,[\Omega]$に$0.5\mathrm{A}$の電流$I_1\,[\mathrm{A}]$が流れたとき，$R_1\,[\Omega]$に加わる電圧$V_\mathrm{b}\,[\mathrm{V}]$は，

$$V_\mathrm{b} = 6 \times 0.5 = 3\,[\mathrm{V}]$$

抵抗$R_1\,[\Omega]$と並列に接続された抵抗$R_2\,[\Omega]$に流れる電流$I_2\,[\mathrm{A}]$は，

$$I_2 = \frac{V_b}{2} = \frac{3}{2} = 1.5 \text{ (A)}$$

抵抗 R_3 〔Ω〕に流れる電流 I_3 〔A〕は，I_1 と I_2 〔A〕の和だから，R_3 に加わる電圧 V_a 〔V〕は，

$$V_a = R_3 I_3 = 3 \times (I_1 + I_2) = 3 \times (0.5 + 1.5) = 6 \text{ (V)}$$

よって，a－b間に加えられた電圧 V_{ab} 〔V〕は，

$$V_{ab} = V_a + V_b = 6 + 3 = 9 \text{ (V)}$$

問2

図1・54に示す回路の端子a－b間の合成抵抗の値として，正しいものを下の番号から選べ．

1　6Ω　　　2　10Ω
3　12Ω　　　4　16Ω
5　20Ω

図1・54

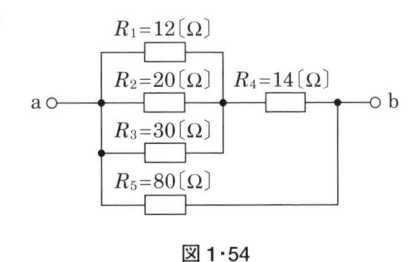

解説　図1・54の回路において，R_1, R_2, R_3〔Ω〕の並列合成抵抗を R_a〔Ω〕とすると，

$$\frac{1}{R_a} = \frac{1}{R_1} + \frac{1}{R_2} + \frac{1}{R_3} = \frac{1}{12} + \frac{1}{20} + \frac{1}{30}$$

$$= \frac{5+3+2}{60} = \frac{10}{60} \quad \therefore \quad R_a = 6 \text{ (Ω)}$$

よって，全合成抵抗 R_t〔Ω〕は，$(R_a + R_4)$〔Ω〕と R_5〔Ω〕の並列合成抵抗だから，

$$R_t = \frac{R_5 \times (R_a + R_4)}{R_5 + (R_a + R_4)} = \frac{80 \times (6 + 14)}{80 + (6 + 14)} = 16 \text{ (Ω)}$$

解答

問1 -3　　問2 -4

問 3

図 1·55 に示す回路の端子 a − b 間の合成静電容量の値として，正しいものを下の番号から選べ．

1　$6\,\mu\text{F}$
2　$12\,\mu\text{F}$
3　$15\,\mu\text{F}$
4　$20\,\mu\text{F}$
5　$25\,\mu\text{F}$

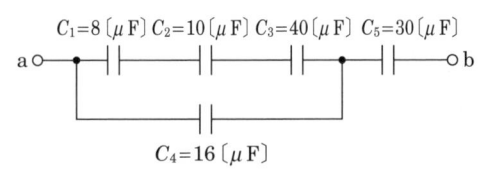

図 1·55

解説　図 1·55 の回路において，C_1，C_2，C_3 〔μF〕の直列合成静電容量を C_a 〔μF〕とすると，

$$\frac{1}{C_a} = \frac{1}{C_1} + \frac{1}{C_2} + \frac{1}{C_3} = \frac{1}{8} + \frac{1}{10} + \frac{1}{40}$$

$$= \frac{5+4+1}{40} = \frac{10}{40} \quad \therefore\ C_a = 4\,〔\mu\text{F}〕$$

C_a と C_4 の並列合成静電容量を C_b 〔μF〕とすると，

$$C_b = C_a + C_4 = 4 + 16 = 20\,〔\mu\text{F}〕$$

よって，全合成静電容量 C_t 〔μF〕は，C_b と C_5 〔μF〕の直列合成静電容量だから，

$$C_t = \frac{C_b C_5}{C_b + C_5} = \frac{20 \times 30}{20 + 30} = 12\,〔\mu\text{F}〕$$

問 4

図 1·56 に示す回路において，4Ω の抵抗に流れる電流の値として，正しいものを下の番号から選べ．

1　1.0 A
2　1.5 A
3　2.0 A
4　2.5 A
5　3.0 A

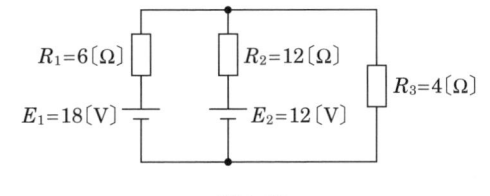

図 1·56

解説　図 1·56 の回路において，R_3〔Ω〕の端子電圧 V〔V〕は，ミルマンの定理より，

$$V = \frac{\dfrac{E_1}{R_1} + \dfrac{E_2}{R_2}}{\dfrac{1}{R_1} + \dfrac{1}{R_2} + \dfrac{1}{R_3}} = \frac{\dfrac{18}{6} + \dfrac{12}{12}}{\dfrac{1}{6} + \dfrac{1}{12} + \dfrac{1}{4}} = \frac{4}{\dfrac{2+1+3}{12}} = 8\,〔\text{V}〕$$

● 解答 ●

問 3 - 2

よって，R_3 の抵抗に流れる I_3〔A〕は，

$$I_3 = \frac{V}{R_3} = \frac{8}{4} = 2 \text{〔A〕}$$

問5

図 1・57 に示す回路において，抵抗 R の両端の電圧の値として，最も近いものを下の番号から選べ．

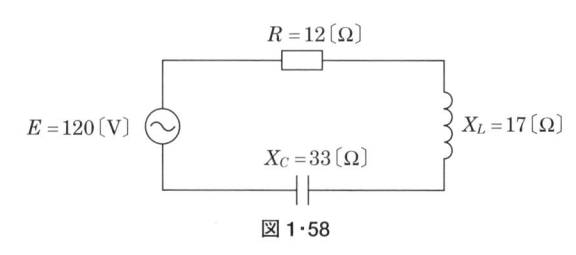

1　40V
2　50V
3　60V
4　70V
5　80V

図 1・57

$L = 25.5$〔mH〕
$V = 100$〔V〕
$f = 50$〔Hz〕
$R = 8$〔Ω〕

▶▶▶▶▶ p.8

解説　図 1・57 の回路において，コイルのリアクタンス X_L〔Ω〕は，

$$X_L = \omega L = 2\pi f L$$
$$= 2 \times 3.14 \times 50 \times 25.5 \times 10^{-3} \fallingdotseq 8 \text{〔Ω〕}$$

回路を流れる電流の大きさ I〔A〕は，

$$I = \frac{V}{\sqrt{R^2 + X_L^2}} = \frac{100}{\sqrt{8^2 + 8^2}} = \frac{100}{\sqrt{2} \times 8} \text{〔A〕}$$

したがって，抵抗 R〔Ω〕の両端の電圧 V_R〔V〕は，

$$V_R = IR = \frac{100}{\sqrt{2} \times 8} \times 8 \fallingdotseq \frac{100}{1.41} \fallingdotseq 70 \text{〔V〕}$$

問6

図 1・58 に示す回路において，交流電源電圧が 120V，抵抗 R が 12Ω，コンデンサのリアクタンス X_C が 33Ω およびコイルのリアクタンス X_L が 17Ω である．この回路に流れる電流の大きさの値として，正しいものを下の番号から選べ．

1　1.8A
2　2.0A
3　3.6A
4　5.0A
5　6.0A

$R = 12$〔Ω〕
$E = 120$〔V〕
$X_L = 17$〔Ω〕
$X_C = 33$〔Ω〕

図 1・58

解答

問4 -3　　**問5** -4

解説　図1·58の回路において，回路のリアクタンス jX〔Ω〕は，
$$jX = jX_L - jX_C = j17 - j33 = -j16 〔Ω〕$$
回路を流れる電流の大きさ I〔A〕は，
$$I = \frac{E}{\sqrt{R^2 + X^2}} = \frac{120}{\sqrt{12^2 + 16^2}} = \frac{120}{\sqrt{400}} = \frac{120}{20} = 6 〔A〕$$

問7

次の記述は，図1·59(a)および(b)に示す共振回路について述べたものである．このうち，誤っているものを下の番号から選べ．ただし，ω_0 は共振角周波数とする．

1　図(a)の共振回路の Q は $Q = \dfrac{1}{\omega_0 C R_1}$ である．

2　図(a)の回路で抵抗 R_1 を大きくすると，回路の Q は低下する．

3　図(b)の共振回路の Q は $Q = \dfrac{\omega_0 L}{R_2}$ である．

4　図(a)および図(b)の共振角周波数 ω_0 は $\omega_0 = \dfrac{1}{\sqrt{LC}}$ である．

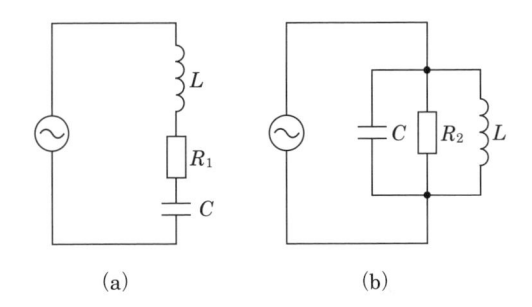

図1·59

解説　図(b)の共振回路の Q は $Q = \dfrac{R_2}{\omega_0 L}$，または $Q = \omega_0 C R_2$ である．

解答

問6 -5　　問7 -3

問8

図1·60に示すRL直列回路において，抵抗Rの値が16Ωで，コイルLのリアクタンスが12Ωのとき，この回路で消費される電力の値として，正しいものを下の番号から選べ．ただし，電源電圧は正弦波交流とし，実効値を100Vとする．

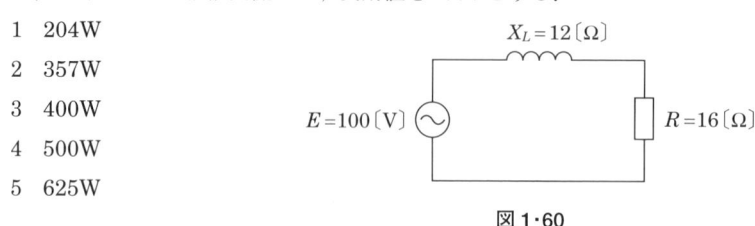

1　204W
2　357W
3　400W
4　500W
5　625W

図1·60

解説　図1·60の回路において，コイルLのリアクタンスをX_L〔Ω〕とすると，回路を流れる電流の大きさI〔A〕は，

$$I = \frac{E}{\sqrt{R^2 + X_L^2}} = \frac{100}{\sqrt{16^2 + 12^2}} = \frac{100}{\sqrt{400}} = \frac{100}{20} = 5 \text{〔A〕}$$

回路で消費される電力（有効電力）P〔W〕は，
$$P = RI^2 = 16 \times 5^2 = 16 \times 25 = 400 \text{〔W〕}$$

問9

図1·61に示すような4端子回路網において，4定数A，B，C，Dの間に$\dot{V}_1 = A\dot{V}_2 + B\dot{I}_2$，$\dot{I}_1 = C\dot{V}_2 + D\dot{I}_2$なる関係式が成立するとき，$A$，$B$，$C$および$D$の値の正しい組合せを下の番号から選べ．ただし，入力端子の電圧，電流をそれぞれ$\dot{V}_1$，$\dot{I}_1$，出力端子の電圧，電流をそれぞれ$\dot{V}_2$，$\dot{I}_2$，インピーダンスを$\dot{Z}$とする．

	A	B	C	D
1	1	$\dot{Z}$	0	1
2	1	$\frac{1}{\dot{Z}}$	0	1
3	$\dot{Z}$	1	1	0
4	1	0	$\frac{1}{\dot{Z}}$	1
5	0	$\dot{Z}$	1	1

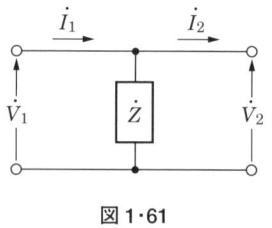

図1·61

解答

問8 - 3　　問9 - 4

問 10

次の記述は，4端子回路網に関して述べたものである．□内に入れるべき字句の正しい組合せを下の番号から選べ．

図 1・62 に示す抵抗減衰器の c, d 端子にインピーダンス Z〔Ω〕の純抵抗負荷を接続したとき，a, b 端子から見たインピーダンスが Z〔Ω〕になるように R_1, R_2 の抵抗値を決めることができる．このときの Z を A という．また，このインピーダンス Z は c, d 端子を短絡したとき，a, b 端子から見たインピーダンスを Z_S〔Ω〕，c, d 端子を開放したとき，a, b 端子から見たインピーダンスを Z_F〔Ω〕とすれば，次式から求めることができる．

$$Z = \boxed{B} \ \text{〔Ω〕}$$

	A	B
1	波動インピーダンス	$\sqrt{Z_S Z_F}$
2	影像インピーダンス	$\dfrac{Z_S + Z_F}{2}$
3	波動インピーダンス	$\dfrac{Z_S + Z_F}{2}$
4	影像インピーダンス	$\sqrt{Z_S Z_F}$

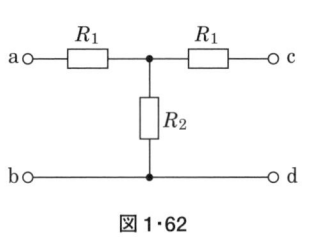

図 1・62

▶▶▶▶▶ p.14

問 11

図 1・63 に示す T 形抵抗減衰器の減衰量の値として，最も近いものを下の番号から選べ．ただし，入力抵抗および負荷抵抗はそれぞれ 75Ω であり，また，$\log_{10} 2 ≒ 0.3$ とする．

1　4dB
2　6dB
3　8dB
4　12dB
5　16dB

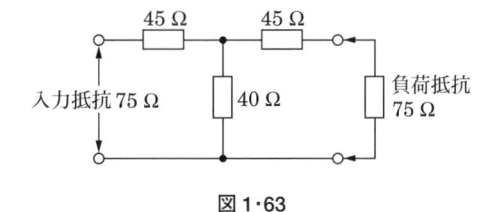

図 1・63

▶▶▶▶▶ p.14

解説　図 1・64 の回路において，R_2, R_3, R_L の合成抵抗 R_a〔Ω〕は，次式で表される．

$$R_a = \frac{R_2 \times (R_3 + R_L)}{R_2 + (R_3 + R_L)} = \frac{40 \times (45 + 75)}{40 + (45 + 75)} = 30 \ \text{〔Ω〕}$$

入力電圧を V_1〔V〕とすると，V_2〔V〕は，次式で表される．

● 解答 ●

問 10 -4

$$V_2 = \frac{R_a}{R_1 + R_a} V_1 = \frac{30}{45 + 30} V_1 = \frac{2}{5} V_1 \,[\mathrm{V}]$$

よって，出力電圧 $V_0\,[\mathrm{V}]$ は，次式で表される．

$$V_0 = \frac{R_L}{R_3 + R_L} V_2 = \frac{75}{45 + 75} \times \frac{2}{5} V_1 = \frac{1}{4} V_1 \,[\mathrm{V}]$$

減衰量は，

$$\Gamma = 20 \log_{10} \frac{V_1}{V_0} = 20 \log_{10} 4$$
$$= 20 \log_{10} 2 + 20 \log_{10} 2$$
$$\fallingdotseq 6 + 6 = 12 \,[\mathrm{dB}]$$

また，式(1.53)(**p.15**)を用いても解くことができる．

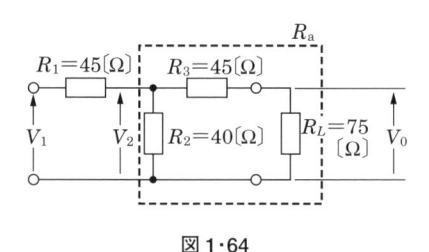

図1・64

問12

図1・65に示すπ形抵抗減衰器において，減衰量（電圧）を20dBとしたい，R_1およびR_2の値の組合せとして，最も近いものを下の番号から選べ．ただし，入出力インピーダンス（抵抗）R_Lは75Ωとする．

	R_1	R_2
1	211Ω	150Ω
2	285Ω	135Ω
3	327Ω	118Ω
4	371Ω	92Ω
5	405Ω	83Ω

図1・65

▶▶▶▶ p.15

解説 減衰量が20dBだから，その真数をnとすると，
$$20 \log_{10} n = 20 \log_{10} 10 = 20 \,[\mathrm{dB}]$$

解答

問11 — 4

∴ $n=10$

図1·66において $R_1 : R_{2L} = 9 : 1$ になればよいので,

$$\frac{R_2 R_L}{R_2 + R_L} \times 9 = R_1 \qquad (1.84)$$

の条件で各抵抗値を計算すると，1の選択肢は，

$$\frac{150 \times 75}{150 + 75} \times 9 = \frac{150}{3} \times 9 = 450 \,[\Omega]$$

だから，誤りである．また，2は434，3は412，4は371，5は354となるので，4が正しい．また，式(1.56)，式(1.57)（**p.15**）を用いて解くこともできる．

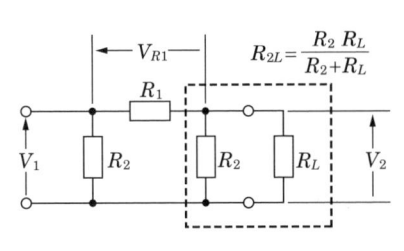

図1·66
$V_1 : V_2 = 10 : 1$ のとき
$V_{R1} : V_2 = 9 : 1$
$= R_1 : R_{2L}$

問13

図1·67は，各種のフィルタ回路を示したものである．このうち帯域消去フィルタ（BEF）回路として，正しいものを下の番号から選べ．

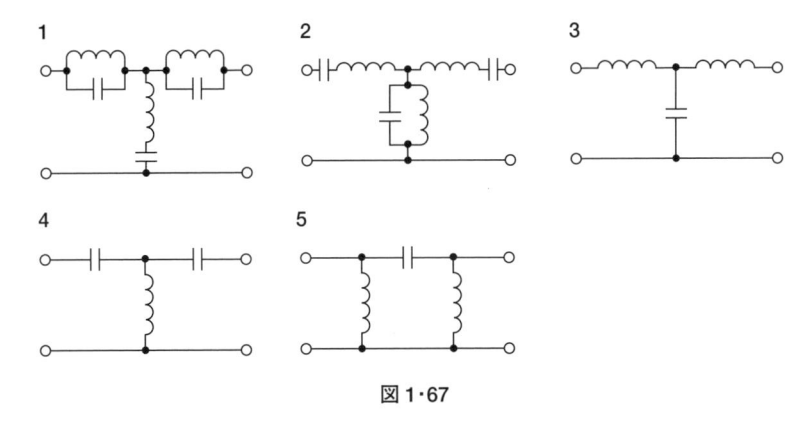

図1·67

▶▶▶▶ p.16

解説 2は帯域通過フィルタ（BPF），3は低域通過フィルタ（LPF），4および5は高域通過フィルタ（HPF）である．

● 解答 ●

問12 -4　　問13 -1

問 14

定在波比 S を反射係数 Γ を用いて求める式として，正しいものを下の番号から選べ．

1. $S = \dfrac{|\Gamma|+1}{|\Gamma|-1}$
2. $S = \dfrac{1+|\Gamma|}{1-|\Gamma|}$
3. $S = \dfrac{1-|\Gamma|}{1+|\Gamma|}$
4. $S = \dfrac{|\Gamma|-1}{|\Gamma|+1}$
5. $S = \dfrac{|\Gamma|-1}{1-|\Gamma|}$

▶▶▶▶ p.19

問 15

次の記述は，図 1・68 に示すように受端が開放された無損失平行 2 線式線路において，線路の特性インピーダンスを $Z_0 [\Omega]$，入射波の波長を $\lambda [\mathrm{m}]$ および線路の長さを $l [\mathrm{m}]$ としたときの送端から見たインピーダンスについて述べたものである．このうち誤っているものを下の番号から選べ．

1. $0 < l < \dfrac{\lambda}{4}$ のとき，送端から見たインピーダンスは誘導性リアクタンスである．
2. $l = \dfrac{\lambda}{4}$ のとき，送端から見たインピーダンスは零となり，直列共振する．
3. $\dfrac{\lambda}{4} < l < \dfrac{\lambda}{2}$ のとき，送端から見たインピーダンスは誘導性リアクタンスである．
4. $l = \dfrac{\lambda}{2}$ のとき，送端から見たインピーダンスは無限大となり，並列共振する．

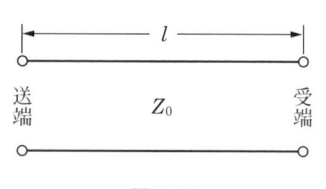

図 1・68

▶▶▶▶ p.20

解説 送端から見たインピーダンス $\dot{Z}$ は，$\dot{Z} = -jZ_0 \cot\left(\dfrac{2\pi}{\lambda} l\right)$ で与えられる．

$0 < l < \dfrac{\lambda}{4}$ のとき，$\cot$ の値は ∞ から 0 の値を持つので，$\dot{Z}$ は

$-j\infty < \dot{Z} < -j0$ の範囲の値を持ち，容量性リアクタンスである．

Basic

● 三角関数の公式

$\cot\theta = \dfrac{1}{\tan\theta}$ $\tan 0 = 0$ $\tan\dfrac{\pi}{4} = 1$ $\tan\dfrac{\pi}{2} = \infty$

● 解答

問 14 - 2   問 15 - 1

問 16

図 1·69 に示すような断面を持つ同軸ケーブルの特性インピーダンス Z_0 を表す式として，正しいものを下の番号から選べ．ただし，絶縁体の比誘電率は1とする．

1　$Z_0 = 138 \log_{10} \dfrac{D+d}{D-d}$ 〔Ω〕

2　$Z_0 = 138 \log_{10} \dfrac{2D}{d}$ 〔Ω〕

3　$Z_0 = 138 \log_{10} \dfrac{D}{d}$ 〔Ω〕

4　$Z_0 = 138 \log_{10} \dfrac{d}{D}$ 〔Ω〕

5　$Z_0 = 138 \log_{10} \dfrac{D}{2d}$ 〔Ω〕

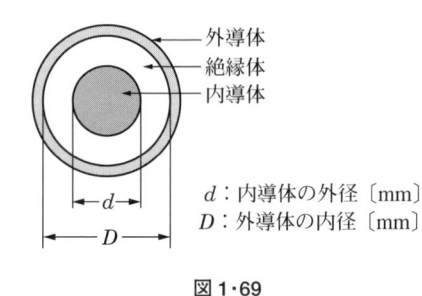

外導体
絶縁体
内導体

d：内導体の外径〔mm〕
D：外導体の内径〔mm〕

図 1·69

▶▶▶▶ p.20

問 17

図 1·70 は，導波管内の電磁界の断面分布伝送モードを示したものである．このうち TE_{20}（H_{20}）を表すものとして，正しいものを下の番号から選べ．ただし，実線は電界分布，破線は磁界分布を表すものとする．

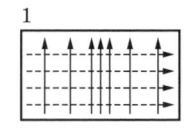

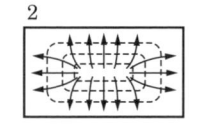

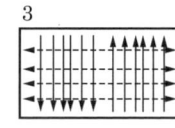

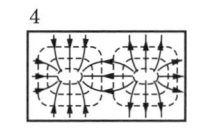

図 1·70

▶▶▶▶ p.21

解説　管内の電界分布が長辺方向に $\dfrac{1}{2}$ 波長分の変化の数を m，短辺方向の変化の数を n とすれば，TE_{mn}（または H_{mn}）で表される．同様に，磁界が分布する場合は，TM_{mn}（または E_{mn}）で表される．図 1·70 の選択肢において，1 は TE_{10} モード，2 は TM_{11} モード，4 は TM_{21} モードである．

● 解答 ●

問 16 - 3　　問 17 - 3

問 18

図 1·71 に示す方形導波管の TE_{10} 波の遮断波長として，正しいものを下の番号から選べ．

1　1.7cm
2　2.5cm
3　3.4cm
4　5.0cm
5　6.8cm

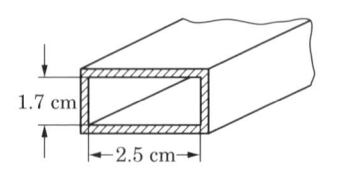

図 1·71

▶▶▶▶ p.22

解説　導波管の長辺を a [cm] とすると，遮断波長 λ_c [cm] は，
$\lambda_c = 2a = 2 \times 2.5 = 5$ [cm]

問 19

方形導波管内を電磁波が TE_{10} モードで伝わるときの群速度 v_g を求める式として，正しいものを下の番号から選べ．ただし，方形導波管断面の長辺の内壁の長さを a，管内を伝わる電磁波の波長を λ，電磁波が真空中を伝わる速さを c とする．

1　$v_g = \dfrac{\sqrt{1-\left(\dfrac{\lambda}{2a}\right)^2}}{c}$ 　　　2　$v_g = c\sqrt{1-\left(\dfrac{\lambda}{2a}\right)^2}$ 　　　3　$v_g = c\sqrt{1-\left(\dfrac{2a}{\lambda}\right)^2}$

4　$v_g = \dfrac{\sqrt{1-\left(\dfrac{2a}{\lambda}\right)^2}}{c}$ 　　　5　$v_g = c\sqrt{1-\dfrac{\lambda}{2a}}$

▶▶▶▶ p.23

問 20

図 1·72 に示す等価回路に対応する働きを有する，斜線で示された導波管窓（スリット）素子として，正しいものを下の番号から選べ．ただし，伝搬モードは TE_{10} 波とする．

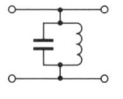

図 1·72

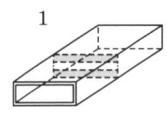

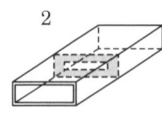

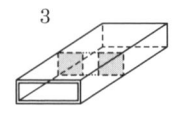

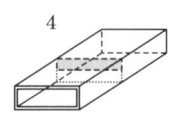

▶▶▶▶ p.24

解答

問 18 - 4　　**問 19** - 2　　**問 20** - 2

問21

次の記述は，マイクロ波立体回路におけるT形分岐回路について述べたものである．☐内に入れるべき字句の正しい組合せを下の番号から選べ．ただし，☐内の同じ記号は，同じ字句を示す．

(1) 図1・73(a)に示すT形分岐回路は，TE_{10}波では分岐導波管が主導波管の電界Eと平行面内にあり，E面分岐または A 分岐という．また，図(b)に示すT形分岐回路は，分岐導波管が主導波管の磁界Hと平行面内にあり，H面分岐または B 分岐という．

(2) 図(a)のE面分岐または A 分岐では，TE_{10}波が分岐導波管から入力されると，主導波管の左右に等分に伝達され，主導波管の左右の出力は C となる．

	A	B	C
1	直列	並列	逆相
2	直列	並列	同相
3	並列	直列	逆相
4	並列	直列	同相
5	横型	縦型	同相

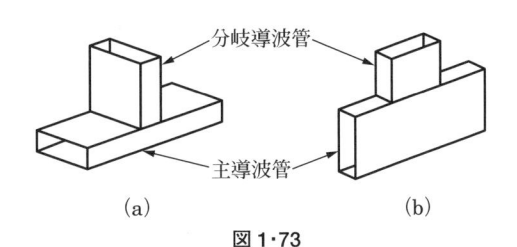

図1・73

▶▶▶▶ p.24

問22

次の記述は，図1・74に示すマジックTについて述べたものである．☐内に入れるべき字句の正しい組合せを下の番号から選べ．

(1) 方形導波管がTE_{10}波のみを伝搬しているとき，TE_{10}波を④（H分岐）から入力すると，①と②（側分岐）に A で等分されたTE_{10}波が伝搬するが，③（E分岐）へは伝搬しない．

(2) TE_{10}波を③（E分岐）から入力すると，①と②（側分岐）に B で等分されたTE_{10}波が伝搬するが，④（H分岐）へは伝搬しない．

(3) マジックTは， C や受信機の平衡形周波数変換器などに用いられる．

	A	B	C
1	同相	逆相	インピーダンス測定回路
2	同相	逆相	電力増幅回路
3	逆相	同相	インピーダンス測定回路
4	逆相	同相	電力増幅回路

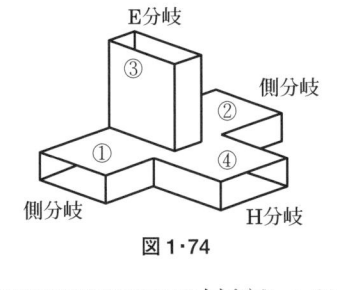

図1・74

▶▶▶▶ p.24

解答

問21 - 1   問22 - 1

問23

次の記述は，図1・75に示す基本的な構造を持つ接合形サーキュレータに関して述べたものである．このうち誤っているものを下の番号から選べ．

1 あるポートからの入力は，隣接の1ポートにのみ出力し，非可逆性である．
2 このサーキュレータは，小型，低損失であることから広く用いられている．
3 隣接の出力ポートの選択は，フェライトの材料定数による．
4 図1・75は，3ポートの導波管サーキュレータである．
5 直流磁界は，円柱フェライトの軸方向に印加する．

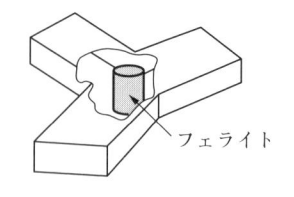

図1・75　フェライト

▶▶▶▶ p.25

解説 隣接の出力ポートの選択は，フェライトの材料定数と無関係である．

問24

次の記述は，半導体について述べたものである．　　内に入れるべき字句の正しい組合せを下の番号から選べ．

シリコンやゲルマニウムなどの4価の元素にインジウムのような $\boxed{A}$ の元素を混入すると，共有結合を完成する電子が不足する．この電子の不足はホールと呼ばれ，電荷を運ぶ役目をする．このように混入する不純物元素を $\boxed{B}$ と呼び，これを含むものを $\boxed{C}$ 半導体という．

	A	B	C		A	B	C
1	3価	アクセプタ	p形	2	3価	ドナー	p形
3	5価	アクセプタ	n形	4	5価	ドナー	n形

▶▶▶▶ p.25

問25

次の記述は，ダイオードの特徴とその用途について述べたものである．この記述に該当するダイオードの名称として，正しいものを下の番号から選べ．

ひ素やインジウムのような不純物の量を普通のダイオードの場合より多く混ぜたシリコン接合ダイオードは，逆方向電圧を次第に上げていくと，ある電圧で急に大電流が流れるようになり，それ以上逆方向電圧を上げることができなくなる．この現象を利用したダイオード

● 解答 ●

問23 -3　　問24 -1

第1章　無線工学の基礎

は，電源回路などに広く用いられている．
1　ピンダイオード　　　2　ガンダイオード　　　3　サイリスタ
4　バラクタダイオード　5　ツェナーダイオード

▶▶▶▶▶ p.26

問 26

次の記述は，バラクタダイオードについて述べたものである．このうち正しいものを下の番号から選べ．

1　逆バイアスを与え，かつ，バイアスを変化させることにより，等価的に可変容量として働くダイオードである．
2　一定値以上の逆電圧が加わると，電界によって電子がなだれ現象を起こし，電流が急激に増加する特性を利用するダイオードである．
3　ガリウム砒素（GaAs）などの化合物半導体で構成され，バイアス電圧を加えるとマイクロ波の発振を起こすダイオードである．
4　逆バイアスを与え，かつ，バイアスを変化させることにより，等価的に可変インダクタンスとして働くダイオードである．

▶▶▶▶▶ p.26

問 27

次の記述は，ガンダイオードについて述べたものである．□内に入れるべき字句の正しい組合せを下の番号から選べ．

ガンダイオードは，GaAsなどの半導体結晶が示す A を利用した B の発振および増幅用のダイオードである．このダイオードは，無線中継装置やレーダ受信機の C などに使用されている．

	A	B	C
1	電子なだれ現象	マイクロ波	中間周波増幅器
2	電子なだれ現象	VHF波	中間周波増幅器
3	負性抵抗特性	VHF波	局部発振器
4	電子なだれ現象	VHF波	局部発振器
5	負性抵抗特性	マイクロ波	局部発振器

▶▶▶▶▶ p.26

解答

問 25 -5　　問 26 -1　　問 27 -5

問 28

次の記述は，インパットダイオードについて述べたものである．このうち誤っているものを下の番号から選べ．

1 マイクロ波およびミリ波の発振素子，増幅素子として用いられる．
2 ガンダイオードに比較して，発振周波数帯域は狭いが，雑音の発生が少ない．
3 半導体接合面における電子なだれ現象とキャリアの走行時間効果によってマイクロ波の発振，増幅を行うダイオードである．
4 掃引発振器には，発振用インパットダイオードの動作電流を変化させて発振周波数を掃引させるものがある．
5 局部発振器として使用する場合は，Qの高い共振器と組み合わせてその発振周波数を安定化する．

▶▶▶▶ p.26

問 29

次に挙げる半導体素子のうち，マイクロ波の発振素子として用いられないものを下の番号から選べ．

1 バラクタダイオード　　2 インパットダイオード
3 トンネルダイオード　　4 ガンダイオード

▶▶▶▶ p.26

問 30

電界効果トランジスタ（FET）をバイポーラトランジスタと比較した次の記述のうち，誤っているものを下の番号から選べ．

1 大電流のスイッチング特性が優れている．
2 低雑音・低ひずみの増幅素子である．
3 集積化する際，製造工程が簡単で標準化しやすい．
4 電子または正孔の一方だけが伝導に寄与するユニポーラ素子である．
5 低周波で入力インピーダンスが高い電流制御素子である．

▶▶▶▶ p.28

解答

問 28 -2　　問 29 -1　　問 30 -5

問 31

次の記述は，図1・76(a)および(b)に示すFETについて述べたものである．□内に入れるべき字句の正しい組合せを下の番号から選べ．

(1) 図(a)は，□A□チャネル，図(b)は，□B□チャネルMOS形FETである．
(2) MOS形FETは接合形FETに比べ，入力インピーダンスが□C□．

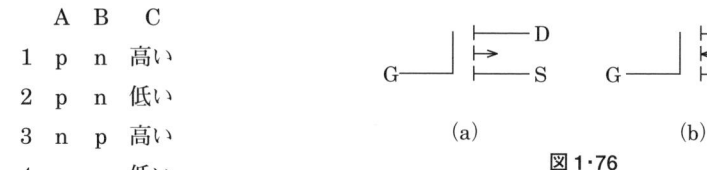

	A	B	C
1	p	n	高い
2	p	n	低い
3	n	p	高い
4	n	p	低い

図1・76

▶▶▶▶ p.28

問 32

次の記述は，通信機器や測定器などに内蔵されている電子計算処理部を構成するデバイスの一つについて述べたものである．この記述に該当するデバイスの名称を下の番号から選べ．
「番地（アドレス）の付いた任意のどの記憶場所にも同じ時間でアクセスすることができ，書き込み，読み出しのできる記憶装置」

1　TTL　　2　CPU　　3　ROM　　4　CCD　　5　RAM

▶▶▶▶ p.28

問 33

次の記述は，通信機器や測定器などに内蔵されている電子計算処理部を構成するデバイスの一つについて述べたものである．この記述に該当するデバイスの名称を下の番号から選べ．
「電源を切っても記憶内容が消失せず，あらかじめ記憶された情報の読み出し専用に使われる記憶装置」

1　TTL　　2　CPU　　3　ROM　　4　CCD　　5　RAM

▶▶▶▶ p.28

解答

問31 - 1　　問32 - 5　　問33 - 3

問 34

次の記述は，マイクロ波用電子管について述べたものである．このうち，誤っているものを下の番号から選べ．

1 マグネトロンは，陰極と陽極の間に加えられた電界と陰極軸方向に加えられた磁界が電子に及ぼす作用を用いている．
2 マグネトロンは，レーダ装置の高出力発振管として用いられる．
3 図1・77に示す反射形クライストロンは，主として増幅用電子管として用いられる．
4 反射形クライストロンのカソードから放出される電子流は，十分集束させて電子ビームを形成する必要がある．
5 進行波管には，電磁波の速度を電子流の速度近くまで遅らせるための遅波回路がある．

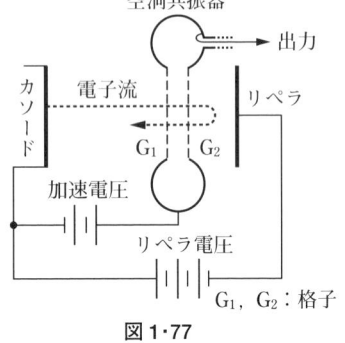

図1・77

▶▶▶▶ p.29

問 35

次の記述は，進行波管（TWT）について述べたものである．　　内に入れるべき字句の正しい組合せを下の番号から選べ．

TWTは，管内を進行する電磁波と同じ方向に流れる電子流の A が等しくなると，相互作用によって電磁波が増幅されることを利用したものである．このTWTには，電磁波を B させるための C ，電子流を集束させるための D などが使用されている．

	A	B	C	D
1	振幅	減速	空洞結合回路	コレクタ
2	振幅	加速	空洞結合回路	コレクタ
3	速度	加速	空洞結合回路	磁石
4	速度	加速	ら旋回路	磁石
5	速度	減速	ら旋回路	磁石

▶▶▶▶ p.29

解答

問34 - 3　　問35 - 5

問 36

電圧利得が46dBの増幅器に3mVの入力電圧を加えたとき,出力に現れる電圧の大きさの値として,最も近いものを下の番号から選べ.ただし,$\log_{10} 2 ≒ 0.3$ とする.

1 69mV　　2 138mV　　3 230mV　　4 600mV　　5 920mV

▶▶▶▶▶ p.31

解説　電圧利得46dBの真数をAとすると,

$$46 \text{[dB]} = 40 + 6 ≒ 20\log_{10} 10^2 + 20\log_{10} 2$$
$$= 20\log_{10} 200 = 20\log_{10} A$$

∴　$A ≒ 200$

入力電圧をV_I[mV],出力電圧をV_O[mV]とすると,

$$V_O = AV_I = 200 \times 3 = 600 \text{[mV]},$$

常用対数の数値　　$\log_{10} 10^2 = 2$

問 37

電力利得が26dBの増幅器に32mWの入力電力を加えたとき,出力電力の値として,最も近いものを下の番号から選べ.ただし $\log_{10} 2 ≒ 0.3$ とする.

1 58mW　　2 125mW　　3 640mW　　4 832mW　　5 12.8W

▶▶▶▶▶ p.31

解説　電力利得26dBの真数をGとすると,

$$26 \text{[dB]} = 2 \times 10 + 2 \times 3 ≒ 10\log_{10} 10^2 + 10\log_{10} 2^2 = 10\log_{10} 400$$
$$= 10\log_{10} G$$

∴　$G ≒ 400$

入力電力をP_I[mW],出力電力をP_O[mW]とすると,

$$P_O = GP_I$$
$$= 400 \times 32 = 12,800 \text{[mW]} = 12.8 \text{[W]}$$

● 解答 ●

問 36 - 4　　問 37 - 5

問38

図1·78に示す演算増幅器（オペアンプ）を用いた負帰還増幅回路において，帰還をかけないときの電圧増幅度Aを90，帰還率βを0.05としたとき，帰還をかけたときの電圧増幅度の値として，最も近いものを下の番号から選べ．

1　4.5　　2　16.4
3　18.0　　4　20.0
5　25.7

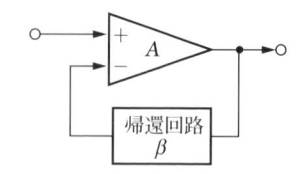

A：帰還がないときの電圧増幅度
β：帰還率

図1·78

▶▶▶▶▶ p.32

解説　帰還をかけたときの電圧増幅度A_fは，

$$A_f = \frac{A}{1-A\beta} = \frac{90}{1-90\times(-0.05)} = \frac{90}{5.5} \fallingdotseq 16.4$$

ただし，出力の位相を反転して入力に帰還しているので，帰還率βは-0.05とする．

問39

次の記述は，PLL（Phase-Locked Loop）回路について述べたものである．このうち正しいものを下の番号から選べ．
1　位相比較器，ローパスフィルタおよび電圧制御発振器から構成されている．
2　マルチバイブレータが，この回路の中心の構成部となっている．
3　比検波器，リアクタンス変調器および電圧制御発振器などによって構成されている．
4　2個の入力を持つプッシュプル増幅回路から構成されている．

▶▶▶▶▶ p.32

問40

次の記述は，搬送波電流$i_c = I_c \sin \omega_c t$を信号波電流$i_s = I_s \cos \omega_s t$で周波数変調する場合に関して述べたものである．　　　内に入れるべき字句の正しい組合せを下の番号から選べ．ただし，角周波数ωと周波数fとの間には$\omega = 2\pi f$の関係があるものとする．

被変調波電流iは，搬送波電流および信号波電流のそれぞれの周波数をf_cおよびf_sとすると，次式が成立する．

$$i = I_c \sin\left(2\pi f_c t + \frac{\Delta f}{\boxed{\text{A}}} \times \sin 2\pi f_s t\right)$$

● 解答 ●

問38 -2　　問39 -1

$$= I_c(2\pi f_c t + m_f \sin 2\pi f_s t)$$

ここで，Δfは B を表し，m_fは C を表すものである．

	A	B	C
1	f_s	周波数偏移	周波数変調指数
2	f_c	周波数帯域	周波数変調指数
3	f_s	周波数帯域	周波数変換指数
4	f_c	周波数偏移	周波数変換指数

▶▶▶▶▶ p.33

問 41

次の記述は，雑音に関する用語について述べたものである．このうち誤っているものを下の番号から選べ．

1 ガウス雑音とは，瞬時振幅の分布が正規分布となる不規則な雑音をいう．
2 三角雑音とは，FM方式の復調器出力に生ずる，高い周波数領域ほど雑音出力が大きく，周波数対雑音振幅特性の図形がほぼ三角形になる雑音をいう．
3 雑音温度とは，抵抗体内の電子の熱運動による雑音量から導かれる温度をいう．
4 ショットノイズ（散弾雑音）は，真空管やトランジスタなどに流れる電流に含まれ，広い周波数帯域内に一様に分布する雑音をいう．
5 白色雑音とは，周波数スペクトルが，ある特定の周波数領域で高いピークを示す雑音をいう．

▶▶▶▶▶ p.34

解説 白色雑音とは，周波数スペクトルの分布が一様な雑音をいう．特定の周波数領域で雑音の高いピークを示すことはない．

問 42

次の記述は，雑音指数について述べたものである．このうち正しいものを下の番号から選べ．

1 連続して存在する雑音の一定時間内の平均的レベルをいう．
2 雑音の電力がある温度の抵抗体が発生する熱雑音の電力に等しいとき，その抵抗体の温度をいう．
3 増幅回路や四端子網において，入力の信号対雑音比F_{IN}と出力の信号対雑音比F_{OUT}との比F_{IN}/F_{OUT}をいう．

● 解答 ●

問 40 -1　　問 41 -5

4　低雑音増幅回路の入力に許容される雑音の程度を示す値をいう．
5　自然雑音，人工雑音などで空間に放射されている電波雑音の平均強度をいう．

▶▶▶▶ p.34

問 43

図1・79に示す回路の名称として，正しいものを下の番号から選べ．

1　単安定マルチバイブレータ回路
2　シュミットトリガ回路
3　カスコード回路
4　コンパレータ回路
5　フリップフロップ回路

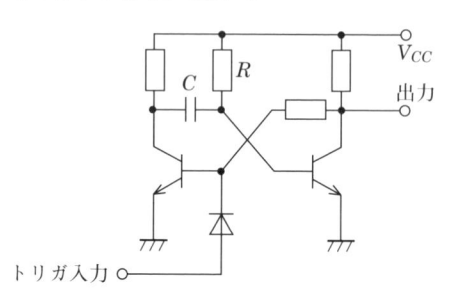

図1・79

▶▶▶▶ p.35

問 44

電子回路において，二つの安定状態を持ち，一方の安定状態を定める入力が与えられると，他の安定状態を定める入力が与えられるまで，その状態を保持するための回路の名称として，正しいものを下の番号から選べ．

1　フリップフロップ回路　　2　差動増幅回路　　3　クランプ回路
4　単安定マルチバイブレータ回路　　5　論理和回路

▶▶▶▶ p.36

解答

問42 -3　　問43 -1　　問44 -1

問 45

図1・80(a)に示す回路において，図1・80(b)に示すような入力波形および出力波形が得られた．この回路の名称として，正しいものを下の番号から選べ．

1　クランプ回路　　　2　フリップフロップ回路　　　3　シュミットトリガ回路
4　カスコード増幅回路　　　5　マルチバイブレータ回路

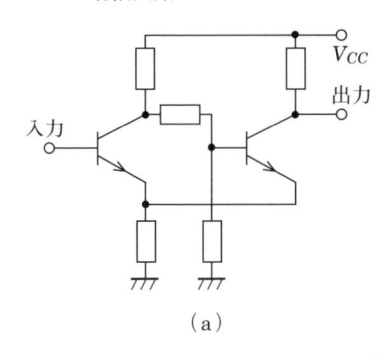

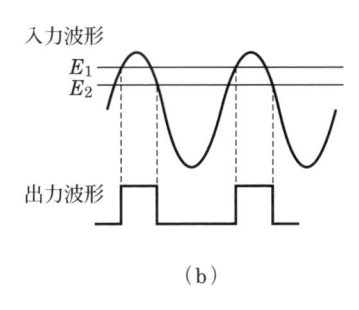

図 1・80

問 46

次の記述は，図1・81に示す論理回路の真理値表について述べたものである．☐内に入れるべき値の正しい組合せを下の番号から選べ．ただし，☐内の同じ記号は，同じ字句を示す．

(1) X，YおよびZの値が全て0のとき，Mの値は ☐A☐ である．
(2) X，YおよびZの値が全て1のとき，Mの値は ☐B☐ である．
(3) Xの値が ☐B☐ ，YとZの両方の値が ☐C☐ のとき，Mの値は0である．

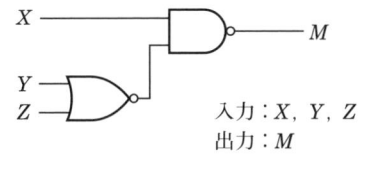

入力：X, Y, Z
出力：M

図 1・81

	A	B	C			A	B	C
1	1	0	1		2	1	1	0
3	1	0	0		4	0	1	1
5	0	0	0					

● 解答 ●

問 45 - 3

解説 NANDは2入力とも1のときのみ出力が0となるから，Xが0のときはMの値は1である．よって，Aは1．NORは2入力とも0のときのみ出力が1となるので，Y, Zともに1のときは出力が0となって，NANDの入力が0となるから，Mの値は1である．よって，Bは1．Y, Zの両方が0のとき，NORの出力が1となって，Xが1ならばNANDの出力が0となるので，Cは0．

● 解答 ●

問46 -2

2 変調・復調

2.1 アナログ変調方式

1 振幅変調

振幅変調は，**信号波**の振幅の変化で**搬送波**の振幅を変化させる変調方式である．信号波電圧を $v_s = V_s \cos \omega_s t$，搬送波電圧を $v_c = V_c \cos \omega_c t$ とすると，**図2・1**の**被変調波**（振幅変調波）は次式で表される．

$$v_{AM} = V_c (1 + m \cos \omega_s t) \cos \omega_c t \tag{2.1}$$

ただし，m は変調度 $m = \dfrac{V_s}{V_c}$，$\omega_c = 2\pi f_c$，$\omega_s = 2\pi f_s$

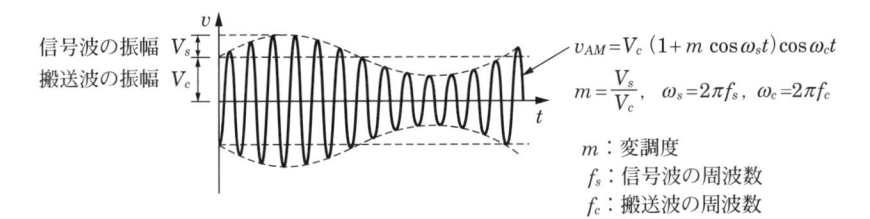

図 2・1

また，式（2.1）は三角関数の公式を使うと次のように展開することができる．

$$\begin{aligned} v_{AM} &= V_c \cos \omega_c t + V_c m \cos \omega_c t \cos \omega_s t \\ &= V_c \cos \omega_c t + \frac{1}{2} V_c m \cos(\omega_c + \omega_s) t + \frac{1}{2} V_c m \cos(\omega_c - \omega_s) t \end{aligned} \tag{2.2}$$

式（2.2）の第1項は搬送波を表し，第2項は搬送波と信号波の和の周波数成分 $f_c + f_s$，第3項は搬送波と信号波の差の周波数成分 $f_c - f_s$ を表し，変調によってこれらの周波数成分が発生する．横軸に周波数をとって図に表すと**図2・2**のようなる．また，被変調波の**占有周波数帯幅** f_B は次式で表される．

$$f_B = 2 f_s$$

図 2·2

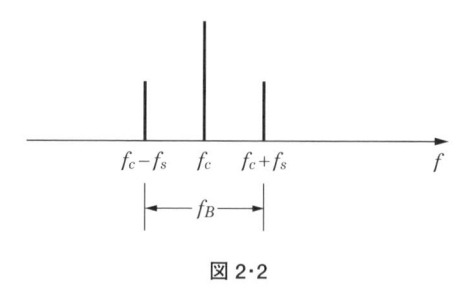

> **Basic**
> ●三角関数の公式
> $$\cos(A \pm B) = \cos A \cos B \mp \sin A \sin B$$
> $$\cos A \cos B = \frac{1}{2}\cos(A+B) + \frac{1}{2}\cos(A-B)$$

2 SSB

多重通信回線における電話1チャネルの伝送では,300Hz〜3.4kHzの周波数帯域が用いられるが,余裕をとって1チャネルを4kHzとする.これを図2·3(a)のように図で表す.電話信号で搬送波を振幅変調すると,被変調波の側波帯は図2·3(b)のように搬送波の上下の周波数に発生する.このうち,図2·3(c)のように搬送波を抑圧して片方の側波帯のみを伝送する方式を**単側波帯**(**SSB**:Single Side Band)という.

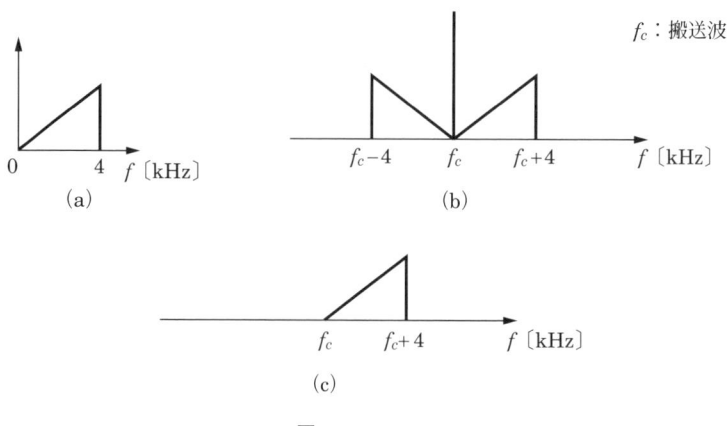

図 2·3

SSB波の変調器の構成を**図2・4**に示す．**平衡変調器**は振幅変調をすると共に，搬送波を抑圧して両側波帯のみの被変調波とする．次に，上下いずれかの側波帯を**帯域通過フィルタ**によって取り出し，単側波帯の被変調波を発生させる．

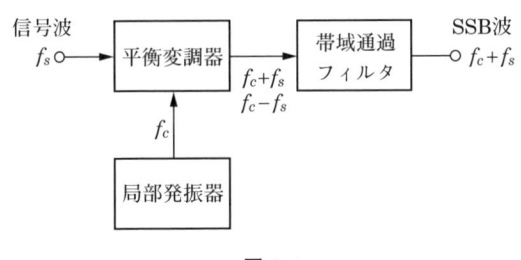

図2・4

3 VSB

SSBでは，変調の過程で不要な側波帯と搬送波を減衰させる帯域通過フィルタを用いるので，一般に低域の周波数成分と直流の信号を伝送することができない．音声では，数10Hz程度の周波数成分は伝送しなくても通話品質には影響はないが，画像を伝送するテレビジョンでは直流成分も含めて低い周波数成分が必要なので，**図2・5**のような周波数帯域を伝送している．これを**残留側波帯振幅変調**（**VSB**：Vestigial Side Band）という．

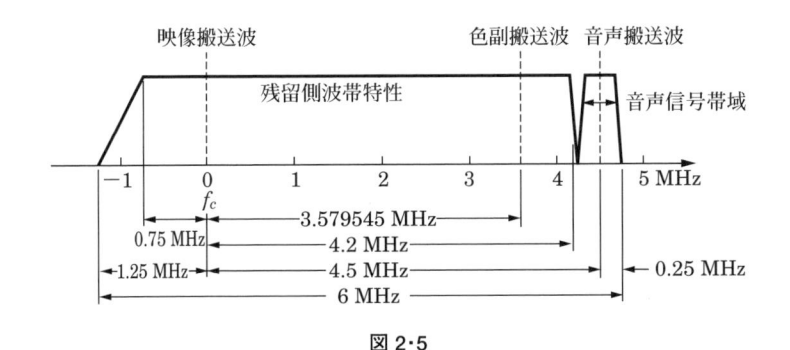

図2・5

4 角度変調

角度変調は，信号波の振幅の変化で搬送波の位相角を変化させる変調方式である．**図2・6**のように，信号波電圧を $v_s = V_s \cos \omega_s t$，搬送波電圧を $v_c = V_c \cos \omega_c t$ とすると，**位相変調**された被変調波（位相変調波）は次式で表される．

$$v_{PM} = V_c \cos(\omega_c t + m_P \cos \omega_s t) \tag{2.3}$$

ただし，m_P は**変調指数**であり，**最大位相偏移**を $\Delta\theta$ とすると，$m_P = \Delta\theta$ となる．

2.1 アナログ変調方式

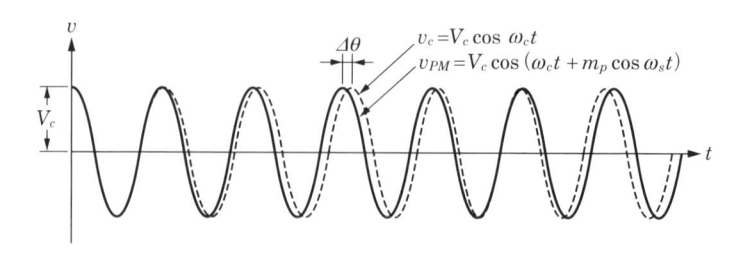

図2·6

また，**周波数変調**された被変調波（周波数変調波）は次式で表される．
$$v_{FM} = V_c \cos(\omega_c t + m_F \sin \omega_s t) \tag{2.4}$$
ただし，m_F は変調指数であり，最大周波数偏移を Δf とすると，
$$m_F = \frac{\Delta f}{f_s}$$
となる．
また，被変調波の占有周波数帯幅 f_B〔kHz〕は，次式で表される．
$$\begin{aligned} f_B &= 2(\Delta f + f_s) \\ &= 2(mf_s + f_s) = 2f_s(m_F + 1) \end{aligned} \tag{2.5}$$

5 SS-SS方式

図2·7のように，多重化された信号波による単側波帯群で構成された**ビデオ信号**を**SSB**変調して送受信する方式を**SS-SS通信方式**という．

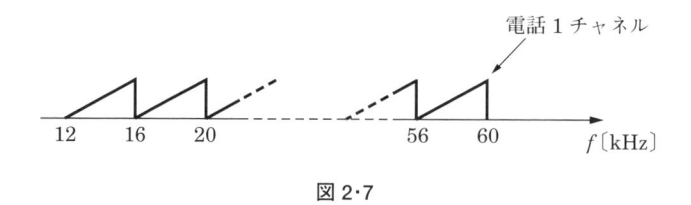

図2·7

(1) 占有周波数帯幅

パイロット周波数がベースバンドの外にある場合に，パイロット周波数とベースバンドの端の周波数との差を f_p〔kHz〕，ベースバンドのチャネル間隔を f_s〔kHz〕，チャネル数を N_S とすると，占有周波数帯幅 f_B〔kHz〕は次式で表される．
$$f_B = N_S f_s + f_p \tag{2.6}$$

> **ベースバンド**：搬送端局装置の出力におけるビデオ周波数帯をいう．
> **パイロット周波数**：ベースバンドと一定の周波数関係を持つ周波数の搬送波で，同期をとるために用いられる．

(2) 信号対雑音比

SS-SS方式の場合におけるチャネルの**信号対雑音比の改善率**Iは，受信機の通過帯域幅をB〔kHz〕，音声信号の周波数帯幅をf_s〔kHz〕とすると，次式で表される．

$$I = \frac{B}{f_s} \tag{2.7}$$

信号対雑音比の改善率とは，信号対雑音比（S/N）を改善することができる比のことで，改善係数ともいう．出力のS/Nは，入力のS/Nに改善率を掛けた値となる．

6 SS-FM方式

多重化された信号波による単側波帯群で構成されたビデオ信号を，周波数変調して送受信する方式をSS-FM通信方式という．

(1) 占有周波数帯幅

最高変調周波数をf_m〔kHz〕，試験音による周波数偏移量をf_{do}〔kHz〕，最大負荷係数をL_cとすると，**占有周波数帯幅**f_B〔kHz〕は次式で表される．

$$f_B = 2(L_c f_{do} + f_m) \tag{2.8}$$

> 最大負荷係数：全チャネルが，どの程度同時に使用されるかを表す係数

(2) 信号対雑音比

信号対雑音比の改善率I_{FM}は，試験音レベルによって生じる周波数偏移の実効値をf_{do}〔kHz〕，通話チャネルのビデオ周波数をf_v〔kHz〕，受信機の通過帯域幅をB〔kHz〕，音声信号の周波数帯幅をf_s〔kHz〕とすると，次式で表される．

$$I_{FM} = \frac{f_{do}^2 B}{f_v^2 f_s} \tag{2.9}$$

試験音レベルは，800Hzの周波数で1mWのレベルが用いられる．

7 SS-PM方式

多重化された信号波による単側波帯群で構成されたビデオ信号を位相変調して送受信する方式をSS-PM通信方式という．

(1) 占有周波数帯幅

ビデオ信号の最高変調周波数をf_m〔kHz〕，最大周波数偏移量をf_d〔kHz〕とすると，**占有周波数帯幅**f_B〔kHz〕は次式で表される．

$$f_B = 2(f_d + f_m) \tag{2.10}$$

(2) 信号対雑音比

信号対雑音比の改善率I_{PM}は，通話チャネルの位相偏移量の実効値をm_0〔rad〕，受信機の通過帯域幅をB〔kHz〕，音声信号の周波数帯幅をf_s〔kHz〕とすると，次式で表される．

$$I_{PM} = m_0^2 \frac{B}{f_s} \tag{2.11}$$

2.1 アナログ変調方式

2.2 パルス変調方式

1 パルス波形

図2・8(a)に直流パルス波形を示す．繰り返しパルスの場合，**パルスの幅**をT_1〔s〕，**パルスの間隔**をT_2〔s〕，**パルスの周期**をT_0〔s〕とすると，パルスの繰り返し周波数f〔Hz〕は次式で表される．

$$f = \frac{1}{T_0} = \frac{1}{T_1 + T_2}$$

また，パルスの鋭さを表す**衝撃係数**（デューティファクタ）Dは，次式で表される．

$$D = \frac{T_1}{T_0} = \frac{T_1}{T_1 + T_2}$$

図2・8(b)のように，搬送波を直流パルスで変調したパルス波形を交流パルスという．

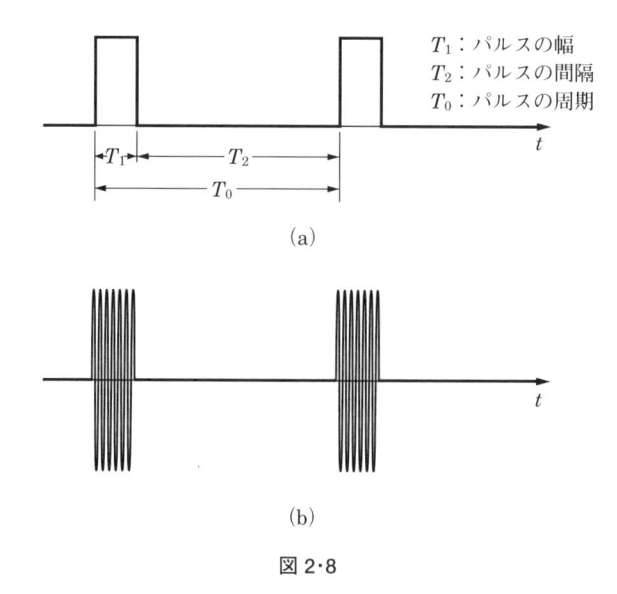

T_1：パルスの幅
T_2：パルスの間隔
T_0：パルスの周期

(a)

(b)

図2・8

2 伝送路符号形式

図2・9に伝送路符号形式を示す．

伝送パルスは，デジタル符号列の"0"と"1"を高電位または低電位の2種類の電位に対応させて伝送する．**単極性方式**は0電位と正または負の電位の一つとを対応させた方式，**複極性（両極性）方式**は正と負の二つの電位を対応させた方式である．

NRZ（Non-Return to Zero）**方式**は一つのパルス幅の時間を高電位または低電位に対応さ

せる方式で，**RZ**（Return to Zero）**方式**は一つのパルス幅の前半の時間を"1"に対応する電位とし，後半を0に戻す方式である．**AMI**（Alternate Mark Inversion）**方式**は，"1"をパルスあり，"0"をパルスなしとし，"1"のパルスありの極性を交互に＋と－に変化させて送出する伝送路符号形式である．AMI方式では交互に＋と－に変化させることによって，同じ符号列が連続した場合でも符号の直流分を少なくすることができる．

パルス符号を直接伝送するベースバンド領域では，AMI方式のように直流分の少ない符号形式が用いられ，搬送波をパルス化する場合は，NRZ方式のように高調波成分の小さい符号形式が用いられる．

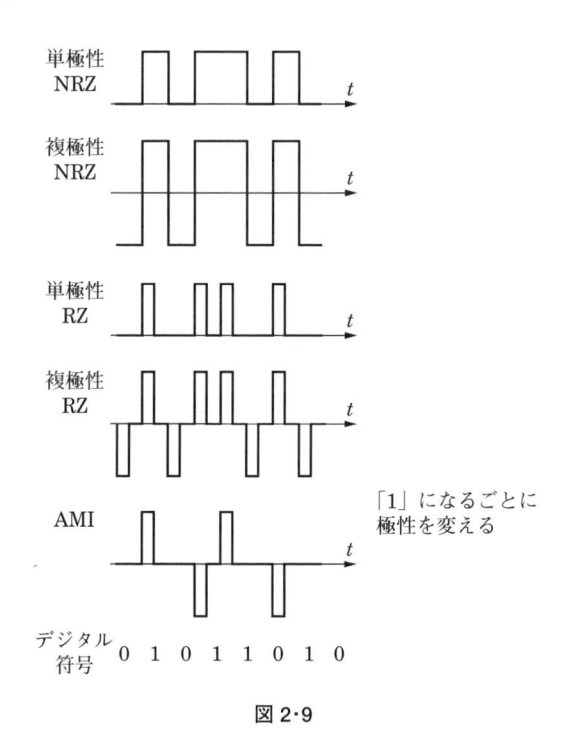

図 2・9

3 パルス変調方式

図2・10にパルス変調の種類を示す．

(1) **PAM**（Pulse Amplitude Modulation）

信号波の振幅に比例してパルスの振幅を変化させる．

(2) **PWM**（Pulse Width Modulation）

信号波の振幅に比例してパルスの幅を変化させる．

(3) **PPM**（Pulse Position Modulation）

信号波の振幅に比例してパルスの時間的な位置を変化させる．

(4) PCM (Pulse Code Modulation)

信号波の振幅を標本化し, パルスを符号化して伝送する.

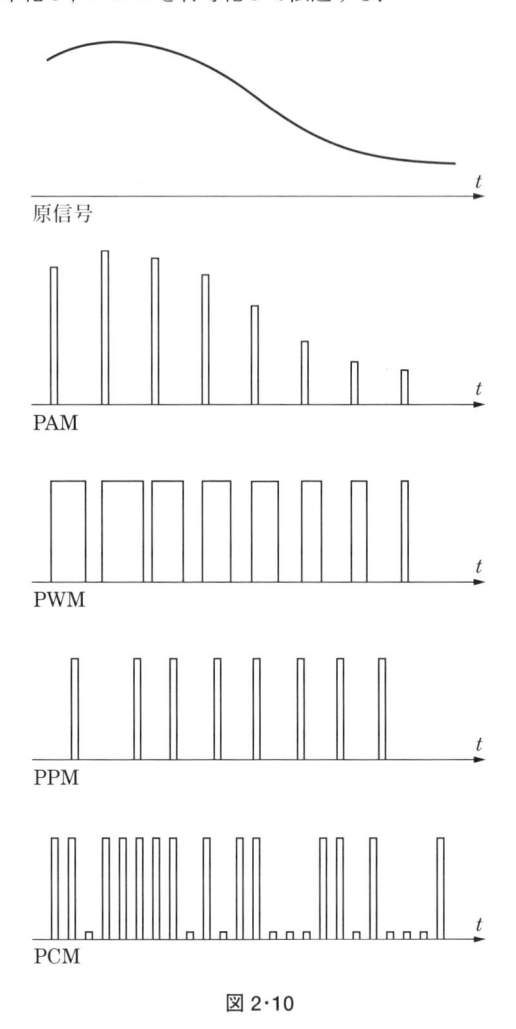

図2・10

4 PCM

(1) 変調過程

音声など連続の値を持つアナログ信号をデジタル信号で伝送する方式として, 主にPCMが用いられている. 図2・11にPCMの変調過程を示す.

① **標本化 (サンプリング)** アナログ信号の振幅を一定の時間間隔で抽出し, それぞれに対応した振幅を持つパルス波形列にする.

② **量子化** 標本化された信号パルスの振幅を, 何段階かの定まったレベルの振幅に近似

する．

③ **符号化** 量子化されたパルス列の1パルスごとにその振幅の値を2進符号に変換する．

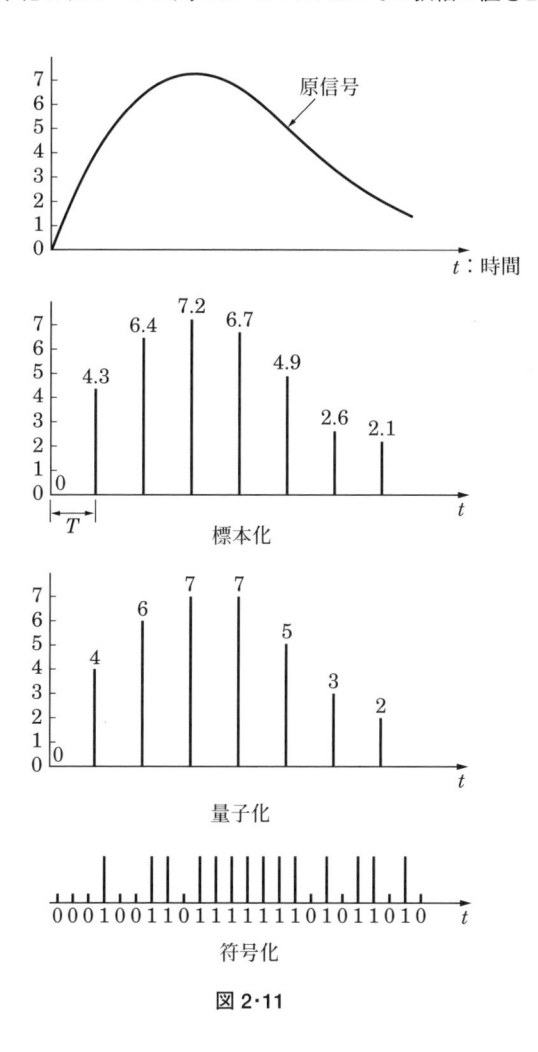

図 2・11

(2) 量子化雑音

連続量であるアナログ信号が離散的なデジタル信号に変換されたPCM信号を元のアナログ信号に戻す場合，まったく同じアナログ信号に戻るわけではない．このとき，原信号と復調された信号との差を**量子化雑音**という．

量子化において入力信号電力が小さい場合は，信号に対して雑音が相対的に大きくなる．信号の振幅の大小にかかわらず，S/N（信号対雑音比）をできるだけ一定に近づけるため，信号の振幅が小さいときは量子化ステップが相対的に小さく，信号の振幅が大きいときは量

子化ステップが相対的に大きくなるなるように**圧縮器**を用い，復調側では**伸長器**を用いる．

> **Point**
> ●量子化雑音を軽減する方法
> ① 標本化パルスの繰り返し周期を狭くする．
> ② 量子化のステップ数を増加する．
> ③ 量子化ステップのレベル差を小さくする．
> ④ 対数特性を持つ圧縮器や復元する伸長器を使用する．

(3) 標本化定理

標本化するときに，標本化する周期 T が短いと標本化パルスを結ぶ包絡線は原信号をほぼ再現することができるが，標本化パルスの周期が長いと原信号との差が大きくなり，受信側で原信号を再現できなくなる．このとき，標本化する周期の最適値を表す基準が標本化定理であり，信号の**最高周波数の2倍以上**で標本化すれば，受信側では原信号を再現することができる．周波数帯域が300Hzから3.4kHzの音声信号をPCM方式によってデジタル化する場合は，標本化パルス周波数は標本化定理により6.8kHzとなるが，余裕をみて8kHzが用いられている．

(4) 高能率音声符号化方式

高能率符号化方式は，同じビットレートでより良好な伝送品質が得られる．あるいは，従来の電話音声のPCM方式に近い伝送品質を，より低いビットレートで伝送することができる方式である．音声信号にはかなりの冗長性が含まれているので，音声の持つ情報を完全に伝送しなくても十分に品質の良い音声を再現することができることを利用している．

高能率符号化方式の一つに**ADPCM符号化方式**がある．この方式で用いられる冗長度抑圧技術には，**適応量子化**と**予測符号化**がある．適応量子化は，小さい振幅のときは量子化ステップを小さくし，大きい振幅では量子化ステップを大きくする**非直線量子化**を行うことにより，量子化ステップ数を減らすことができる．予測符号化は，過去の入力信号から現在の信号を予測して，原信号と予測値との差分信号を伝送する．このことによって，符号化ビット数を低減することができる．

5 デジタル変調方式

搬送波を"0"，"1"のデジタル符号パルスで変調するには，次の方式がある．

(1) PSK（Phase Shift Keying）

搬送波の位相をデジタル信号に応じて変化させる方式である．

図2・12に示すように，位相の状態を0または π の2相に変化させる方式を2PSK，またはBPSKという．位相の状態を4相（位相差 $\pi/2$），8相（位相差 $\pi/4$）と変化させる方式を4PSK，8PSKという．

BPSKでは1回の変調で2値をとることができるので，1ビット（$2^1=2$）の情報しか伝送す

ることができないが，より多相の変調方式に比較して，信号対雑音比（S/N）が同じ場合は，符号誤り率は最も小さい．

また，同じ伝送速度のデジタル信号をBPSKで送信する場合の占有周波数帯幅は，4PSK（QPSK）変調で送信する場合の占有周波数帯幅の値の約2倍となる．

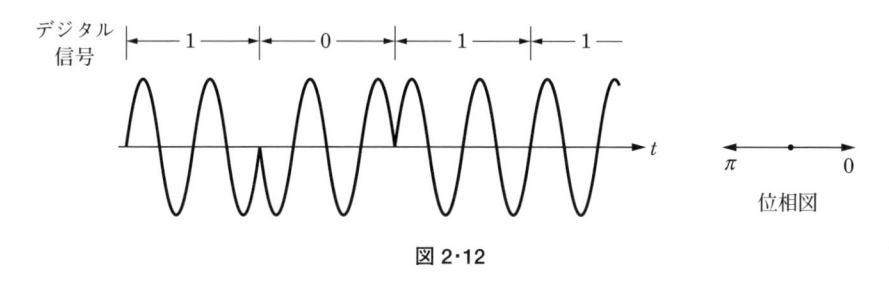

図 2・12

(2) QAM（Quadrature Amplitude Modulation）

搬送波の位相と振幅をデジタル信号に応じて変化させる方式である．

図2・13に示すように，四つの位相と四つの振幅の偏移を持つ変調方式を16QAMという．16QAMでは1回の変調で16値をとることができるので，4ビット（$2^4=16$）の情報の伝送が可能である．

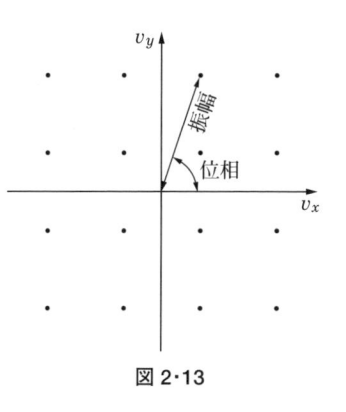

図 2・13

Point

それぞれの変調方式は，デジタル信号によって搬送波を変化させる．
ASK（Amplitude Shift Keying：振幅偏移変調）は振幅を変化
PSK（Phase Shift Keying：位相偏移変調）は位相を変化
QAM（Quadrature Amplitude Modulation：直交振幅変調）は振幅と位相の両方を変化
FSK（Frequeycy Shift Keying：周波数偏移変調）は周波数を変化

6 伝送品質

(1) 符号誤り率

伝送路途中の雑音などにより伝送波形がくずれて，受信側で符号の判別を誤る場合があり，その評価は符号誤り率で表される．伝送した全符号の数をN_0，誤った受信符号数をN_Rとすると，**符号誤り率**P_eは次式で表される．

$$P_e = \frac{N_R}{N_0} \tag{2.12}$$

(2) ビット誤り率

多値変調では，一つの符号が複数のビットに対応するため，復調後の信号の誤り率が異なってくる．伝送した全ビット数をB_0，誤った受信ビット数をB_Rとすると，**ビット誤り率**P_bは次式で表される．

$$P_b = \frac{B_R}{B_0} \tag{2.13}$$

> **Point**
>
> ●符号誤り率特性
> ① 2PSKは符号誤り率が小さい．16PSKは符号誤り率が大きい．
> ② 16QAMは，16相PSKよりも符号誤り率が小さい．

2.3 変復調器

1 PSK変復調器

(1) 4相PSK変・復調器

図2・14に4相PSKパスレングス形変調器を示す．長さが異なる導波管を位相ラインとして，それぞれの位相ラインを信号波で動作するダイオードスイッチによって切り換えることによって，π/2ずつ異なる位相を持つPSK変調を行うことができる．

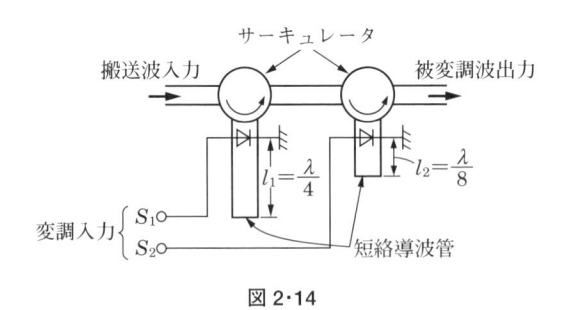

図2・14

長さ$l_1 = \lambda/4$の短絡導波管を往復することによって生じる位相偏移θ_1は，

$$\theta_1 = \beta l_1 \times 2 = \frac{2\pi}{\lambda} \times \frac{\lambda}{4} \times 2 = \pi$$

ここで，位相差が発生する経路長は$2l_1$となる．

ただし，βは位相定数 $\beta = \dfrac{2\pi}{\lambda}$

長さ $l_2 = \lambda/8$ の短絡導波管による位相偏移 θ_2 は，

$$\theta_2 = \beta l_2 \times 2 = \dfrac{2\pi}{\lambda} \times \dfrac{\lambda}{8} \times 2 = \dfrac{\pi}{4}$$

変調入力として，S_1 端子および S_2 端子に入力信号を与えたときの被変調波のベクトル図を**図2·15**に示す．

```
              (0 1)
               π/2
                │
     π ────────┼──────── 0
    (1 0)      │       (0 0)
              3π/2
              (1 1)      (S₁ S₂)
```

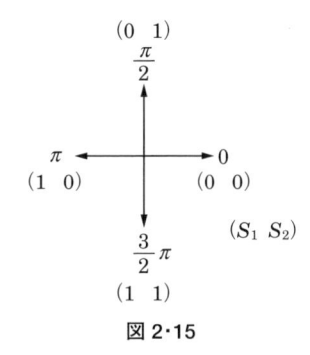

図 2·15

(2) 4相PSK復調器

図2·16に4相PSK変調波の同期検波回路の構成の一例を示す．入力信号のうち，搬送波成分は二つの移相検波器に加えられる．このとき，それぞれに加えられる搬送波は$\pi/2$の位相差があるので，これらの搬送波によって2乗検波することによって，信号との積の成分から出力信号波を取り出すことができる．

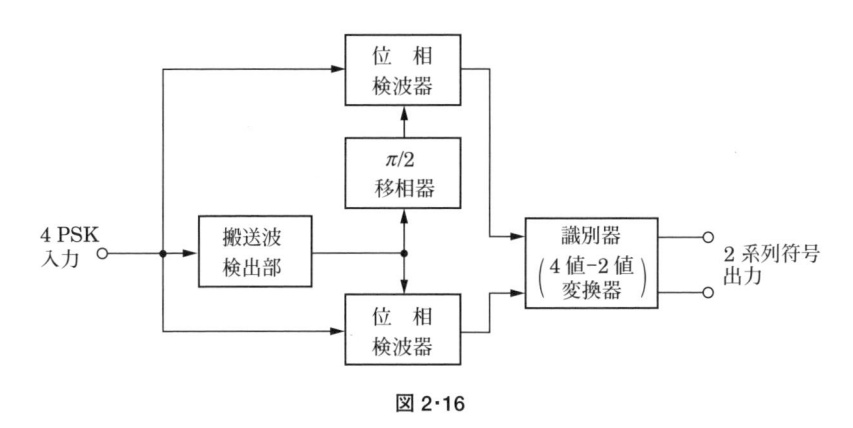

図 2·16

●同期検波・遅延検波

同期検波は，受信側で基準搬送波を発生させて位相検波する．遅延検波は，符号の1ビット前の変調されている搬送波を基準搬送波として位相検波する．遅延検波は，同期検波に比較して符号誤り率が大きい．

(3) 2乗検波

二つの高周波 $e_c = E_c \cos \omega t$，$e_s = E_s \cos(\omega t + \phi)$ が入力に加わったとき，2乗特性を持った回路の出力電圧 e_O は，

2.3 変復調器

$$e_O = (e_c + e_s)^2 = e_c^2 + 2e_c e_s + e_s^2 \tag{2.14}$$

ここで，信号波の検波出力が得られるのは積の項なので，式 (2.14) 右辺の第 2 項の e_c，e_s の積にそれぞれの値を代入すると，

$$e_c e_s = E_c \cos \omega t \cdot E_s \cos(\omega t + \phi)$$

$$= \frac{E_c E_s}{2} \cos\{\omega t + (\omega t + \phi)\} + \frac{E_c E_s}{2} \cos\{\omega t - (\omega t + \phi)\}$$

$$= \frac{E_c E_s}{2} \cos\{(2\omega t + \phi)\} + \frac{E_c E_s}{2} \cos \phi \tag{2.15}$$

上の式において，e_c を搬送波成分，e_s を被変調波成分，ϕ を位相偏移とすれば，$\cos \phi$ が低周波成分となって出力されるので，位相偏移を検波することができる．

2 乗検波器では，2 乗特性のうち入力信号の積に比例する成分が検波器出力として用いられている．

Basic

● 三角関数の公式

$2 \cos X \cdot \cos Y = \cos(X+Y) + \cos(X-Y)$

---

2 QAM 変復調器

(1) 16QAM 変調器

図 2·17 に 16QAM 変調器の構成を示す．マイクロ波発振器の出力はハイブリット回路で 2 分され，2 値－4 値変換器によって図 2·18 のような四つの振幅値を持った信号に変換され，二つの振幅変調器に加えられる．このとき，一方の同期用発振器の出力は π/2 移相器を通って変調されるので，直交した位相でそれぞれが振幅変調される．これらの被変調波を合成す

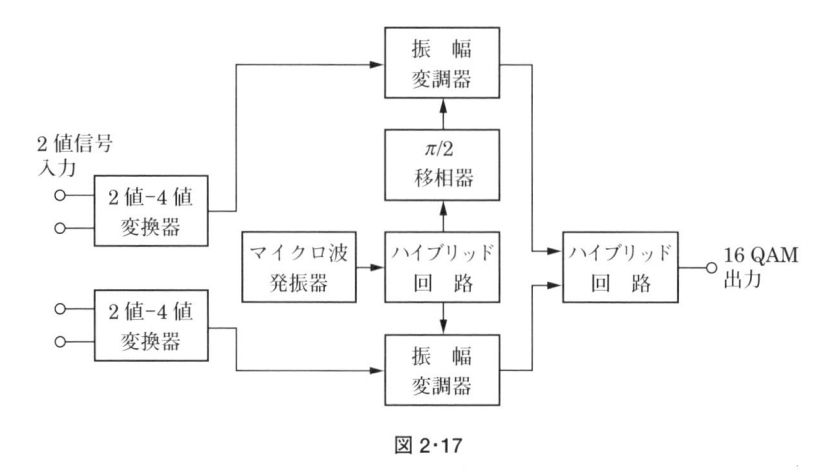

図 2·17

ると，図2·18のような4値の振幅と4値の位相変調を受けた被変調波を出力することができる．これらの出力をハイブリッド回路で合成することで，16QAMの被変調波を得ることができる．

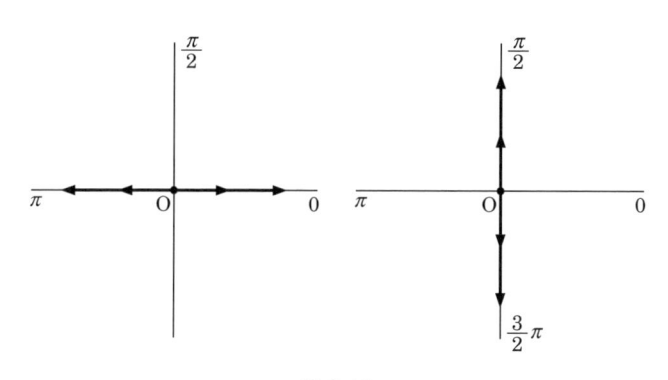

図 2·18

(2) 16QAM復調器

図2·19に同期式16QAM復調器の構成を示す．被変調波はハイブリット回路で2分され，二つの位相検波器に加えられる．このとき，一方の搬送波同期回路（同期用発振器）の出力は，π/2移相器を通って検波される．それぞれの出力には，π/2〔rad〕で直交した位相成分を持つ振幅成分が出力される．このとき，それぞれ4値の値を持っているので，4値−2値変換器では信号波のクロックに同期した信号を取り出すことによって，それぞれが2値のパルス信号を出力する．これらの2系列の2値パルス信号を4値差分演算回路で合成することによって，**グレイ符号**などの符号列信号を出力することができる．

グレイ符号（反転2進符号）は，バイナリ符号（2進符号）で伝送される前後のビットが1ビットしか変化しないように変換された符号である．バイナリ符号の隣り合ったビットの排

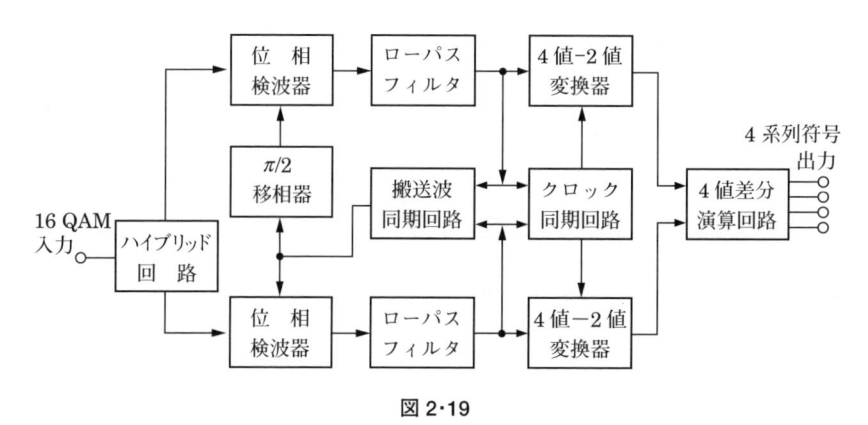

図 2·19

他的論理和（EX-OR）を取ることにより，変換することができる．

3 同期

デジタル伝送では，デジタル信号を時間的に多重化するために，複数の信号の伝送速度を一致させなければならない．また，送信側と受信側でパルスの時間的な位置を合わせなければならない．このことを同期という．

(1) 網同期

デジタル伝送路網全体のデジタル信号のクロック周波数を共通にして同期をとる方式を**網同期方式**という．

(2) スタッフ同期

同期していないパルスの周波数f_1よりもわずかに高い周波数f_2をクロック周波数として選ぶと，パルスの位置がずれてくる．そこで，図2・20のように信号パルスと無関係なパルス（**スタッフパルス**）を挿入してクロック周波数に同期する方法をパルススタッフ同期という．受信側では，スタッフパルス情報を判定するパルスによってスタッフパルスの位置を特定し，スタッフパルスを取り除いてから復調する．

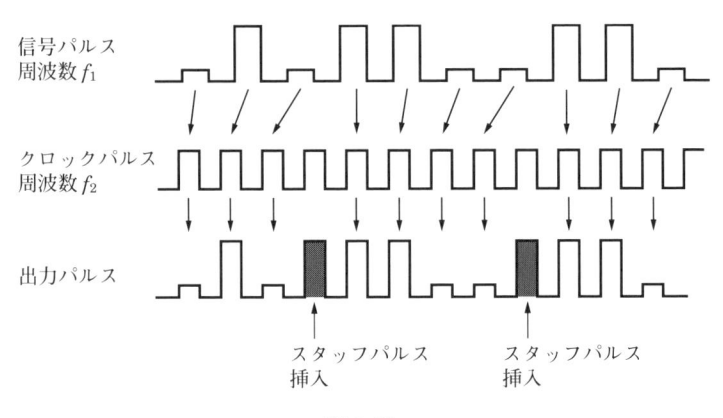

図 2・20

基本問題練習

問 1

FM送信機において，最高変調周波数が15kHzで占有周波数帯幅が150kHzのときの変調指数の値として，最も近いものを下の番号から選べ．

1　3　　　2　4　　　3　5　　　4　7　　　5　10

解説 最高変調周波数を f_s 〔kHz〕, 変調指数を m_F とすると, 占有周波数帯幅 f_B 〔kHz〕は,

$$f_B = 2f_s(m_F+1)$$
$$150 = 2 \times 15 \times (m_F+1)$$

よって,

$$5 = (m_F+1) \quad \therefore \quad m_F = 4$$

問2

周波数分割多重SS-FM方式における占有周波数帯幅 f_B は, 次式で表される.

$$f_B = 2(L_c f_{do} + f_m)$$

この式中の L_c, f_{do}, f_m は何を表すか. 正しい組合せを下の番号から選べ.

	L_c	f_{do}	f_m
1	負荷インダクタンス	1チャネル当たりの周波数帯域幅	変調指数
2	最大負荷係数	試験音による周波数偏移量	最高変調周波数
3	最大負荷係数	1チャネル当たりの周波数帯域幅	最高変調周波数
4	負荷インダクタンス	試験音による周波数偏移量	変調指数

問3

SS-FM方式のS/N改善率 I_{FM} を表す式として, 正しいものは次のうちどれか. ただし, f_v：通話チャネルのビデオ周波数〔kHz〕, B：受信機の通過帯域幅〔kHz〕, f_s：音声信号の周波数帯域幅〔kHz〕, f_{do}：試験音レベル（800Hzで1〔mW〕の試験信号）によって生じる周波数偏移の実効値〔kHz〕, とする.

1. $I_{FM} = 10\log_{10}\left(\dfrac{f_{do}^2 B}{f_v^2 f_s}\right)$ 〔dB〕

2. $I_{FM} = 10\log_{10}\left(\dfrac{f_{do}^2 B}{f_v f_s^2}\right)$ 〔dB〕

3. $I_{FM} = 10\log_{10}\left(\dfrac{f_{do} B}{f_v f_s}\right)$ 〔dB〕

4. $I_{FM} = 10\log_{10}\left(\dfrac{f_v^2 B}{f_{do} f_s}\right)$ 〔dB〕

5. $I_{FM} = 10\log_{10}\left(\dfrac{f_v B}{f_{do}^2 f_s^2}\right)$ 〔dB〕

解答

問1 -2   問2 -2   問3 -1

問4

SS-PM方式のS/N改善率I_{PM}を表す式として，正しいものは次のうちどれか．ただし，m_0：通話チャネルの位相偏移量の実効値〔rad〕，B：受信機の通過帯域幅〔kHz〕，f_s：音声信号の通過帯域幅〔kHz〕，とする．

1   $I_{PM} = 10 \log_{10} \left(m_0 \dfrac{B}{f_s} \right)$ 〔dB〕   2 $I_{PM} = 10 \log_{10} \left(m_0^2 \dfrac{B}{f_s} \right)$ 〔dB〕

3   $I_{PM} = 10 \log_{10} \left(m_0^2 \dfrac{f_s^2}{B} \right)$ 〔dB〕   4 $I_{PM} = 10 \log_{10} \left(m_0^2 \dfrac{B}{f_s^2} \right)$ 〔dB〕

5   $I_{PM} = 10 \log_{10} \left(m_0^2 \dfrac{f_s}{B^2} \right)$ 〔dB〕

▶▶▶▶▶ p.65

問5

図2・21に示す各パルスの幅T_1が5μs，パルスの間隔T_2が20μsのとき，パルスの繰り返し周波数fおよび衝撃係数（デューティファクタ）Dの値として，正しい組合せを下の番号から選べ．

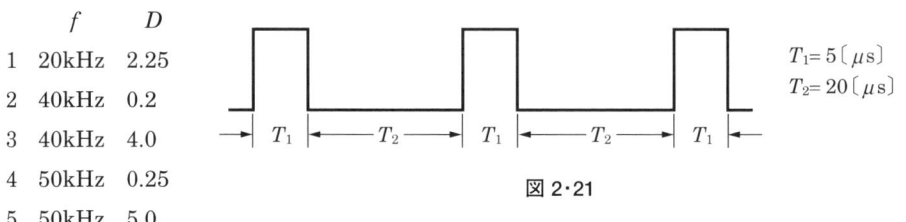

	f	D
1	20kHz	2.25
2	40kHz	0.2
3	40kHz	4.0
4	50kHz	0.25
5	50kHz	5.0

$T_1 = 5$〔μs〕
$T_2 = 20$〔μs〕

図2・21

▶▶▶▶▶ p.66

解説 パルスの幅をT_1〔s〕，パルスの間隔をT_2〔s〕とすると，パルスの繰り返し周波数f〔Hz〕は，次式で表される．

$$f = \frac{1}{T_1 + T_2} = \frac{1}{(5+20) \times 10^{-6}} = 40 \times 10^3 \text{〔Hz〕} = 40 \text{〔kHz〕}$$

衝撃係数Dは，次式で表される．

$$D = \frac{T_1}{T_1 + T_2} = \frac{5 \times 10^{-6}}{(5+20) \times 10^{-6}} = 0.2$$

解答

問4 -2   **問5** -2

問6

デジタル符号列「010110」に対応する伝送波形が図2・22に示す波形の場合，伝送符号形式の名称として，正しいものを下の番号から選べ．

1　単極性RZ符号
2　単極性NRZ符号
3　AMI符号
4　複極性RZ符号
5　複極性NRZ符号

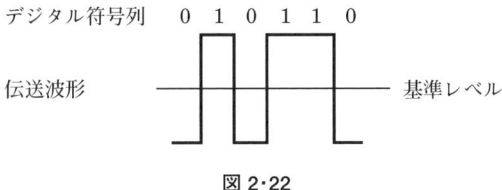

デジタル符号列　0　1　0　1　1　0
伝送波形　　　　　　　　　　　　　　　基準レベル

図2・22

▶▶▶▶ p.67

問7

次の記述は，デジタル通信方式の伝送路符号について述べたものである．☐内に入れるべき字句の正しい組合せを下の番号から選べ．

マイクロ波のデジタル通信方式では，極力変調波の占有周波数帯幅を A する必要がある．このためには高調波成分が B NRZ符号が適しているが，零符号が長く連続するおそれがあり，受信信号からタイミングを抽出できず信号の再生ができなくなる．これを避けるため，入力信号と C 符号との論理演算により伝送路符号列をランダム化（スクランブル）している．

	A	B	C		A	B	C
1	狭く	少ない	擬似ランダム	2	広く	多い	バイポーラ
3	狭く	多い	擬似ランダム	4	広く	多い	擬似ランダム
5	狭く	少ない	バイポーラ				

▶▶▶▶ p.67

問8

次の記述は，アナログ信号波で周期パルス列を変調する方式について述べたものである．☐内に入れるべき字句の正しい組合せを下の番号から選べ．

(1) 信号波の振幅で，周期パルス列の各パルスの振幅を変化させる変調方式を， A という．
(2) 信号波の振幅で，周期パルス列の各パルスの時間的な位置を変化させる変調方式を， B という．
(3) 信号波の振幅で，周期パルス列の各パルスの幅を変化させる変調方式を， C という．

● 解答 ●
問6 -5　　問7 -1

第2章　変調・復調

第2章　基本問題練習

	A	B	C			A	B	C
1	PWM	PFM	PWM		2	PWM	PFM	PNM
3	PAM	PPM	PWM		4	PAM	PPM	PNM
5	PAM	PFM	PNM					

▶▶▶▶ p.67

問9

次の記述は，PCM方式について述べたものである．□内に入れるべき字句の正しい組合せを下の番号から選べ．

(1) 音声や映像などのアナログ信号をデジタル信号に変換するために必要な標本化周波数は，変換するアナログ信号の最高周波数の $\boxed{A}$ 倍以上が必要である．

(2) アナログ信号をデジタル信号に変換して伝送する場合，一般にアナログ信号を標本化，$\boxed{B}$，量子化した後に符号化する．

(3) 4相PSKでは，伝送速度が1,200ボーの場合，1秒間に $\boxed{C}$ ビットの情報が伝送できる．

	A	B	C			A	B	C
1	2	圧縮	2,400		2	2	伸長	4,800
3	2	圧縮	4,800		4	1/2	伸長	2,400
5	1/2	圧縮	2,400					

▶▶▶▶ p.68

解説 4相PSKでは，1回の変調で2ビット（$2^2=4$）の情報を伝送することができる．

問10

周波数帯域が300Hzから3.4kHzまでのアナログ信号をPCM方式によってデジタル化する場合，標本化パルス周波数の下限の値として，正しいものを下の番号から選べ．

1　3.1kHz　　2　3.4kHz　　3　6.8kHz　　4　8.0kHz　　5　9.3kHz

▶▶▶▶ p.70

解説 アナログ信号の最高周波数を f_s〔kHz〕とすると，標本化パルス周波数の下限の値 f〔kHz〕は，標本化定理より次式で表される．

$$f = 2f_s = 2 \times 3.4 = 6.8 \text{〔kHz〕}$$

一般に周波数帯域が300Hzから3.4kHzまでの音声信号をPCM方式によってデジタル化する場合は，標本化パルス周波数は下限の値から余裕をみて8kHzが用いられる．

解答

問8 -3　　問9 -1　　問10 -3

問 11

次の記述は，アナログ信号をデジタル信号に変換して伝送する過程を述べたものである．□内に入れるべき字句の正しい組合せを下の番号から選べ．ただし，□内の同じ記号は，同じ字句を示す．

PCM方式の送信側において，入力が連続的に変化する通話信号の振幅を一定の時間間隔 T でサンプリングし，その都度パルスの振幅に置き換えることを A といい，$1/T$ を A 周波数という．このパルスの振幅を何段階かの定められた代表値（1，2，4，8，…2^n の値）で表すことを B という．さらに，この信号を数ビット（例えば8ビット）で C して伝送路に送出する．

	A	B	C		A	B	C
1	符号化	量子化	標本化	2	標本化	複合化	符号化
3	標本化	量子化	複合化	4	符号化	複合化	量子化
5	標本化	量子化	符号化				

▶▶▶▶ p.68

問 12

次の記述は，PCM通信方式における量子化について述べたものである．□内に入れるべき字句の正しい組合せを下の番号から選べ．

(1) 量子化するときの信号のレベルの段階（量子化のステップ）を一定にすると，量子化雑音電力 N_q は，信号電力 S の大小に関係なく一定である．したがって，入力信号電力が A ときは，信号に対して雑音が相対的に大きくなる．
(2) 信号の振幅の大小にかかわらず S/N_q をできるだけ一定にするため，送信側において，信号の振幅が B ときは量子化ステップが相対的に大きくなるように C を用いる．

	A	B	C		A	B	C
1	小さい	大きい	圧縮器	2	小さい	小さい	伸長器
3	大きい	大きい	圧縮器	4	大きい	小さい	伸長器
5	大きい	大きい	伸長器				

▶▶▶▶ p.69

解答

問 11 -5　　問 12 -1

問13

次の記述は，音声信号をデジタル伝送する場合の高能率符号化方式について述べたものである．このうち誤っているものを下の番号から選べ．

1. 高能率符号化を実現するために，音声信号の持つ様々な冗長性を利用する．
2. 音声信号を聞いたときに感じられる明瞭度あるいは自然性は，音声信号の特定の周波数成分がより大きく影響する．
3. 従来の電話音声のPCM方式（ビットレート：64kbit/s）に近い伝送品質を，より低いビットレートで伝送できる．
4. 従来の電話音声のPCM方式と同じビットレートで，音声のより高い周波数まで良好な伝送品質が得られる．
5. 高能率符号化方式には，量子化ステップの一様な直線量子化が採用される．

▶▶▶▶ p.70

解説 高能率符号化方式には，非直線量子化が採用される．

問14

伝送速度52Mbit/sのPCM伝送回線において，1チャネル当たり64kbit/sのデータを時分割多重により伝送するとき，伝送可能な最大チャネル数として，最も近いものを下の番号から選べ．

1. 80
2. 500
3. 800
4. 1,200
5. 8,000

▶▶▶▶ p.70

解説 伝送速度をB〔bit/s〕，1チャネル当たりのデータ速度をD〔bit/s〕とすると，伝送可能な最大チャネル数Nは，

$$N = \frac{B}{D} = \frac{52 \times 10^6}{64 \times 10^3} = 812.5$$

よって，この値より小さくて最も近い値は，800である．

問15

次の記述は，デジタル信号で，正弦波の搬送波を変調する方式について述べたものである．□内に入れるべき字句の正しい組合せを下の番号から選べ．

(1) デジタル信号で，正弦波の搬送波の振幅を変化させる変調方式を A という．
(2) デジタル信号で，正弦波の搬送波の位相を変化させる変調方式を B という．
(3) デジタル信号で，正弦波の搬送波の振幅と位相の両方を変化させ，より多くの情報を効

● 解答 ●

問13 -5　　問14 -3

率良く伝送する変調方式を C という．

	A	B	C			A	B	C
1	ASK	PSK	QAM		2	ASK	PPM	FSK
3	ASK	PSK	FSK		4	FSK	PPM	QAM
5	FSK	PSK	QAM					

▶▶▶▶▶ p.70

問16

ある伝送速度のデジタル信号を2相PSK（BPSK）変調で送信した場合の占有周波数帯幅がB〔Hz〕であった．同じデジタル信号を4相PSK（QPSK）変調で送信した場合のおおよその占有周波数帯幅の値として，正しいものを下の番号から選べ．

1 $\frac{1}{8}B$〔Hz〕   2 $\frac{1}{4}B$〔Hz〕   3 $\frac{1}{2}B$〔Hz〕

4 B〔Hz〕   5 $2B$〔Hz〕

▶▶▶▶▶ p.70

解説　4PSKは，BPSKに比較して1回の変調で2倍の情報量を持つので，1/2の占有周波数帯幅で同じ伝送速度のデジタル信号を伝送することができる．

問17

次の記述は，多相PSKについて述べたものである．このうち正しいものを下の番号から選べ．

1　2相PSK(BPSK)は，"0"，"1"の2値符号に対して，搬送波の位相で2πの位相差がある．
2　4相PSK（QPSK）は，4値符号に対して，搬送波の位相で$\pi/4$ずつ位相差を持たせる．
3　8相PSKは，2相PSKに比べ，同じ周波数帯域で3倍の情報を伝送できる．
4　2相PSKは，4相PSKに比べ，同じ信号対雑音比（S/N）のとき符号誤り率が大きい．
5　4相PSKでは，1シンボル（一つの信号点）が表す情報は，"00"または"11"のいずれかである．

▶▶▶▶▶ p.70

解説　誤っている選択肢は次のようになる．
　　1　2値符号に対して，搬送波の位相でπの位相差がある．
　　2　搬送波の位相で，$\pi/2$ずつ位相差を持たせる．
　　4　符号誤り率が小さい．

解答

問15 -1　　問16 -3

5 "00", "01", "10", "11"のいずれかである．

問18

次の記述は，直交振幅変調（QAM）について述べたものである．このうち，誤っているものを下の番号から選べ．

1 搬送波の振幅と位相を同時に変化させる変調方式である．
2 高速かつ大容量のデジタル伝送に適した方式である．
3 振幅変調において両側波帯のみを送信する方式である．
4 16QAMは，16相PSKに比較して，原理的に符号誤り率特性が優れている．
5 16QAMは，1シンボル（1つの信号点）で4ビットの情報を表すことができる．

▶▶▶▶ p.71

解説 振幅変調において，搬送波を抑圧して両側波帯のみを送信する方式は，抑圧搬送波両側波帯方式である．

問19

次の記述は，QAM（直交振幅変調）波に関して述べたものである．☐内に入れるべき字句の正しい組合せを下の番号から選べ．

QAM波は，直交したn値（通常$n=2^m$）のAM信号2波を合成して得られるもので，☐A☐個の信号点を持つ．$m=2$としたときは☐B☐個の信号点を持ち，また，$m=4$としたきは☐C☐個の信号点を持つ．

	A	B	C		A	B	C
1	2^{m+2}	16	64	2	2^{2m}	16	256
3	2^{m+1}	8	32	4	2^{2m+1}	8	128

▶▶▶▶ p.71

問20

次の記述は，デジタル信号の変調方式について述べたものである．☐内に入れるべき字句の正しい組合せを下の番号から選べ．

(1) 周波数帯域幅が一定の場合，BPSK（2PSK），QPSK（4PSK），8PSKおよび16PSKのうち，等しい信号対雑音比（S/N）に対して最も小さい符号誤り率を実現する変調方式は，☐A☐である．
(2) 16QAMは，搬送波の☐B☐を変化させる変調方式である．また，信号対雑音比（S/N）

解答

問17 -3   問18 -3   問19 -2

第2章 変調・復調

が等しいとき，16ASKおよび16PSKに比べ符号誤り率が最も C 。

	A	B	C		A	B	C
1	BPSK	振幅と位相	大きい	2	BPSK	振幅と位相	小さい
3	QPSK	位相	大きい	4	16PSK	振幅と位相	小さい
5	16PSK	位相	大きい				

▶▶▶▶ p.70

問21

次の記述は，直交振幅変調（QAM）方式について述べたものである．□内に入れるべき字句の正しい組合せを下の番号から選べ．ただし，□内の同じ記号は，同じ字句を示す．

(1) 16QAM方式は，二つの直交した（$\pi/2$の位相差のある）4値の A 波を2波合成して，16個の信号点を持つQAM波を得る方式である．

(2) 256QAM方式は，同様に二つの直交した B 値の A 波を2波合成して，256個の信号点を持つQAM波を得る方式であり，QPSK（4PSK）方式と比較すると，同程度の占有周波数帯幅で C の情報量を伝送できる．

	A	B	C		A	B	C
1	PSK	16	64倍	2	PSK	8	16倍
3	ASK	16	64倍	4	ASK	8	16倍
5	ASK	16	4倍				

▶▶▶▶ p.71

解説 4PSKでは1回の変調で2ビット（2^2）の情報量を，256QAMでは8ビット（2^8）の情報量を伝送することができる．

問22

次の記述は，多値QAM方式について述べたものである．□内に入れるべき字句の正しい組合せを下の番号から選べ．

(1) 多値QAM方式は，4QAM（4PSK）から16QAM，256QAMと多値化するにつれて，1シンボル当たりの情報量は2，4， A ビットと増加し，周波数の利用効率が向上する．また，一定のビット誤り率を得るために必要な平均搬送波電力対雑音電力比（C/N）は，多値化するにつれて B なる．

(2) 多値QAM信号の復調法としては，基準搬送波を再生して復調する C 検波が用いられる．

解答

問20 -2　　問21 -5

	A	B	C		A	B	C
1	6	小さく	遅延	2	6	大きく	同期
3	8	小さく	遅延	4	8	大きく	同期
5	16	大きく	同期				

▶▶▶▶ p.71

解説 4QAM（4PSK）の情報量は，$4=2^2$ だから，2ビットである．

16QAMの情報量は，$16=2^4$ だから，4ビットである．

256QAMの情報量は，$256=16\times16=2^8$ だから，8ビットである．

問 23

図 2・23 に示す直交振幅変調器（QAM変調器）の変調出力信号のベクトル表示の形として，正しいものを下の番号から選べ．

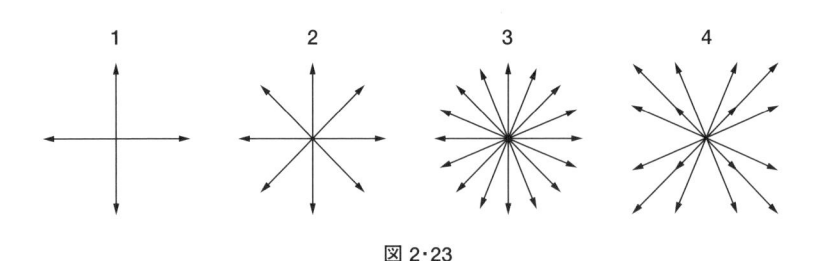

図 2・23

▶▶▶▶ p.71

問 24

次の記述は，図 2・24 に示す4相PSKのパスレングス形変調器の原理的な動作について述べたものである．□内に入れるべき字句の正しい組合せを下の番号から選べ．ただし，S_1 端子および S_2 端子にそれぞれ"0"の信号が入り，ダイオード・スイッチが開放となった場合を位相の基準とし，λ は管内波長とする．

(1) 変調入力として，S_1 端子および S_2 端子にそれぞれ"1"および"0"の信号が入力されたとき，被変調波出力は，[A] の位相変調を受ける．
(2) 変調入力として，S_1 端子および S_2 端子にそれぞれ"1"および"1"の信号が入力されたとき，被変調波出力は，[B] の位相変調を受ける．

● 解答 ●

問 22 -4　　問 23 -4

第2章　変調・復調

	A	B
1	$\frac{\pi}{2}$	π
2	$\frac{\pi}{2}$	$\frac{3\pi}{2}$
3	π	π
4	π	$\frac{3\pi}{2}$
5	$\frac{3\pi}{2}$	$\frac{\pi}{2}$

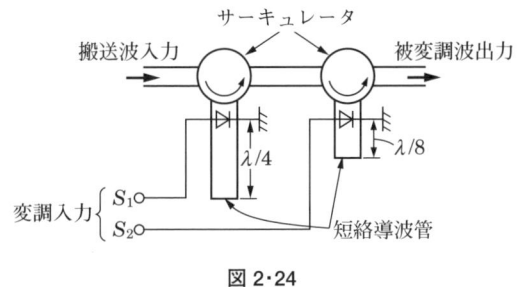

図 2・24

▶▶▶▶▶ p.72

解説 長さ$\ell_1=\lambda/4$の短絡導波管による位相偏移θ_1は，

$$\theta_1 = \beta \ell_1 \times 2 = \frac{2\pi}{\lambda} \times \frac{\lambda}{4} \times 2 = \pi$$

ただし，位相差が発生する経路長は導波管の長さの2倍となる．

βは位相定数であり，$\beta = \frac{2\pi}{\lambda}$

長さ$\ell_2=\lambda/8$の短絡導波管による位相偏移θ_2は，

$$\theta_2 = \beta \ell_2 \times 2 = \frac{2\pi}{\lambda} \times \frac{\lambda}{8} \times 2 = \frac{\pi}{2}$$

変調入力として，S_1端子およびS_2端子にそれぞれ"1"および"1"の信号が入力されたときは，これらの位相偏移の和となるので，

$$\theta_1 + \theta_2 = \pi + \frac{\pi}{2} = \frac{3\pi}{2}$$

第2章 変調・復調

● 解答 ●

問24 －4

第2章 基本問題練習

問 25

図 2・25 は，4 相 PSK 変調波の同期検波回路の構成の一例を示したものである．図の☐内に入れるべき移相器の名称として，正しいものを下の番号から選べ．

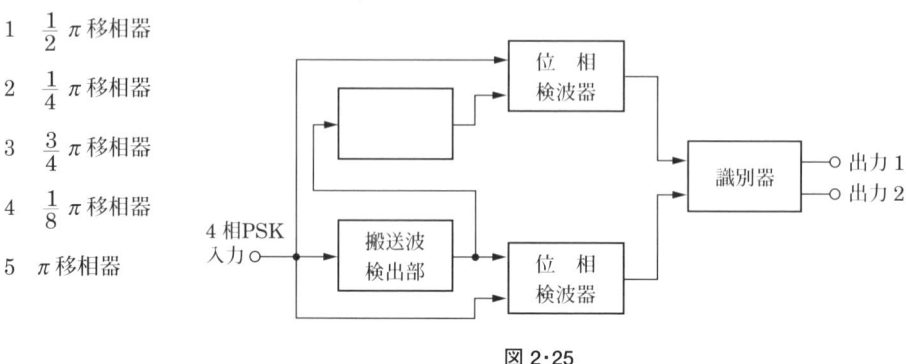

1　$\frac{1}{2}\pi$ 移相器

2　$\frac{1}{4}\pi$ 移相器

3　$\frac{3}{4}\pi$ 移相器

4　$\frac{1}{8}\pi$ 移相器

5　π 移相器

図 2・25

▶▶▶▶ p.73

問 26

次の記述は，デジタル信号の無線伝送における符号誤り率の改善方法について述べたものである．このうち適当でないものを下の番号から選べ．

1　交差偏波の電波を利用する際，周波数配置は同一チャネル配置ではなくインタリーブ配置とする．
2　振幅および周波数特性を補償するため，復調器の前に自動等化器を設ける．
3　空間的に離れて置かれた二つの受信アンテナからの受信信号を利用するスペースダイバーシチ方式を採用する．
4　予想される誤り発生の対策に適合した誤り制御符号を使用する．
5　PSK 方式や FSK 方式の復調に，同期検波ではなく遅延検波を採用する．

▶▶▶▶ p.73

解説　同期検波は受信側で基準搬送波を発生させて位相検波するが，遅延検波は符号の 1 ビット前の変調されている搬送波を基準搬送波として位相検波するので，符号誤り率が大きい．符号誤り率を改善するには，同期検波を採用する．

解答

問 25 - 1　　問 26 - 5

問 27

次の記述は，デジタル信号の多重化方式について述べたものである．☐内に入れるべき字句の正しい組合せを下の番号から選べ．ただし，☐内の同じ記号は，同じ字句を示す．

(1) 多重化する各信号の伝送速度を一致させ同期化する方法としては，入力デジタル信号のパルス列にスタッフパルスを挿入してクロック周波数に同期化するスタッフ同期方式と，デジタル伝送路網全体のデジタル信号のクロック周波数を共通にする A 方式がある．

(2) この二つの同期化の方法に対応して多重化方式を分類すると， A を用いる方式を B ，スタッフ同期を用いる方式をスタッフ多重または C と呼ぶ．

	A	B	C
1	ディジット同期	ディジット多重	同期多重
2	ディジット同期	同期多重	非同期多重
3	網同期	ディジット多重	非同期多重
4	網同期	同期多重	非同期多重
5	網同期	ディジット多重	同期多重

▶▶▶▶ p.76

問 28

次の記述は，PCM多重通信方式の大容量ネットワークに用いられるパルススタッフ同期方式について述べたものである．☐内に入れるべき字句の正しい組合せを下の番号から選べ．

パルススタッフ同期方式は A 多重方式ともいわれ，同期していない各デジタル信号のパルス周波数よりもわずかに B 周波数をクロック周波数として選び，このクロック周波数と各デジタル信号のパルス周波数との差に応じたスタッフパルスをそれぞれに C ，多重化する方式である．

	A	B	C		A	B	C
1	非同期	高い	減じて	2	同期	高い	追加して
3	非同期	低い	減じて	4	非同期	高い	追加して
5	同期	低い	減じて				

▶▶▶▶ p.76

解答

問 27 - 4　　問 28 - 4

3 多重通信システム

3.1 多重通信方式

1 多重通信の概要

多重通信とは，多数の信号（情報）を有線や無線を用いた一つの伝送路上で同時に伝送する通信方式である．各々の信号はチャネルと呼ばれるが，各チャネルを周波数別に並べて伝送する方式を**周波数分割多重通信方式**（**FDM**：Frequency Division Multiplex），各チャネルを時間別に並べて伝送する方式を**時分割多重通信方式**（**TDM**：Time Division Multiplex）という．

> FDM方式はアナログ信号の多重化に，TDM方式はデジタル信号の多重化に用いられる．

2 アナログ通信方式

音声や映像などのアナログ信号を多重化して直接伝送する方式には，**周波数分割多重通信方式**が用いられている．

周波数分割多重通信方式（**FDM**）は，図3・1に示すように一定の周波数間隔ごとに配列するので，そのために局部発振器の副搬送波で信号波を変調し，その側波帯を互いに重複しないようにするため，伝送周波数軸上に配列することによって信号波を多重化して伝送する方式である．

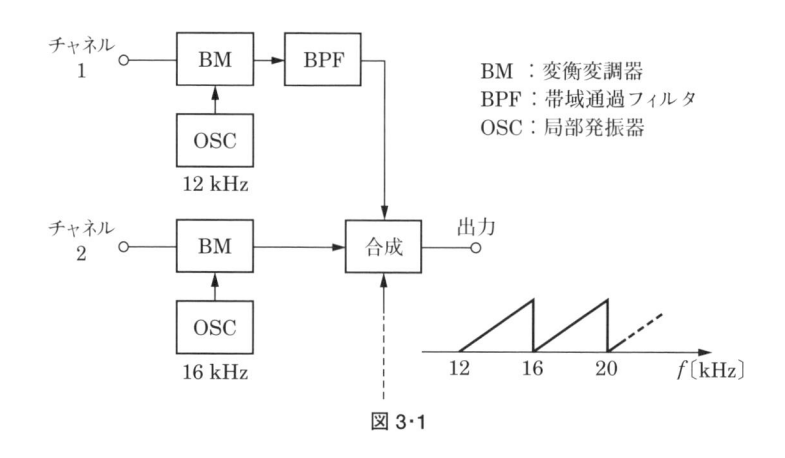

図 3・1

BM ：変復調変調器
BPF：帯域通過フィルタ
OSC：局部発振器

電話1チャネルの伝送帯域には300Hz～3.4kHzが用いられる．各チャネルは4kHz間隔の副搬送波によってSSB変調され，これらの被変調波を12～60kHzの周波数帯に12チャネル並べて**基礎群**を構成する．電話12チャネルで構成された基礎群を5組並べて，電話60チャネルの**超群**を構成する．超群の周波数帯域には12～252kHzが用いられる．

これらの多重化された信号波による単側波帯群によって主搬送波を周波数変調する方式を**SS-FM**通信方式，単側波帯群によって主搬送波を振幅変調し，その単側波帯を伝送する方式を**SS-SS**通信方式という．

周波数分割多重通信方式では，伝送系でひずみが生じるとそれが他のチャネルの周波数帯に発生するので，回線相互間の漏話や雑音となって影響を与える．

> **Point**
> ●周波数分割多重通信方式の特徴
> ① 時分割多重通信方式に比べ，同じ周波数帯幅で収容できるチャネル数が**多い**．
> ② 各チャネルを分離するには高価な**帯域通過フィルタ**が必要である．
> ③ 伝送系にひずみを与えるような原因があると，そのひずみは全チャネルに影響を与える．
> ④ 多段中継を行うと雑音やひずみがそのまま累積され，漏話の原因となるので，**伝送品質**が劣化する．
> ⑤ 周波数特性が変動すると，信号の品質に影響する．

3 デジタル通信方式

デジタル通信方式は，アナログ通信方式に比較して次の特徴がある．
① 多重方式として，アナログ回線では周波数分割多重方式，デジタル回線では時分割多重方式が用いられる．
② 送信電力が少ない．
③ 占有周波数帯幅が広い．
④ 多段中継を行っても雑音やひずみが累積されない．
　中継の途中で雑音が加わっても，それが信号レベルと比較してある一定レベル以下であれば，各中継点で信号は完全に再生することができる．中継される信号の品質が劣化することはないので，中継数によらず良好な品質が確保できる
⑤ 伝送路中の雑音，ひずみ，干渉の影響を受けにくい．
⑥ LSI化が容易である．
⑦ 端局装置に多数のフィルタを必要としない．
⑧ 装置の小型化が図りやすい．

(1) PCM方式

音声などのアナログ信号をデジタル信号に変換する符号化方式には，**PCM**（Pulse Code Modulation）**方式**が用いられている．

■PCM方式の特徴
① LSIなどを用いた多重化装置の製作が可能であり，経済的である．
② デジタル方式なので，伝送路中の雑音やフェージングによるひずみの影響を受けにくい．
③ アナログ方式に比べて，通常同じ周波数帯幅で収容できるチャネル数は少ない．
④ 各種のメディアに対応できる．
⑤ **量子化雑音**を生ずる欠点がある．

(2) 時分割多重通信方式

時分割多重通信方式（TDM）は，図3・2に示すように多数のデジタル信号を各チャネルのパルスまたはパルス群に分割し，一定の時間間隔で配列して伝送する方式である．

時分割多重化された信号は，一般に搬送波をPSK（位相偏移）変調，QAM（直交振幅）変調して送信することが多い．

時分割多重通信方式はデジタル方式なので，伝送系に非直線ひずみがあって相互変調積が発生しても，回線相互間の漏話は生じない．

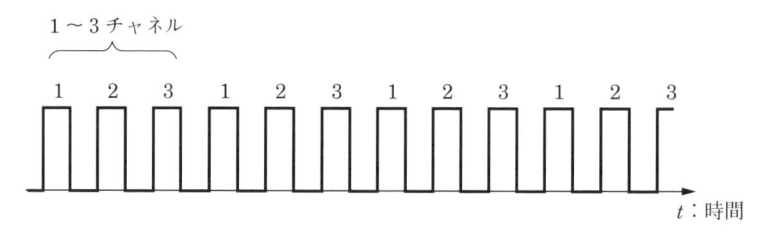

図3・2

> 音声などのアナログ信号は，PCM方式によってデジタル信号に変換される．

■時分割多重通信方式の特徴
① LSIなどを用いた多重化装置の製作が可能であり，経済的である．
② 伝送路の雑音や漏話などの影響が少ない．
③ 多段中継を行ってもパルスを再生して中継することができるので，雑音やひずみは累積されない．
④ 周波数分割多重通信方式に比べ，通常同じ周波数帯幅に収容できるチャネル数は少ない．
⑤ 回線の送信側と受信側との間の同期がとれなくなると，通信品質が低下する．

> **Point**
>
> ●周波数分割多重通信方式と時分割多重通信方式の比較
>
> | | 周波数分割 | 時分割 |
> |---|---|---|
> | 帯域通過フィルタ | 必要 | |
> | 多重化装置 | | LSI化に向く |
> | 伝送系のひずみ | 全チャネルに影響 | 雑音や漏話などの影響が少ない |
> | 多段中継 | 伝送品質が劣化 | パルスを再生して中継することができる |
> | 収容チャネル数 | 多い | 少ない |
> | 電波の干渉 | 受けやすい | 受けにくい |

(3) PCM24通話路方式

　PCMで多重化する過程では，1次群，2次群，3次群・・・と大容量の多重化が行われる．1次群の多重化では，図3・3のように，24チャネルの通話路チャネルを多重化して1フレームとしている．一般に電話の音声信号は，8kHzで標本化されて8ビットで量子化されるので，1フレームの周期Tは，標本化周波数をf〔Hz〕とすると，

$$T = \frac{1}{f} = \frac{1}{8 \times 10^3} = 0.125 \times 10^{-3} \,[\text{s}] = 125 \,[\mu s] \tag{3.1}$$

となる．1フレームあたりのビット数Nは，1チャネルあたりのビット数をN_1〔ビット〕，チャネル数をCとすると，同期ビットが1ビット入るので，

$$N = N_1 \times C + 1 = 8 \times 24 + 1 = 193 \,[\text{ビット}] \tag{3.2}$$

したがって，1タイムスロットの値t_0〔s〕は，

$$t_0 = \frac{T}{N} = \frac{125 \times 10^{-6}}{193} \fallingdotseq 0.65 \times 10^{-6} \,[\text{s}] = 0.65 \,[\mu s] \tag{3.3}$$

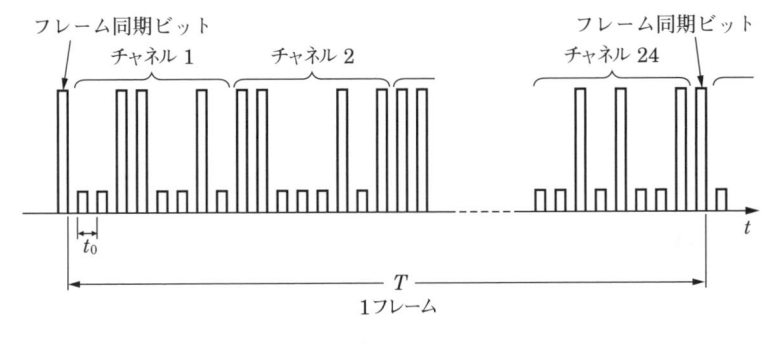

図3・3

また，クロックパルスの繰り返し周波数f_0〔Hz〕は，

$$f_0 = \frac{1}{t_0} = \frac{N}{T}$$

$$= \frac{193}{125 \times 10^{-6}} = 1.544 \times 10^6 \,〔\text{Hz}〕= 1.544 \,〔\text{MHz}〕 \tag{3.4}$$

(4) CDM方式

符号分割多重通信方式（CDM：Code Division Multiplex）は，図3・4に示すように，通常の変調方式により1次変調された各デジタル信号を，個別の**拡散符号**（PN符号）によってはるかに**広い周波数帯域**にスペクトル拡散変調して伝送する通信方式である．1次変調にはPSK変調などが用いられる．

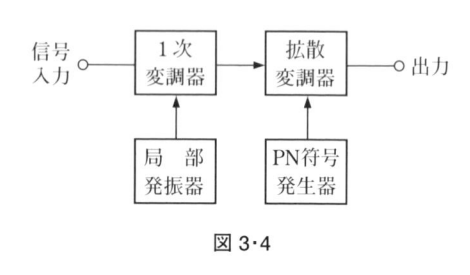

図3・4

■ CDM方式の特徴
① S/Nが低くても，広帯域化することで通信が可能となる．
② 個別の拡散符号がわからなければ傍受されないので，秘話性が高い．
③ 伝送帯域として，広帯域の周波数帯域が必要となる．
④ フェージングや混信妨害の影響が小さい．

フェージングは，受信電波の強さが伝搬路の影響によって時間的に変動する現象

Point

● CDM方式とTDM方式

TDM方式では，雑音から信号パルスを分離するために必要なS/N（信号対雑音比）以下の信号を復調することはできないが，CDM方式では，受信側において送信側と同じ拡散符号を用いた拡散復調をすることにより，拡散符号と相関性がない雑音が排除されるので，S/Nが低くても復調することができる．

CDM方式の各デジタル信号の周波数帯幅は，TDM方式の周波数帯幅よりはるかに広いが，異なる符号によって拡散された別のデジタル信号を同じ周波数帯域内に混在することができるので，周波数利用効率を上げることができる．

4 パケット交換方式

パケットとは規定の長さの単位ごとに分割したデータで，それぞれに宛名（アドレス）情報などが付けられている．パケット交換方式は，通信路を設定した端末相互間で情報の送受を直接行わないで，図3・5に示すようにパケット**交換機**がいったん情報を蓄積し，**時分割多**

重方式で回線網内を転送し，相手側端末に接続された交換機で元のデータ列に再編集されて，相手方の端末に送り届ける通信方式である．パケットに宛先情報などを付した伝送の単位をフレームという．

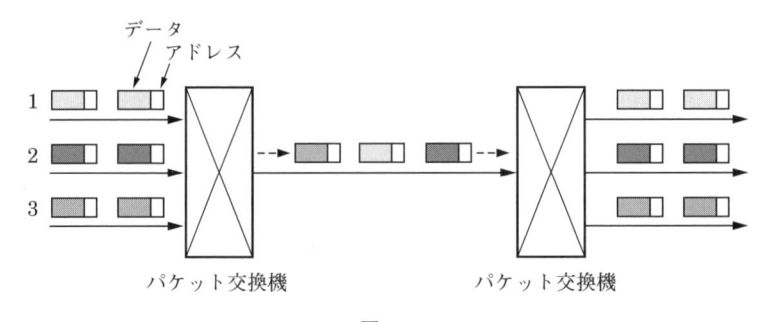

図 3・5

パケット交換網に接続されるすべての端末のうち，パケット形式のデータを送受信することができない端末は，交換機内にある**パケット組み立て分解装置**によってパケットの送受信を行うことができる．

> **Point**
> ●パケット交換方式の特徴
> ① パケット交換方式は，通信密度が低く，データ量の少ない通信に適している．
> ② 送信側端末と受信側端末の伝送制御手順や通信速度が一致しない装置間でも通信ができる．
> ③ 各リンク間で誤り制御を行うことができるので，高い伝送品質が得られる．

3.2 マイクロ波通信回線

電波の周波数が 1～30GHz（あるいは 2～10GHz）の周波数帯を**マイクロ波**という．多数のチャネルを伝送する多重通信方式では，占有する周波数帯幅が広くなる．VHF 帯（30～300MHz）や UHF 帯（300MHz～3GHz）では占有周波数帯幅が広くとれないので，マイクロ波帯の周波数が用いられる．

電気通信業務用（公衆通信業務）では 4，5，6，11，15，20GHz 帯などの周波数帯が用いられ，その他の業務用では 6，7，12，20，40GHz 帯などの周波数帯の電波が用いられているが，いずれも低い周波数帯から高い周波数帯に移りつつある．

マイクロ波帯の電波による通信回線は，VHF 帯の電波と比較すると次の特徴がある．
① 周波数帯域幅が広く取れるので，多重度を大きくすることができる．

② 周波数が高いので，アンテナが小型になる．また，アンテナの利得を大きくとることができるので，送信電力が少なくてよい．
③ 電波の直進性が強いので，伝搬路の地形，地物や建造物の影響を受けることが多い．
④ 大気の影響を受けて電波伝搬路に影響する．また，10GHz以上の周波数では，降雨による減衰が大きくなる．
⑤ 自然雑音や人工雑音の影響が少ないので，S/Nを大きくすることができ，高品質の通信が可能である．

基本問題練習

問 1

次の記述は，マイクロ波通信におけるアナログ方式とデジタル方式について述べたものである．このうち誤っているものを下の番号から選べ．

1 アナログ方式での占有周波数帯幅4kHzの電話信号は，国際規格のデジタル方式では64kbit/sに相当する．
2 多重電話回線における方式特有の雑音として，アナログ方式では準漏話雑音が，また，デジタル方式では量子化雑音がある．
3 変調方式は，アナログ回線ではAMおよびFMが，また，デジタル回線ではPSKおよびQAMが用いられる．
4 多重方式として，アナログ回線には周波数分割多重方式が，また，デジタル回線には時分割多重方式が用いられる．
5 アナログ（SS-FM）方式は，デジタル（PCM）方式に比べ，より広い占有周波数帯幅を必要とする．

▶▶▶▶▶ p.90

解説 アナログ方式はアナログ信号で直接搬送波を変調するので，デジタル方式に比較して一般に占有周波数帯幅が狭い．

問 2

次の記述は，デジタル通信方式をアナログ通信方式と比べたときの特徴について述べたものである．このうち，誤っているものを下の番号から選べ．

1 送信電力が少なくてすむ．
2 占有周波数帯幅は広くなる．

解答

問 1 - 5

3　多段中継の場合，再生中継による雑音およびひずみの累積がない．
4　端局装置に多数のろ波器（フィルタ）を必要としないので，チャネル当たりの価格が安くなる．
5　雑音，ひずみ，干渉に弱い．

▶▶▶▶▶ p.91

問3

次の記述は，マイクロ波通信におけるデジタル方式について述べたものである．このうち誤っているものを下の番号から選べ．
1　ベースバンドの周波数帯幅が約4kHzの電話信号は，国際規格のデジタル方式では32kbit/sのデジタル信号として伝送される．
2　通信回線の多重化には，主に時分割多重方式が用いられる．
3　送信機の変調方式には，主にPSKまたはQAMが用いられる．
4　デジタル方式特有の雑音として，量子化雑音がある．

▶▶▶▶▶ p.91

解説　ベースバンドの周波数帯幅が約4kHzの電話信号は，国際規格のデジタル方式では8kHzの標本化周波数で標本化し，8bitで符号化することによって$8×8=64$〔kbit/s〕のデジタル信号として伝送される．

問4

次の記述は，デジタル通信方式の特徴について述べたものである．　　内に入れるべき字句の正しい組合せを下の番号から選べ．
(1) デジタル通信方式では，「0」または「1」の情報を取り扱うので，装置の多くの部分を　A　で構成できるため，LSI化が容易である．
(2) デジタル通信方式では，アナログ通信方式と比較して雑音などの影響を受けにくいため，電波の送信出力を　B　することができ，送信装置の全固体化も容易で，かつ装置の　C　が図りやすい．

	A	B	C		A	B	C
1	論理回路	低減	小型化	2	論理回路	増加	大型化
3	論理回路	増加	小型化	4	LC回路	増加	大型化
5	LC回路	低減	小型化				

▶▶▶▶▶ p.91

第3章　多重通信システム

解答

問2 -5　　問3 -1　　問4 -1

第3章　基本問題練習

問 5

周波数分割多重通信方式に関し，次に挙げた記述のうちで，誤っているものはどれか．
1 多数の音声などの信号を一定の周波数間隔で配列し，同時に伝送する方式である．
2 時分割多重通信方式に比べ，同じ周波数帯幅で収容できるチャネル数が少ない．
3 SS-FM 通信方式は，一定周波数間隔の副搬送波を音声信号などで振幅変調して取り出した単側波帯群で，更に主搬送波を周波数変調する方式である．
4 伝送系にひずみを与えるような原因があると，そのひずみは，全チャネルに影響を与える．
5 多重化されたチャネルをそれぞれ分離するには，良好な特性の帯域フィルタが必要である．

▶▶▶▶ p.91

問 6

次の記述は，時分割多重通信方式の特徴について述べたものである．このうち正しいものを下の番号から選べ．
1 変調および復調用の端局装置に，一般に多数の帯域フィルタが用いられる．
2 PCM 方式では，標本化および量子化による雑音は発生しない．
3 伝送系に非直線ひずみがあると，回線相互間に漏話が生じる．
4 回線における送信側と受信側の間で同期がとれないと，一般に通信不能になる．

▶▶▶▶ p.92

問 7

次の記述は，時分割多重通信方式に関して述べたものである．このうち誤っているものを下の番号から選べ．
1 周波数分割多重通信方式に比べ，通常同じ周波数帯幅に収容できるチャネル数は少ない．
2 この方式によるものは，広い占有周波数帯幅を必要とするので，一般に SHF 帯以上の周波数が利用される．
3 PCM 通信方式は，音声などのアナログ信号をパルス符号変調によってデジタル信号に変換したのち，時分割多重化する方式である．
4 多数のデジタル信号を，各チャネルのパルスまたはパルス群に分割し，一定の時間間隔で配列し伝送する方式である．
5 時分割多重化された信号は，一般に搬送波を周波数変調して送信することが多い．

▶▶▶▶ p.92

解説 SHF 帯は周波数 3〜30GHz の周波数帯域のこと．

解答

問 5 -2　　問 6 -4

時分割多重化された信号は，一般に搬送波を PSK（位相偏移）変調，QAM（直交振幅）変調して送信することが多い．

問 8

次の記述は，時分割多重通信方式の特徴について述べたものである．このうち誤っているものを下の番号から選べ．
1　回線の送信側と受信側との間の同期が崩れると，一般に通信不能になる．
2　PCM 方式の場合，量子化雑音が発生する．
3　伝送系に非直線ひずみがあると，相互変調による漏話を生じる．
4　周波数分割多重通信方式のように，端局装置に多数の帯域フィルタを用いる必要がない．

▶▶▶▶▶ p.92

解説　時分割多重通信方式はデジタル方式なので，伝送系の非直線ひずみにより相互変調積が発生しても，回線相互間の漏話は生じない．

問 9

次の記述は，PCM 通信方式について述べたものである．このうち誤っているものを下の番号から選べ．
1　多相位相変調や多値直交振幅変調などを用いると，伝送路における占有周波数帯幅の広がりを減少できる．
2　復調後の各通話路の信号レベルは，フェージングや降雨などによる電波伝搬の影響が少ない．
3　伝送中に生ずる雑音および漏話は，PCM 符号の判定を誤るほど大きくなければ，中継ごとに加算されない．
4　受信機入力における信号対雑音比（S/N）が一定のスレッショルドレベル以上であれば，受信機出力の S/N を大きくできる．
5　回線を分岐または挿入するために多数のフィルタを必要とする．

▶▶▶▶▶ p.92

解説　PCM 方式では，多重回線を分岐または挿入するための，各周波数で分割するフィルタは用いられない．
　　アナログ方式で用いられている周波数分割多重方式では，各回線のスペクトルが重なり合わないように周波数をずらして配列するので，多重回線を分岐または挿入するために多数のフィルタを必要とする．

解答

問 7 -5　　問 8 -3

デジタル方式で用いられているPCM方式では，時分割多重方式が用いられているので，多重回線を分岐または挿入するための，各周波数で分割するフィルタは用いられない．

問10

次の記述は，PCM通信方式について述べたものである．このうち誤っているものを下の番号から選べ．
1 アナログ原信号に含まれる最高周波数の2倍以上の周波数で標本化すれば，原信号を再現することができる．
2 信号の量子化を行うので，量子化雑音を生ずる欠点がある．
3 アナログ方式に比べ，伝送路において，フェージングや干渉の影響を受けやすい．
4 LSIなどを用いた多重化装置の製作が可能であり経済的である．
5 伝送中に加わる雑音や漏話が，中継ごとに加算されないので，多段中継に適する．

▶▶▶▶ p.92

解説 アナログ方式に比べて，PCM通信方式は伝送路においてフェージングや干渉の影響を受けにくい．

問11

次の記述は，多重通信方式について述べたものである．□内に入れるべき字句の正しい組合せを下の番号から選べ．ただし，□内の同じ記号は，同じ字句を示す．
(1) 各チャネルのスペクトルが重なり合わないように周波数をずらして配列した多重信号で搬送波を変調する方式を A 通信方式という．
(2) 各チャネルのパルス列が重なり合わないようにずらして配列した多重信号のパルス群で搬送波を変調する方式を B 通信方式という．この方式では送信側と受信側の C のため，一般に送信信号パルス列の先頭に C パルスが加えられる．

	A	B	C		A	B	C
1	CDM	PPM	変換	2	CDM	PPM	同期
3	CDM	TDM	変換	4	FDM	PPM	変換
5	FDM	TDM	同期				

▶▶▶▶ p.93

解答

問9 -5   問10 -3   問11 -5

第3章 多重通信システム

問 12

24チャネル容量のPCM方式多重送信端局装置において，標本化周波数を8kHz，符号化ビットを8ビットとし，24チャネルごとに1ビットのフレーム同期パルスを挿入した．このときのクロックパルスの繰り返し周波数として，正しいものを下の番号から選べ．

1　0.192MHz　　2　1.544MHz　　3　1.920MHz
4　2.400MHz　　5　3.248MHz

▶▶▶▶ p.93

解説　1チャネルあたりのビット数をN_1〔ビット〕，チャネル数をCとすると，1フレームあたりのビット数Nは，1ビットのフレーム同期パルスが挿入されているので，

$$N = N_1 \times C + 1 = 8 \times 24 + 1 = 193 \text{〔ビット〕}$$

標本化周波数をf〔Hz〕とすると，標本化周波数の周期が1フレームの周期T〔s〕となるから，

$$T = \frac{1}{f} = \frac{1}{8 \times 10^3} = 125 \times 10^{-6} \text{〔s〕}$$

よって，クロックパルスの繰り返し周波数f_0〔Hz〕は，

$$f_0 = \frac{N}{T} = \frac{193}{125 \times 10^{-6}} = 1.544 \times 10^6 \text{〔Hz〕} = 1.544 \text{〔MHz〕}$$

問 13

次の記述は，デジタル信号の多重化について述べたものである．□内に入れるべき字句の正しい組合せを下の番号から選べ．ただし，□内の同じ記号は，同じ字句を示す．

低速デジタル信号のn個のチャネルを一つの高速デジタル信号に多重化する方法には，チャネル1からチャネルnまでの各第1ビットから第mビット（ワードに相当）をチャネル順に配置して，A を形成する B 多重化と，チャネル1からチャネルnまでの各第1ビットを最初に配置し，次に各チャネルの第2ビットを配置し，以下各チャネルの第mビットまでを配置して A を形成する C 多重化とがある．

	A	B	C		A	B	C
1	スタッフ	ディジット	ビット	2	スタッフ	ワード	ビット
3	スタッフ	ディジット	クロック	4	フレーム	ワード	クロック
5	フレーム	ワード	ビット				

▶▶▶▶ p.93

解答

問12 - 2　　問13 - 5

問 14

次の記述は，直接拡散（DS）を用いた符号分割多重（CDM）方式について述べたものである．□内に入れるべき字句の正しい組合せを下の番号から選べ．

CDM方式は，多重化して伝送される各信号の変調前の周波数帯域幅よりはるかに A 周波数帯域を多数の信号で共用するもので，各信号は B 拡散符号でスペクトル拡散変調される．この方式はフェージングや干渉波の影響を比較的受け C ．

	A	B	C		A	B	C
1	狭い	異なる	にくい	2	狭い	同一の	やすい
3	広い	同一の	にくい	4	広い	同一の	やすい
5	広い	異なる	にくい				

▶▶▶▶ p.94

問 15

次の記述は，パケット交換方式について述べたものである．□内に入れるべき字句の正しい組合せを下の番号から選べ．

パケット交換方式は，端末相互間で直接情報の送受がなされず， A がいったん情報を蓄積し，パケットと呼ばれる規定の長さの単位ごとに分割し，それぞれに宛名情報などが付けられて， B 多重方式で回線網内を転送し，最後に元の形に再編集されて，相手方の端末に送り届ける通信方式である．

	A	B		A	B
1	交換機	時分割	2	送信側端末	周波数分割
3	受信側端末	時分割	4	交換機	周波数分割
5	送信側端末	時分割			

▶▶▶▶ p.94

問 16

次の記述は，パケット交換方式について述べたものである．このうち誤っているものを下の番号から選べ．

1 パケット交換方式では，各利用者チャネルの信号系列を一定の長さに分割した個々のものに，それぞれ宛先情報などが付けられ時分割多重化して伝送される．
2 パケット交換方式は，一度に送るデータ量が多く，通信密度が高い通信に適している．
3 データは，パケット交換機内の記憶装置に一度蓄積されてから転送される．

● 解答 ●

問 14 -5　　**問 15** -1

4　送信側端末と受信側端末は，伝送制御手順や通信速度が一致しない場合でも，変換を行うことにより通信ができる．

▶▶▶▶▶ p.94

解説　パケット交換方式は，一度に送るデータ量が少なく，通信密度が低い通信に適している．

問 17

次の記述は，パケット通信方式について述べたものである．このうち誤っているものを下の番号から選べ．

1　通信速度および伝送制御手順が異なる端末間でも通信が可能である．
2　パケット交換網に接続されるすべての端末は，パケット形式のデータを送受信するものでなければならない．
3　パケットは，その転送先がわかるように宛先符号などの情報が付加されている．
4　パケットモード端末は，複数の通信相手と時分割多重通信ができるので，パケット多重端末ともいわれる．

▶▶▶▶▶ p.94

解説　パケット形式のデータを送受信する機能がない端末は，交換機内にあるパケット組み立て分解装置によってパケットの送受信を行うことができる．

問 18

次の記述は，マイクロ波による通信の特徴について述べたものである．このうち誤っているものを下の番号から選べ．

1　周波数が高くなるほど，小型のアンテナでも利得を大きくすることが容易となる．
2　VHF帯の電波と比較して，自然雑音および人工雑音の影響が少なく，また，地形や降雨の影響を受けにくい．
3　VHF帯やUHF帯の電波と比較して，広帯域の伝送が可能であり，通話路数の多い多重通信が容易である．
4　電離層散乱伝搬による見通し外の遠距離通信は，困難である．
5　アンテナの指向性を鋭くできるので，他の無線回線との混信を避けて同一周波数の繰り返し使用が容易である．

▶▶▶▶▶ p.95

解説　VHF帯の電波と比較して，自然雑音および人工雑音の影響が少ないが，地形や降雨

第3章　多重通信システム

● 解答 ●

問 16 -2　　問 17 -2

第3章　基本問題練習

の影響を受けやすい．

問 19

次の記述は，マイクロ波の特徴について述べたものである．このうち正しいものを下の番号から選べ．
1 給電線に平行二線式線路が使用できるので，装置が簡単になる．
2 VHF帯の電波に比較して，地形，地物，建造物および降雨の影響が少ない．
3 発射の占有周波数帯幅を比較的広く取れるので，多重通信において多重度を大きくできる．
4 対流圏散乱による100km以上の通信はできない．
5 光の性質に似てくるので，水中での通信も可能である．

▶▶▶▶ p.95

解説 誤っている選択肢を正しく直すと，次のようになる．
　　1 伝送線路には主に導波管が使用されるので，曲げなどの自由度が少ない．
　　2 VHF帯の電波に比較して，地形，地物，建造物および降雨の影響を受けることが多い．
　　4 対流圏散乱波による遠距離通信が可能である．
　　5 光の性質に似て直進性があるが，水中は伝搬しない．

解答

問18 -2 　問19 -3

第3章 多重通信システム

4 送受信装置

4.1 FM(F3E)送受信装置

　F3E送受信装置は，単一チャネルの周波数変調送受信装置であり，VHF帯やUHF帯の固定通信や移動通信に用いられる．

1 送信装置

(1) 間接FM送信装置

　図4·1は間接FM送信装置の構成であり，各部の動作を次に示す．

水晶発振器：送信周波数の整数分の1の安定な周波数を発振し，その出力は位相変調器に加えられる．

位相変調器：水晶発振器の出力高周波の位相角を音声信号によって変化させ，位相変調波を出力する．

IDC回路：音声信号はIDC回路によって，一定のレベル以下の値に制御されるとともに，信号の広域部分は周波数に反比例して減少する特性を持つので，広域部分は等価的にFM変調される．

周波数逓倍器：位相変調器で得られた被変調波を逓倍することによって，必要な周波数偏移および所要の送信周波数を得る．逓倍数をnとすると，出力周波数は水晶発振器の周波数のn倍となり，周波数偏移もn倍となる．

励振増幅器：周波数逓倍器の出力を電力増幅器を動作させるのに必要なレベルまで増幅する．

電力増幅器：必要とする空中線電力となるまで電力増幅する．

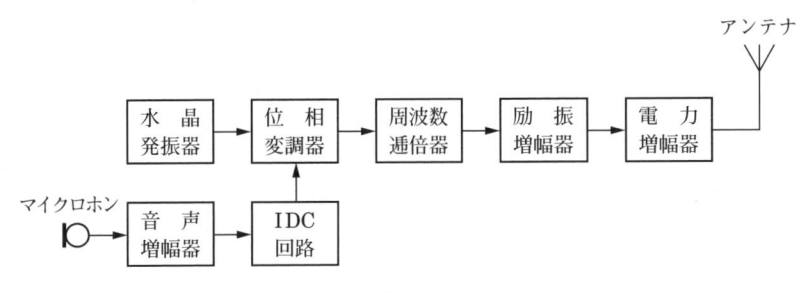

図4·1

発振器を直接周波数変調する**直接FM方式**では，発振回路にLC回路などで構成された自励発振回路を用いるので，周波数の安定度を高くすることが難しいが，**間接FM方式**は，発振回路に水晶発振回路を用いるので，周波数安定度を高くすることができる．

(2) IDC回路

図4・2にIDC回路の構成を示す．**微分回路**は周波数に比例したレベルの信号を出力する回路であり，**積分回路**は周波数に反比例したレベルの信号を出力する回路である．

図4・2において，入力信号は**微分回路**を通ると，入力信号周波数に比例した信号電圧となる．次に，**クリッパ回路**は一定のレベルで振幅制限を行う．クリッパ回路の出力は，積分回路を通ると，周波数に反比例した信号電圧となる．

入力信号がクリップレベル以下のときは，入力信号が微分回路と積分回路の両方を通ると特性が相殺され，平坦な特性の増幅器として働き，入力信号がクリップレベルを超える部分では一定のレベルの信号が積分回路を通るので，周波数に反比例した信号が位相変調器に加わる．積分回路を通った信号波で位相変調を行うと等価的な周波数変調となり，位相変調による等価周波数偏移を制御することができる．

> 位相変調では信号波の周波数と振幅に比例して等価的な周波数偏移が増加するが，周波数変調では周波数偏移は信号波の周波数に反比例するので，変調周波数に反比例する積分回路を通して位相変調すると，等価的な周波数変調波を得ることができる．

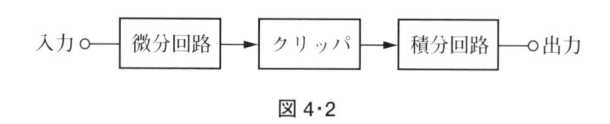

入力 ○─[微分回路]─[クリッパ]─[積分回路]─○出力

図4・2

2 受信装置

(1) スーパヘテロダイン受信機

図4・3に，**スーパヘテロダイン方式**による単一通信路のFM受信機の構成図を示す．

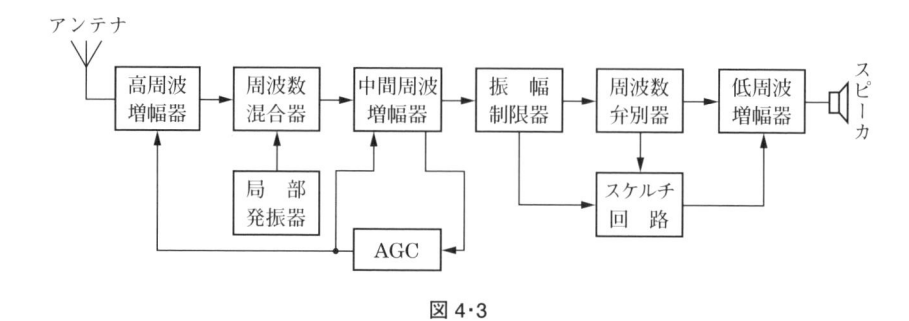

アンテナ → [高周波増幅器] → [周波数混合器] → [中間周波増幅器] → [振幅制限器] → [周波数弁別器] → [低周波増幅器] → スピーカ
[局部発振器] → 周波数混合器
AGC
スケルチ回路

図4・3

スーパヘテロダイン受信機は，受信電波を高周波増幅器で増幅した後，**中間周波数**に変換して増幅・復調するもので，感度，選択度，安定度が優れているという特長がある．中間周波数は受信周波数よりも低い周波数であり，受信周波数が変化しても受信信号波を常に一定の中間周波数に変換することによって高利得で安定な増幅を行うことができるので，感度を向上させることができ，**水晶フィルタ**など周波数が一定で狭帯域なフィルタを用いて，良好な選択度特性を得ることができる．

各部の動作を次に示す．

高周波増幅器：受信電波を増幅して，感度と**影像（イメージ）混信**に対する選択度の向上を図る．

周波数混合器：受信電波の周波数を局部発振器の高周波と混合し，中間周波数に変換する．

中間周波増幅器：中間周波数に変換された受信電波を増幅し，帯域フィルタによって近接周波数による混信を除去する．中間周波数は一定で，受信電波よりも低い周波数なので安定な増幅を行うことができ，利得と近接周波数の選択度を向上させることができる．

振幅制限器：検波出力にひずみや雑音として現れる受信信号の振幅変化を除去する．

周波数弁別器：受信電波の周波数の変化を振幅の変化に変換して，信号を取り出す．

低周波増幅器：復調された信号波をスピーカを動作させるのに必要なレベルまで増幅する．

スケルチ回路：FM方式の受信機では，受信電波がないと大きな雑音出力が発生するので，受信入力電圧がなくなったときには低周波増幅器の動作を停止させる．

AGC（Automatic Gain Control）：受信電波がフェージングなどによって変動したとき，それに応じて増幅器の利得を自動的に制御して受信機出力を一定にする．受信電波が強いときは増幅度が小さく，弱いときは増幅度が大きくなるように制御する．

(2) 受信機の混信特性

スーパヘテロダイン受信機では，主に次の混信が発生する．

影像（イメージ）混信：希望波の周波数f_Rが局部発振器の発振周波数f_Lよりも高い場合は，中間周波数をf_Iとすると，妨害波の周波数f_Uが$f_U=f_R-2f_I$のときに混信妨害が発生する．

感度抑圧：希望波に近接する周波数の強力な妨害波によって，希望波の受信機出力が低下する．

混変調：中間周波増幅器の選択度特性における通過帯域外の強力な妨害波によって，希望波が妨害波の信号波で変調されて妨害を受ける．受信機の高周波増幅器や周波数混合器などの回路の非直線性により，希望波が妨害波の変調信号で変調されて混信を生ずる．

相互変調：中間周波増幅器の選択度特性における通過帯域外の，二つ以上の強力な妨害波の周波数の整数倍の和または差の周波数が希望波に一致したとき，それらの信号波による妨害を受ける．受信機の高周波増幅器や周波数混合器などの回路の非直線性により，妨害波の相互変調積が希望波の周波数に一致すると，混信を生ずる．

妨害波の周波数をf_{U1}, f_{U2}, 希望波の周波数をf_Rとすると，2波3次の相互変調積では，

$$2f_{U1}-f_{U2}=f_R \quad \text{または} \quad 2f_{U2}-f_{U1}=f_R$$

4.1 FM（F3E）送受信装置

の周波数の関係があるときに妨害が発生する．

スプリアス受信：増幅器の異常発振が発生すると，その周波数成分が受信される場合と，局部発振回路の異常発振などのスプリアスと妨害波が混合器で混合され，中間周波数に変換されて発生する場合がある．

> **Point**
>
> ●影像（イメージ）混信
>
> 受信電波の周波数をf_R (=150〔MHz〕)，中間周波数をf_I (=10.7〔MHz〕)とすると，局部発振器の周波数f_Lを受信電波の周波数f_Rより低く設定する場合 ($f_R>f_L$) は，
>
> $f_L=f_R-f_I$ (=150−10.7=139.3〔MHz〕)
>
> のときに受信電波が中間周波数に変換される．
>
> このとき，
>
> $f_I=f_L-f_U$ (=139.3−128.6=10.7〔MHz〕)
>
> の周波数の関係にある妨害波f_U (=128.6〔MHz〕)が受信されると，受信電波と同じように中間周波数に変換されて，混信が発生する．これを影像混信（イメージ混信）という．
>
> また，次式で表すこともできる．
>
> $f_U=f_R-2f_I$ （$f_R>f_L$のとき）
>
> $f_U=f_R+2f_I$ （$f_R<f_L$のとき）

4.2 SS-FM 送受信装置

1 送信装置

SS-FM送信装置の基本的構成を**図4・4**に示す．**搬送端局装置**でSSB多重化した信号波は，ビデオ増幅器で必要な電力まで増幅され，反射形クライストロンなどの発振器の周波数を信号波で変調することによって周波数変調（FM）波となる．**電力増幅器**では，必要な電力まで増幅してアンテナから送信される．

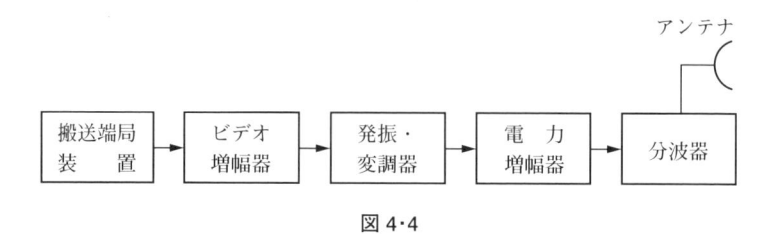

```
                                              アンテナ
                                                 Y
┌──────┐   ┌──────┐   ┌──────┐   ┌──────┐   ┌──────┐
│搬送端局│──▶│ビデオ│──▶│発振・│──▶│電 力│──▶│分波器│
│装  置 │   │増幅器│   │変調器│   │増幅器│   │      │
└──────┘   └──────┘   └──────┘   └──────┘   └──────┘
```

図4・4

2 受信装置

SS-FM受信装置の基本的構成を**図4・5**に示す．アンテナで受信した受信電波は**受信混合器**

により周波数変換され，中間周波数となる．**中間周波増幅器**によって復調に必要なレベルまで増幅する．**周波数弁別器**は周波数の変化を振幅の変化に変換する復調器であり，周波数弁別器によって復調されたビデオ信号は**ビデオ増幅器**によって必要なレベルに増幅され，**搬送端局装置**に送られる．

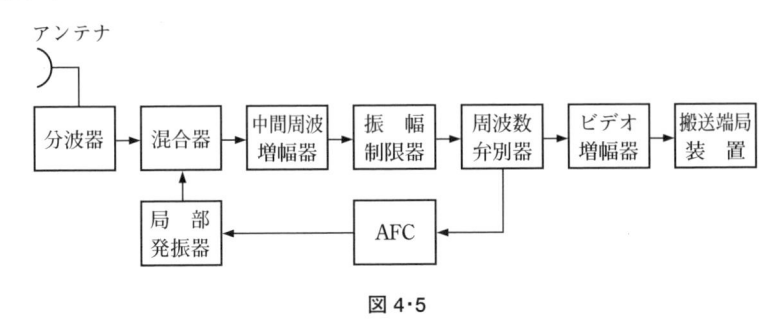

図4・5

3 付属回路

(1) AFC

SS-FM方式の受信装置では，局部発振周波数が変化すると受信周波数がずれてしまう．受信した搬送波の周波数からずれた場合に，反射形クライストロンのリペラ電圧を制御し，常に一定の中間周波数が得られるように局部発振回路の周波数を自動的に調整する機能を持つ回路を**AFC**（Automatic Frequency Control）回路という．

(2) エンファシス

雑音レベルが周波数に対して一定な白色雑音（ホワイトノイズ）がAM受信機に加わると，周波数に対してAM受信機の出力は一定であるが，FM受信機は周波数に対して出力が比例する復調特性を持つので，FM受信機の出力雑音は高い周波数成分ほど増大し，**図4・6**(a)の

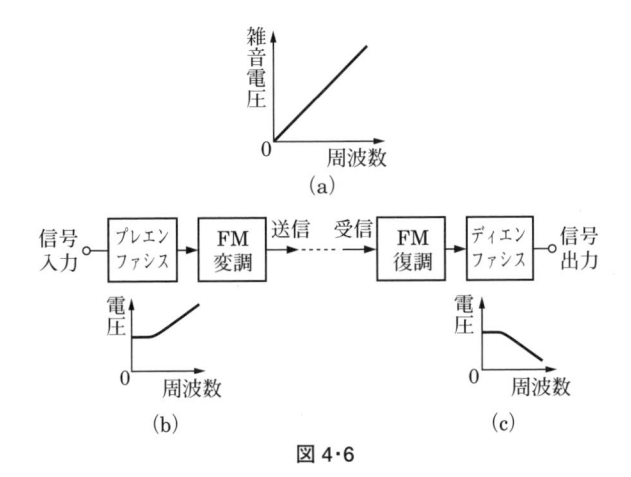

図4・6

4.2 SS-FM送受信装置

ような**三角雑音分布**となる．このためFM方式では，信号の高域のS/Nが低下するので，これを改善するために送信側では図4・6(b)のような特性を持つ**プレエンファシス回路**によって信号波の高域成分を強調し，受信側では図4・6(c)のような特性を持つ**ディエンファシス回路**によってこの周波数特性を補償して，高域のS/Nを改善する．この方式をエンファシス方式という．

> **Point**
>
> ●準漏話雑音
> SS-FM送受信装置で発生する**準漏話雑音**は，多数の周波数からなる多重信号が増幅器，変復調器などの非直線回路を通ると，各周波数の高調波や各周波数の組合せによる相互変調ひずみを生じ，それらの雑音が多重信号の各周波数に対応した通話路に漏れ込み，雑音となる．
> 準漏話雑音は，主に送信機の変調器あるいは受信機の復調器における非直線ひずみによって発生する．FMまたはPM方式では，振幅ひずみの影響は少なく，変復調器の位相ひずみによって漏話が発生する．また，SSB多重信号を形成する過程において搬送端局装置で発生する準漏話雑音は，振幅ひずみによって発生する．

4.3 PCM送受信装置

1 送信装置

PCM送信装置の基本的構成を図4・7に示す．CH_1（チャネル1）からCH_{24}（チャネル24）のPCM信号パルスは標本化パルスに変換され，**圧縮器**によって所定の電圧ステップの範囲に入るように圧縮される．次に，符号生成回路によって2進符号に変換されてから，**U-B変換器**によって両極性（Bipolar）のパルスに変換する．単極（Unipolar）パルスには直流成分が含まれているので，増幅するときは両極性パルスとして増幅した後に，パルスを**B-U変換器**によって単極パルスに戻してから位相変調して送信する．

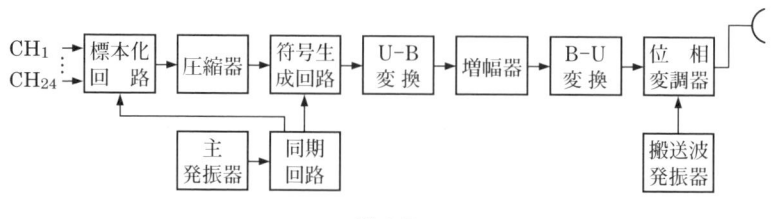

図4・7

2 受信装置

　PCM受信装置の基本的構成を図4・8に示す．復調されたパルス信号波は，送信装置と同様，**U-B変換器**によって両極性のパルスに変換してから増幅器によって増幅した後に，**B-U変換器**によって，また，単極性のパルスに戻されてから復号器によってCH_1からCH_{24}に分離される．復調された各チャネルのアナログ信号は，**伸長器**，ローパスフィルタ（低域通過フィルタ）によって元のアナログ信号に復元される．

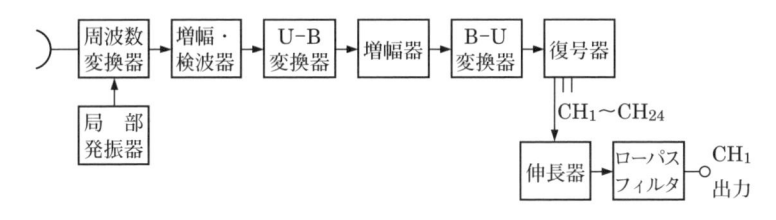

図4・8

3 付属回路

(1) コンパンダ

　図4・9に示すように，アナログの原信号をΔVの段階的な量子化信号に変換するとき，原信号と量子化された信号との間に**量子化誤差**が発生する．復号時においてこれらのレベル差が雑音となり，**量子化雑音**が発生する．

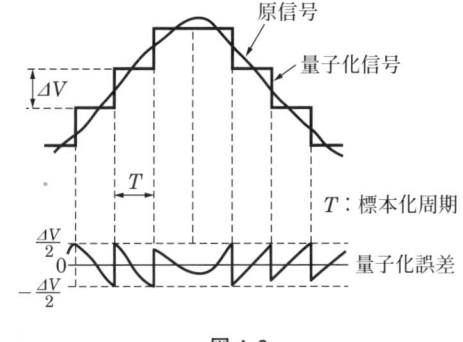

　PCMの変調過程において，一定の量子化ステップで直線的に量子化を行うと，小信号に対するS/Nが低下する．そこで，送信側に**圧縮器**（compressor）を設けて小信号と大信号のレベル差を小さくし，受信側に設けた**伸長器**（expander）によって元の特性に復元する．これらの装置を**コンパンダ**（compander）という．

図4・9　T：標本化周期

　コンパンダは，アナログ信号をデジタル伝送するときに，伝送時のレベル範囲を圧縮するために用いられる．コンパンダによって雑音や漏話を減少させることができる．また，符号化されたPCM伝送では，符号数を少なくすることができる．

> **Point**
>
> ● 対数圧縮器
>
> 送信装置で用いられる回路である．信号波を対数特性の増幅器を用いて非直線増幅を行うことによって，量子化雑音を軽減することができる．対数（log）圧縮器では，入力信号電圧 v_i に対して出力信号電圧 v_o が $v_o = \log v_i$ の関係となる．

(2) 等化器

伝送中に生ずる信号の振幅や位相のひずみを補償する回路を**等化器**という．自動等価器は，受信電界強度が時間と共に変動するフェージングで生じた振幅特性や遅延周波数特性の変化を，フェージングによる特性と逆の特性の等価的な伝送路を作ることで自動的に補償するものである．**周波数領域**の等化器には**可変共振形自動等化器**，**時間領域**の等化器には**トランスバーサル自動等化器**がある．

■可変共振形自動等化器

周波数によって減衰の異なる**選択性**フェージングの影響によって，伝送帯域内の周波数特性の一部が減衰する場合に用いられる．可変共振形自動等化器は，フェージング検出器，制御回路，可変共振形等化回路で構成され，周波数と減衰特性が時間的に変化するフェージングの変化に対応して可変共振形等化回路を制御して，特性を補正することができる．

■トランスバーサル自動等化器

激しいフェージングによって復調後のパルス波形にひずみを生じ，符号間干渉が発生するときに，干渉を補償するために用いられる．トランスバーサル自動等化器は，1ビットずつにタップが付いた**遅延回路**（ディレーライン）と，パルスに重み付けをする制御回路で構成された**トランスバーサルフィルタ**を用いて，符号間干渉を与えているパルスに重み付けをすることによって時間領域の干渉を補償することができる．

4.4 受信機の特性

1 雑音指数

(1) 雑音指数

雑音指数は受信機などの増幅回路の雑音性能を表すもので，**図4・10**に示すように，入力側の信号電力を S_I，入力側の雑音電力を N_I，出力側の信号電力を S_O，出力側の雑音電力を N_O とすると，雑音指数 F は次式で表される．

$$F = \frac{S_I / N_I}{S_O / N_O} \tag{4.1}$$

デシベルで表すと，

$$F_{dB} = (S_{IdB} - N_{IdB}) - (S_{OdB} - N_{OdB}) \text{ (dB)} \tag{4.2}$$

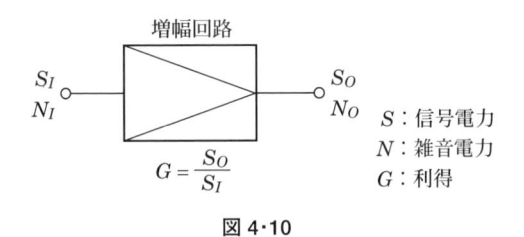

図 4·10

入力のSN比に対して出力のSN比が小さいと,雑音指数は大きくなる.増幅器の性能は,雑音指数が小さいほどよい.

(2) 有能雑音電力

増幅器の抵抗体などから,温度に比例して**熱雑音**が発生する.雑音源から負荷に供給される最大雑音電力を**有能雑音電力**N〔W〕といい,ボルツマン定数を$k(=1.38\times10^{-23}$〔J/K〕),絶対温度をT〔K〕,増幅器などの帯域幅をB〔Hz〕とすれば,次式で表される.

$$N = kTB \text{ (W)} \tag{4.3}$$

ここで,摂氏温度をt〔℃〕とすると,絶対温度T〔K〕は次式で表される.

$$T \fallingdotseq t + 273 \text{ (K)}$$

(3) 等価雑音温度

増幅回路の利得をGとすると,熱雑音による入力側の雑音電力は$N_I = kTB$で表されるので,

$$F = \frac{S_I}{S_O} \times \frac{N_O}{N_I} = \frac{N_O}{GkTB} \tag{4.4}$$

受信機の内部で発生した雑音を入力端に換算した雑音電力を**等価雑音電力**N_Rといい,次式で表される.

$$N_R = \frac{N_O}{G} = kTBF \tag{4.5}$$

また,式(4.4)より出力雑音N_Oは,

$$N_O = FGkTB = GkTB + (F-1)GkTB$$
$$= GkTB + GkT_eB$$

で表される.ここで,$GkTB$は入力側の雑音電力を表し,GkT_eBは受信機の内部で発生した雑音電力を受信機入力に換算したときの雑音を表す.このとき,受信機入力に換算したときの雑音温度を**等価雑音温度**T_eといい,次式で表される.

$$T_e = (F-1)T$$

また,雑音指数Fを周囲温度Tと等価雑音温度T_eで表すと,次のようになる.

4.4 受信機の特性

$$F = 1 + \frac{T_e}{T}$$

(4) 多段接続

図 4·11 の示すように，多段に縦続接続された増幅器の雑音指数をそれぞれ F_1, F_2，有能利得をそれぞれ G_1, G_2 とすると，総合の**雑音指数** F は次式で表される．

$$F = \frac{N_O}{G_1 G_2 kTB} = F_1 + \frac{F_2 - 1}{G_1} \tag{4.6}$$

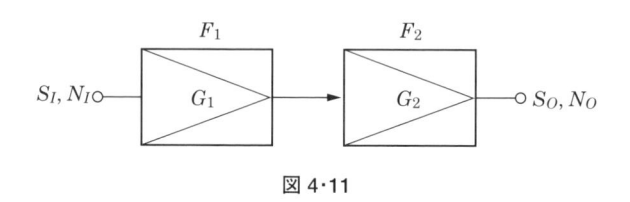

図 4·11

多段に従属接続された増幅器の等価雑音温度をそれぞれ T_1, T_2，有能利得をそれぞれ G_1, G_2 とすると，総合の等化雑音温度 T_e は次式で表される．

$$T_e = T_1 + \frac{T_2}{G_1}$$

2 ダイバーシチ受信

同じ信号を相関の少ない複数の方法で受信し，受信信号を選択または合成して**フェージングの影響を軽減する**方法である．位置の異なる二つの受信アンテナを用いて受信する方法をスペースダイバーシチ，二つの異なる伝搬経路を用いて伝送する方法をルートダイバーシチ，二つの異なる周波数によって同じ信号を伝送する方法を周波数ダイバーシチという．

4.5 衛星通信用の送受信装置

衛星通信で利用されている通信衛星は，そのほとんどが赤道上空約 36,000km の静止衛星軌道上に配置されている**静止衛星**である．静止衛星は常時通信が可能で，軌道上に 3 機を等間隔に配置すれば，地球の極地域の一部を除いた大部分の地域をカバーすることができる．

衛星通信用の送受信装置は，中継距離が長いので伝搬損失が非常に大きくなるから大電力の送信装置が必要となり，受信装置は低雑音増幅器が必要である．

1 地球局

地球局の基本的構成を図 4·12 に示す．アンテナには指向性の鋭いパラボラアンテナやカセグレンアンテナが用いられるので，衛星の位置の変動に対応するためのアンテナ追尾装置が必要となる．

送信部では，端局装置で多重化されたベースバンド信号を変調して，中間周波数に変換する．さらに，**周波数変換器**で送信周波数に変換してから電力増幅器によって必要な電力まで増幅し，アンテナに供給される．**大電力増幅器（HPA）**には，**進行波管（TWT），クライストロン**などの増幅素子が用いられる．

　受信部では，受信電波を**低雑音増幅器（LNA）**で増幅することによってSN比を向上させる．増幅された受信電波は，**周波数変換器**で中間周波数に変換して，必要なレベルまで増幅した後，復調器によってベースバンド信号に復調される．

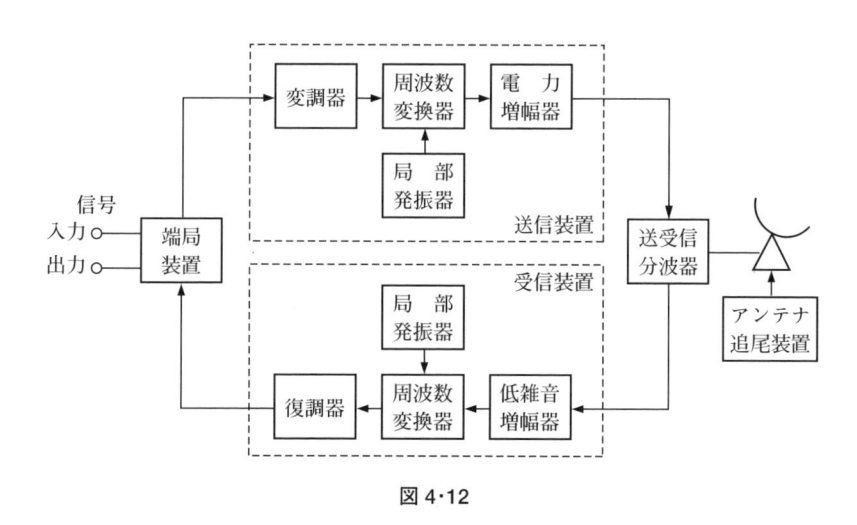

図4・12

2 人工衛星局

　人工衛星局に搭載される中継器（**トランスポンダ**）の基本的構成を図4・13に示す．地球局から衛星に向けた**アップリンク**信号を増幅し，周波数変換器により衛星から地球局に向けた**ダウンリンク**の周波数に変換して送信する．

　周波数変換には，受信周波数を直接送信周波数に変換する直接変換方式と，中間周波数に変換してから送信周波数に変換するヘテロダイン方式がある．

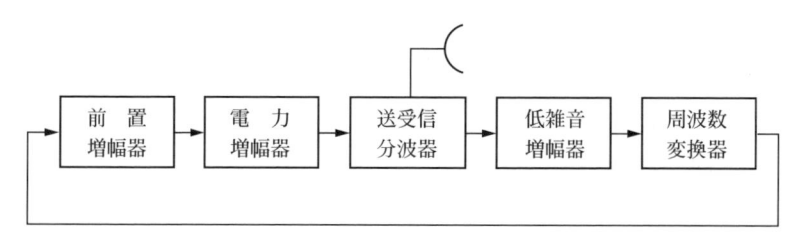

図4・13

4.5　衛星通信用の送受信装置

3 VSATシステム

　直径2.5m以下の小型アンテナを用いた小規模な地球局を**VSAT**（Very Small Aperture Terminal）地球局という．VSATシステムの主な諸元を次に示す．

① **使用周波数帯**：アップリンク14GHz帯，ダウンリンク12GHz帯
② **構成**：宇宙局，制御地球局（ハブ局），小型地球局
③ **回線設定**：ポイント・ツウ・ポイント型，ポイント・ツウ・マルチポイント型，双方向型
④ **アンテナ**：直径が2.5m以下のパラボラアンテナ

　VSAT地球局は小型軽量の装置であるが，パラボラアンテナを車両に搭載して衛星を追尾するのは不可能なので，移動体通信には用いられず，固定系の衛星通信に用いられる．

> **Point**
> 　衛星通信における伝送中継距離は，地上マイクロ波方式に比べて極めて長くなるため，地球局の送受信装置においてはアンテナ利得の増大，送信出力の増大または受信雑音温度の低減などが必要である．
> 　送信装置の電力増幅器に用いられる増幅管には，**進行波管（TWT）**や**クライストロン**がある．また，小型の地球局の送信装置にはGaAs（ガリウム・ひ素）FETなどの固体増幅素子が用いられる．
> 　受信装置の低雑音増幅器には，**パラメトリック増幅器**，**GaAsFET増幅器**，**HEMT（High Electron Mobility Transistor：高電子移動度トランジスタ）増幅器**などが用いられる．
> 　10GHz以上の周波数帯において，降雨減衰などの対流圏の電波伝搬における減衰は，周波数が高いほど大きい．地球局は送信電力に余裕があるので，地球局から送信される**アップリンク**の周波数には高い周波数帯を用いて，通信衛星から送信される**ダウンリンク**の周波数には低い周波数帯が用いられる．

4.6 電池

　化学エネルギーを電気エネルギーに変換して外部に取り出す電源を**電池**という．

1 1次電池

　放電によって外部に電気エネルギーを消費すると使用できなくなる電池を**1次電池**という．1次電池には，主に次の種類がある．

① マンガン乾電池，アルカリ乾電池（公称電圧：1.5V）
② 酸化銀電池（公称電圧：1.55V）
③ リチウム電池（公称電圧：3Vなど）

2 2次電池

電池が放電した後，外部から電池に電流を流して充電することによって繰り返して使用することができる電池を**2次電池**という．

(1) 種類
次の種類の電池などがある．

① **鉛蓄電池**（公称電圧：2V）

　放電時にガスが発生するので，定期的に蒸留水を補水する必要があるが，放電時のガスを吸収して密閉型としたものに**シール鉛蓄電池**がある．

② **アルカリ蓄電池**（公称電圧：1.2V）

　鉛蓄電池と比較して電池電圧が低い，過充電や過放電で損傷を受けないので保守が容易，電解液がアルカリ性なので金属を腐食させない，低温特性が優れている，寿命が長い，などの特徴がある．

③ **ニッケルカドミウム蓄電池**（公称電圧：1.2V）

④ **ニッケル水素電池**（公称電圧：1.2V）

Point

●2次電池の構造

電池の種類	電解液	陽極	陰極
鉛蓄電池	希硫酸	二酸化鉛	鉛
アルカリ蓄電池	アルカリ性溶液	水酸化ニッケル	カドミウム鉛
ニッケルカドミウム蓄電池	アルカリ性溶液	水酸化ニッケル	カドミウム

---

(2) 容量

　放電する電流と時間の積で表される（単位〔Ah：アンペアアワー〕）．一般に10時間率で表示されるので，40Ahの容量を持つ電池は4Aで放電させると10時間使用することができる．同じ電圧と容量を持つ電池を直列接続すると，合成電圧は2倍になるが，電池の合成容量は変わらない．並列接続すると，合成電圧は変わらないが，電池の合成容量は2倍になる．

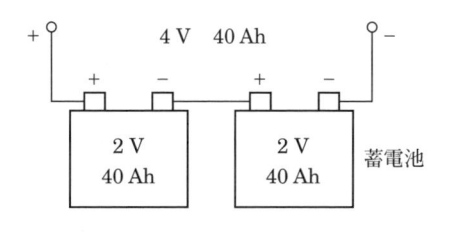

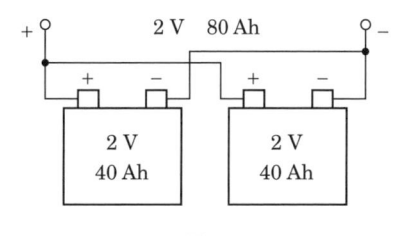

図4・14

3 2次電池の充電

(1) 鉛蓄電池の充電時の状態

充電された蓄電池は約2.0Vの電圧があるが，放電すると端子電圧が次第に低下し，約1.8Vの放電終止電圧になるとそれ以降は急激に電圧が低下するので，充電しなければならない．

鉛蓄電池に直流電圧を加えて充電すると，次のようになる．

① 電池の端子電圧は約2.4～2.8Vに上昇する．
② 電解液の**比重**が約1.24～1.28に**上昇**する．
③ 充電終了時にはガスが盛んに発生し，極板からの気泡で電解液は白く濁る．
④ 充電終了時には陽極板は**茶褐色**に，陰極板は**青灰色**となる．

(2) 浮動充電方式

図4・15に示すような充電方式を**浮動充電方式**という．

整流器と並列に蓄電池と負荷を接続し，蓄電池には自己放電を補う程度の電流で常に充電状態にしている．負荷電流は常に整流器から供給され，負荷電流が一時的に大きくなった場合や商用電源の停電時には蓄電池から供給するものとして，瞬間の停電において瞬時に安定な電源を供給できる．

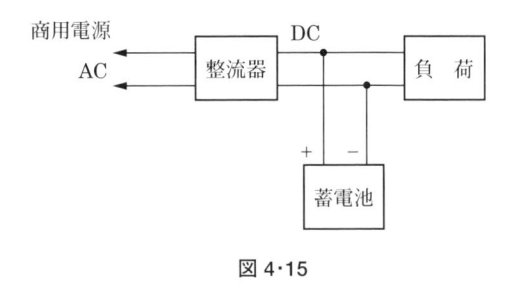

図4・15

浮動充電方式には，次の特徴がある．

① 蓄電池が過放電になったり充放電を繰り返すことが少ないので，電池の**寿命が長い**．
② 充電器出力に**リプル**（脈動電圧）を含んでいても，電池がそれを吸収する．
③ 供給電力の大部分を充電器が負担するので，電池の**容量**が**比較的小さくて済む**．
④ 充電器の電圧変動が蓄電池で吸収されるので，供給電圧は安定である．

4.7 電源装置

1 整流電源

商用電源などの交流（AC）を直流（DC）に変換する電源装置を**整流電源**という．整流電源の構成を図4・16に示す．商用電源の交流電圧（100V）をトランジスタなどを用いた装置で必要な電圧に変換する**変圧器**（トランス），±に変化する交流を片方の極性の脈流に変える**整流器**，脈流を直流にする**平滑回路**で構成される．

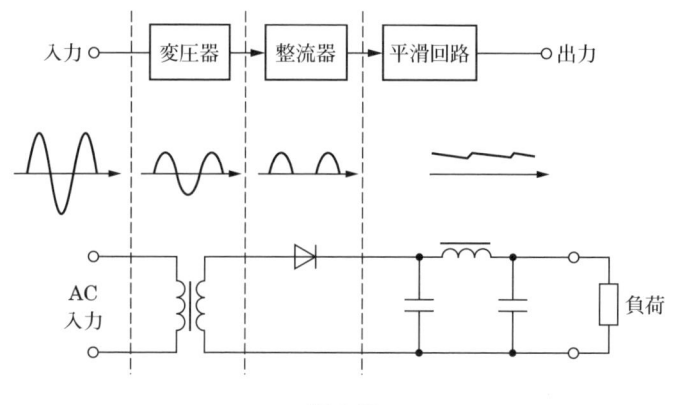

図4・16

2 定電圧電源回路

　整流電源回路は，商用電源の電圧の変動や負荷の変化によって直流出力電圧が変動するので，接続された機器の動作が不安定になることがある．そこで，電圧や負荷の変化に対して出力電圧を安定に保つために用いられるのが**安定化（定電圧）電源回路**である．図4・17に直列制御形定電圧電源回路を示す．**ツェナーダイオード**などにより基準電圧を得る基準部，出力電圧の変動を検出する検出部，電圧を制御する制御部によって構成される．また，制御部の構成により，直列制御形と並列制御形がある．

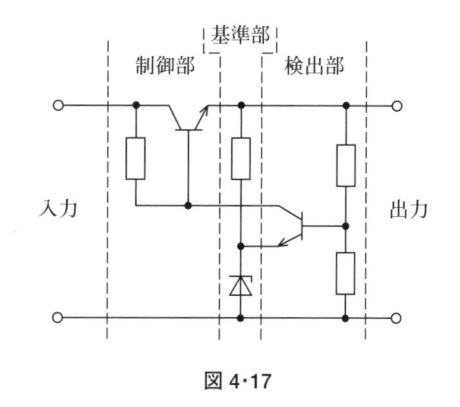

図4・17

3 定電圧定周波電源装置

　定電圧定周波電源装置（CVCF：Constant Voltage Constant Frequency）は，電源の変動や停電により機器の動作が不安定になるのを防ぐため，商用電源をいったん整流器（充電器）で直流に変換し，次にインバータにより交流に戻して負荷に供給する装置である．

　蓄電池に常に充電されているので，停電があっても一定時間は負荷に電力を供

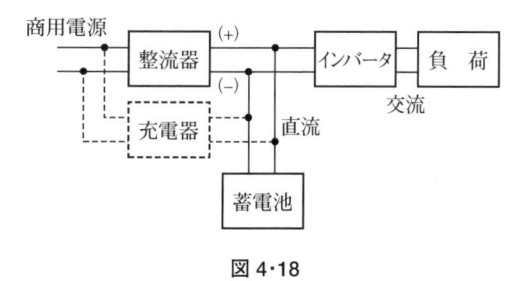

図4・18

4.7　電源装置

給することができる**無停電電源装置**である．

> **Point**
>
> ●**インバータ**
> 　直流電力を交流電力に変換し，これを変圧して希望の交流電圧を得る装置．
> ●**コンバータ**
> 　直流電力から交流電力に変換し，電圧を昇圧または降圧した後，整流して再び電圧の異なる直流電力を得る装置を **DC-DC コンバータ**という．
> 　インバータやコンバータには，半導体を利用した静止形と電動機や発電機を利用した**回転形**がある．**静止形**の装置の電子スイッチ部分にはトランジスタやサイリスタが用いられる．**サイリスタ**はアノード，カソード，ゲートの三つの電極で構成された半導体素子で，導通（ON）と非導通（OFF）の二つの安定状態をもつ**スイッチング**素子である．応答速度が速い，大電力の制御が可能であるなどの特徴がある．

4 発動発電機

　図 4・19 に原理的な構成を示す．発動発電機は，ディーゼル機関などの内燃機関と交流発電機とが機械的に直結されている．平常は停止しており，商用電源の異常または停電の際に始動して，商用電源と切り替えて使用される．発動発電機は，始動から定格電圧を負荷に供給するまでに約 1 分程度の時間を要するが，正常運転に入れば，燃料を補給し，潤滑油と冷却水を正常に保つことによって，連続して長時間運転を行うことができる．始動には，セルモータ始動とエキサイタ始動方式がある．

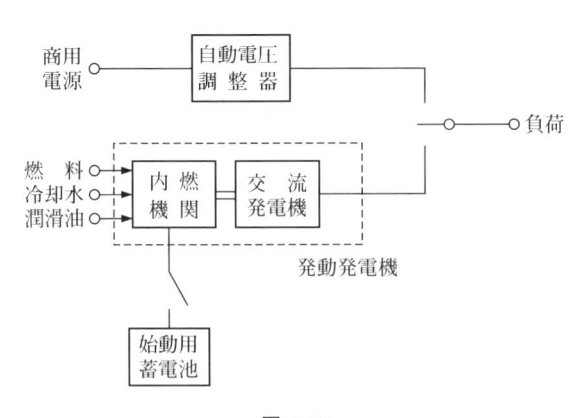

図 4・19

基本問題練習

問 1

次の記述は，図4・1（p.105）に示すFM（F3E）送信機の各部の動作について述べたものである．このうち誤っているものを下の番号から選べ．

1 　水晶発振器は，送信周波数の整数分の1の安定な周波数を発振し，この出力は位相変調器に加えられる．
2 　位相変調器は，水晶発振器の出力波の位相角をIDC回路の出力によって変化させ，周波数変調波を出力する．
3 　IDC回路は，入力信号の高域部分の振幅をあらかじめ強めて出力する．
4 　周波数逓倍器は，位相変調器で得られた被変調波を逓倍することによって，必要な周波数偏移および所要の送信周波数を得る．
5 　励振増幅器では，周波数逓倍器の出力を電力増幅器を動作させるのに必要な電力まで増幅する．

▶▶▶▶▶ p.105

解説　IDC回路は，過大な変調入力信号があっても，送信機出力の最大周波数偏移が規定値以下となるように制御する．
　　　　入力信号の高域部分の振幅をあらかじめ強めて出力する回路は，プレエンファシス回路である．

問 2

次の記述は，FM（F3E）送信機におけるIDC回路について述べたものである．このうち正しいものを下の番号から選べ．

1 　送信機の出力電力が規定値以下となるように制限する．
2 　電力増幅器に過大な電圧が加わらないように制限する．
3 　水晶発振器の周波数の変動を防止する．
4 　変調器への入力信号の高域部分のレベルをあらかじめ強める．
5 　過大な変調入力信号があっても，出力信号の最大周波数偏移が規定値以下となるようにする．

▶▶▶▶▶ p.106

解答

問1　-3　　**問2**　-5

問3

次の記述は，図4・3（p.106）に示すFM受信機の各部の動作について述べたものである．このうち誤っているものを下の番号から選べ．
1. 高周波増幅器は，アンテナで受信した微弱な信号を増幅して，感度と選択度の向上を図る．
2. 中間周波増幅器は，周波数混合器出力の中間周波信号を増幅し，帯域フィルタを用いて影像（イメージ）周波数による混信を除去する．
3. 振幅制限器は，検波出力にひずみや雑音として現れる受信信号の振幅変化を除去する．
4. 周波数弁別器は，受信信号の周波数の変化を振幅の変化に変換して，信号を取り出す．
5. スケルチ回路は，受信入力が無くなったり弱くなったとき，低周波増幅器の動作を停止させる．

▶▶▶▶ p.106

問4

次の記述は，FM（F3E）受信機におけるスケルチ回路について述べたものである．このうち正しいものを下の番号から選べ．
1. 周波数の変化を振幅の変化に変換する．
2. 受信機入力の変動に応じて，増幅器の利得を自動的に制御して，受信機出力を一定にする．
3. 受信機の入力信号が無くなったとき，出力に生じる大きな雑音を除去する．
4. 振幅変化を含んだ入力信号を，ダイオードやトランジスタなどによる飽和を利用して，一定振幅の信号とする．
5. 復調された信号波の高域部分の周波数成分を減衰させ，送信機に入力された元の信号の周波数特性に戻す．

▶▶▶▶ p.106

解説 各選択肢は，次のものについて述べている．
1. FMの復調器のことで，周波数弁別器ともいう．
2. 自動利得制御（AGC：Automatic Gain Control）
3. スケルチ
4. 振幅制限器
5. ディエンファシス

解答

問3 -2 **問4** -3

問 5

図 4・20 に示す構成のスーパヘテロダイン受信機において，受信電波の周波数が 154.2MHz であり，局部発振器の出力信号と共に周波数混合器に加えて 10.7MHz の中間周波数を作り出すとき，局部発振周波数および影像周波数の組合せとして，正しいものを下の番号から選べ。

	局部発振周波数	影像周波数		局部発振周波数	影像周波数
1	143.5MHz	164.9MHz	2	143.5MHz	175.6MHz
3	143.5MHz	145.0MHz	4	164.9MHz	132.8MHz
5	164.9MHz	175.6MHz			

図 4・20

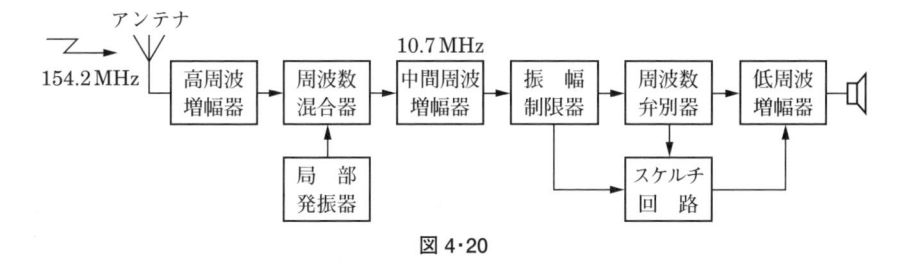

解説 中間周波数を f_I，受信電波の周波数を f_R とすると，局部発振周波数 f_L は，$f_R < f_L$ の条件では，

$$f_L = f_R + f_I = 154.2 + 10.7 = 164.9 \text{ [MHz]}$$

妨害波の影像周波数を f_U とすると，

$$f_U = f_R + 2f_I = 154.2 + 2 \times 10.7 = 175.6 \text{ [MHz]}$$

また，$f_R > f_L$ の条件では，

$$f_L = f_R - f_I = 154.2 - 10.7 = 143.5 \text{ [MHz]}$$

$$f_U = f_R - 2f_I = 154.2 - 2 \times 10.7 = 132.8 \text{ [MHz]}$$

解答の選択肢と比較すると，$f_R < f_L$ の周波数が正しい．

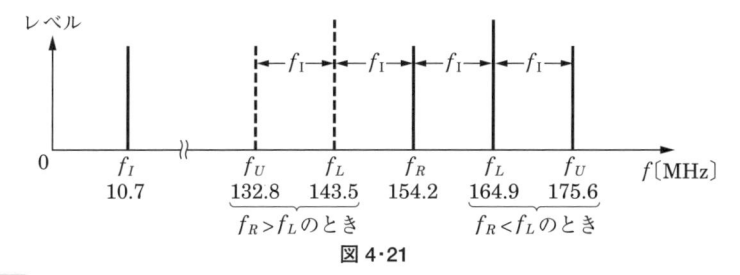

図 4・21

解答

問 5 — 5

問 6

次の記述は，受信機で発生する相互変調について述べたものである．このうち正しいものを下の番号から選べ．

1 受信機に不要波が混入した場合，回路の非直線性により，希望波が不要波の変調信号により変調され，混信妨害を生じることをいう．
2 受信機に希望波以外の二つ以上の不要波が混入した場合，回路の非直線性により，混入波周波数の整数倍の和または差の周波数で混信妨害を生ずることをいう．
3 増幅器および音響系を含む回路が，不要の帰還のために発振して，可聴音を発生することをいう．
4 増幅器の調整不良などにより，本来希望しない周波数の発生により混信することをいう．

▶▶▶▶ p.107

解説 誤っている選択肢は，次の特性について述べたものである．
　　1　混変調妨害　　3　ハウリング　　4　スプリアス受信

問 7

SS-FM方式の受信装置で，反射形クライストロンのリペラ電圧を制御し，常に一定の中間周波数が得られるように局部発振周波数を自動的に調整する機能を持つ回路の名称として，正しいものを下の番号から選べ．

1　AFC回路　　2　アイソレータ回路　　3　BPF回路　　4　周波数弁別回路
5　AGC回路

▶▶▶▶ p.109

問 8

次の記述は，FM通信方式について述べたものである．□内に入れるべき字句の正しい組合せを下の番号から選べ．

(1) 最大周波数偏移を Δf，信号周波数を f_m とすると，その変調指数は A で表される．
(2) ランダム雑音が復調器に入力されたとき，復調器出力の雑音電圧の大きさは周波数に比例する B となる．
(3) 復調器出力の信号対雑音比（S/N）を改善するため，あらかじめ送信側で変調信号の高域のレベルを強調し，復調後にこれを補償するための周波数特性を与え，信号対雑音比（S/N）を改善する方式を C という．

解答

問 6 -2　　**問 7** -1

	A	B	C		A	B	C
1	$\dfrac{f_m}{\Delta f}$	三角雑音	ディエンファシス	2	$\dfrac{f_m}{\Delta f}$	白色雑音	ディエンファシス
3	$\dfrac{\Delta f}{f_m}$	三角雑音	プレエンファシス	4	$\dfrac{\Delta f}{f_m}$	白色雑音	プレエンファシス
5	$\dfrac{\Delta f}{f_m}$	三角雑音	エンファシス				

▶▶▶▶▶ p.109

問9

次の記述は，マイクロ波多重回線におけるアナログテレビジョン信号の伝送について述べたものである．□内に入れるべき字句の正しい組合せを下の番号から選べ．

マイクロ波周波数分割多重（FDM）回線で，アナログテレビジョン信号を伝送する場合，ほとんどが A 方式で伝送される．この方式では雑音出力が周波数に比例して大きくなるので B 回路が使用される．この回路によりベースバンドの周波数の C 方の信号成分のレベルは高くして，変調度を上げ，信号対雑音比（S/N）の改善を図っている．

	A	B	C		A	B	C
1	FM	AGC	高い	2	FM	エンファシス	高い
3	FM	AGC	低い	4	SSB	エンファシス	高い
5	SSB	AGC	低い				

▶▶▶▶▶ p.109

問10

次の記述は，SS-FM通信方式における雑音に関して述べたものである．この記述に当てはまる雑音の名称として，正しいものを下の番号から選べ．

多数の周波数からなる多重信号が増幅器，変復調器などの非直線回路を通ると，それぞれの高調波のほか各周波数の組合せによる結合度を生じ，これがそれらの周波数に対応した通話路に漏れ込み，雑音となる．

1 熱雑音　2 了解性漏話雑音　3 ガウス雑音　4 準漏話雑音
5 三角雑音

▶▶▶▶▶ p.110

解答

問8 -5　問9 -2　問10 -4

問 11

図4·22は，PCM多重通信方式の原理的な構成例を示したものである．☐内に入れるべき字句の正しい組合せを下の番号から選べ．

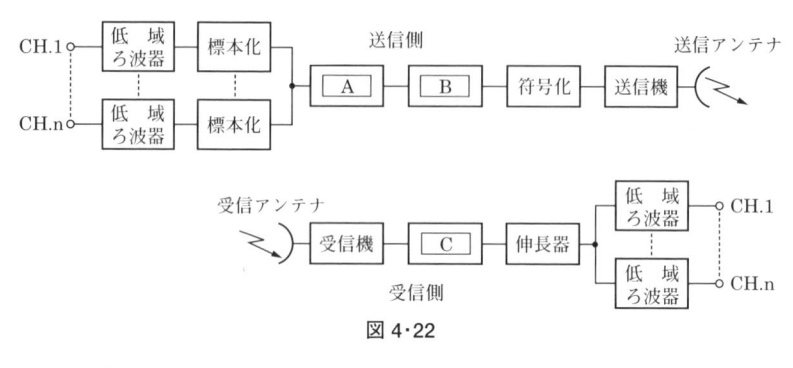

図 4·22

	A	B	C
1	量子化	復号化	圧縮器
2	量子化	圧縮器	復号化
3	復号化	量子化	圧縮器
4	圧縮器	復号化	量子化
5	圧縮器	量子化	復号化

▶▶▶▶ p.110

問 12

PCM24チャネル多重送信機におけるU-B変換の働きについて，正しいものを下の番号から選べ．
1　2進符号を4進符号に変換する．
2　1系列の信号を複数系列の信号に変換する．
3　PCM回路のクロック周波数を無線回路のクロック周波数に変換する．
4　パルス列を復調方式が容易な差動位相符号に変換する．
5　単極パルスを両極パルスに変換する．

▶▶▶▶ p.110

問 13

次の記述は，送受信装置に用いられるコンパンダに関して述べたものである．このうち誤っているものを下の番号から選べ．
1　PCM伝送時には，符号数を少なくでき，また，量子化雑音を改善することができる．

解答

問 11 -5　　問 12 -5

2　圧縮比と伸張比は，等しくなるように設計される．
3　アナログ信号伝送時には，雑音や漏話を減少させることができる．
4　圧縮器と伸張器を組み合わせたものである．
5　音声信号などの伝送時のレベル範囲を拡大するために用いる．

▶▶▶▶▶ p.111

解説　コンパンダは，音声信号などの伝送時のレベル範囲を圧縮するために用いられる．

問 14

次の記述は，PCM多重通信方式において，送信端局装置に対数圧縮器が用いられる理由について述べたものである．このうち正しいものを下の番号から選べ．
1　標本化されたパルス波形を整形する．
2　小振幅の信号に対する量子化雑音を軽減する．
3　パルス衝撃係数を小さくする．
4　標本化されたパルス数を少なくする．
5　デジタル信号の同期化を容易にする．

▶▶▶▶▶ p.112

問 15

次の記述は，デジタル無線回線における伝送特性の補償について述べたものである．☐内に入れるべき字句の正しい組合せを下の番号から選べ．ただし，☐内の同じ記号は，同じ字句を示す．

　伝送中に生ずる信号の振幅や位相の A を補償する回路を等化器と呼ぶ．フェージングなどのように A が時間的に変化する場合は，その変化に応じて補償する B 等化器が用いられるが，これは周波数領域の等化器と時間領域の等化器に大別され，周波数領域の等化器の代表的なものに C 等化器がある．

	A	B	C
1	減衰	自動	トランスバーサル
2	減衰	遅延	可変共振形
3	ひずみ	自動	可変共振形
4	ひずみ	遅延	トランスバーサル

▶▶▶▶▶ p.112

● 解答 ●

問 13 -5　　問 14 -2　　問 15 -3

問 16

次の記述は，デジタル無線通信方式におけるフェージングの補償について述べたものである．　　　内に入れるべき字句の正しい組合せを下の番号から選べ．

マイクロ波が伝搬するときに生ずるフェージングを補償するための自動等化器には，フェージングの A 特性の逆の特性を最も良く実現できる可変共振形等化回路などを用いる周波数領域自動等化器，および符号間干渉を最小にするため，1 ビットずつの B 回路を縦続接続して各出力を重み付けして合成するトランスバーサルフィルタを用いる方式などの C 領域自動等化器がある．

	A	B	C		A	B	C
1	時間	帰還	振幅	2	時間	遅延	振幅
3	時間	帰還	時間	4	周波数	帰還	振幅
5	周波数	遅延	時間				

▶▶▶▶ p.112

問 17

受信機の雑音指数が 6dB，等価雑音帯域幅が 10MHz および周囲温度が 17℃ のとき，この受信機の雑音出力を入力に換算した等価雑音電力の値として，最も近いものを下の番号から選べ．ただし，ボルツマン定数は 1.38×10^{-23} [J/K] とする．

1 9.4×10^{-15} [W]　　2 1.4×10^{-14} [W]　　3 8.0×10^{-14} [W]
4 1.6×10^{-13} [W]　　5 2.4×10^{-13} [W]

▶▶▶▶ p.113

解説　受信機の雑音指数 6dB の真数を F とすると，

$$6\text{[dB]} = 3 + 3 \fallingdotseq 10\log_{10}2 + 10\log_{10}2 = 10\log_{10}(2 \times 2)$$
$$= 10\log_{10}F$$
$$\therefore F \fallingdotseq 4$$

ただし，常用対数の数値：$\log_{10}2 \fallingdotseq 0.3$

ボルツマン定数を k [J/K]，周囲温度を T [K]，等価雑音帯域幅を B [Hz] とすると，等価雑音電力 N_R [W] は，次式で表される．

$$N_R = kTBF$$
$$= 1.38 \times 10^{-23} \times (273+17) \times 10 \times 10^6 \times 4$$
$$= 1.38 \times 290 \times 10 \times 4 \times 10^{-23+6} \fallingdotseq 1.6 \times 10^{-13} \text{[W]}$$

ただし，周囲温度 t [℃] をケルビンで表した値 T [K] は，
$$T = 273 + t = 273 + 17 = 290 \text{[K]}$$

● **解答** ●

問 16 -5　　問 17 -4

問 18

受信機の雑音指数が6dB，周囲温度が17°Cおよび受信機の雑音出力を入力に換算した等価雑音電力の値が8×10^{-14}〔W〕のとき，この受信機の等価雑音帯域幅の値として，最も近いものを下の番号から選べ．ただし，ボルツマン定数は1.38×10^{-23}〔J/K〕とする．

1　5MHz　　2　10MHz　　3　20MHz　　4　60MHz　　5　114MHz

▶▶▶▶ p.113

解説　受信機の雑音指数をF（真数），等価雑音帯域幅をB〔Hz〕，周囲温度をT〔K〕，ボルツマン定数をk〔J/K〕とすると，等価雑音電力N_R〔W〕は次式で表される．

$N_R = kTBF$

等価雑音帯域幅B〔Hz〕は，

$$B = \frac{N_R}{kTF} = \frac{8\times10^{-14}}{1.38\times10^{-23}\times(273+17)\times4} \fallingdotseq 5\times10^6 \text{〔Hz〕} = 5 \text{〔MHz〕}$$

ただし，雑音指数6dBの真数は，$F \fallingdotseq 4$

問 19

受信機の内部で発生した雑音を入力端に換算した等価雑音温度T_e〔K〕は，雑音指数Fおよび周囲温度T_0〔K〕が与えられたとき，$T_e = T_0(F-1)$で表すことができる．雑音指数Fが3dB，周囲温度が22°Cのとき，T_e〔K〕の値として，正しいものを下の番号から選べ．

1　275K　　2　283K　　3　295K　　4　566K　　5　590K

▶▶▶▶ p.113

解説　等価雑音温度T_e〔K〕は，

$T_e = T_0(F-1)$

　　　$= (273+22)\times(2-1) = 295$〔K〕

ただし，雑音指数3dBの真数は，$F=2$
　　　周囲温度22°Cの絶対温度は，$T_0 = 273+22 = 295$〔K〕

問 20

受信機の雑音指数Fは，受信機の内部で発生した雑音を入力端に換算した等価雑音温度T_e〔K〕と周囲温度T_0〔K〕が与えられたとき，$F = 1+T_e/T_0$で表すことができる．T_eが885K，周囲温度が22°Cであるときの雑音指数Fの値として，最も近いものを下の番号から選べ．

1　2dB　　2　3dB　　3　4dB　　4　5dB　　5　6dB

▶▶▶▶ p.113

解答

問18 -1　　問19 -3

解説 受信機の雑音指数F(真数)は，

$$F = 1 + \frac{T_e}{T_0} = 1 + \frac{885}{295} = 1 + 3 = 4$$

ただし，周囲温度t〔℃〕をケルビンで表した値T_0〔K〕は

$T_0 = 273 + t = 273 + 22 = 295$〔K〕

雑音指数をデシベルF_{dB}で表すと，

$F_{dB} = 10\log_{10}4 ≒ 6$〔dB〕

問21

2段に縦続接続された増幅器の総合の雑音指数の値（真数）として，最も近いものを下の番号から選べ．ただし，初段の増幅器の雑音指数を7dB，電力利得を10dBとし，次段の増幅器の雑音指数を13dBとする．また，$\log_{10}2 ≒ 0.3$，$\log_{10}5 ≒ 0.7$とする．

1 3.0   2 6.9   3 8.3   4 10.0   5 30.0

▶▶▶▶ p.114

解説 初段と次段の増幅器の雑音指数（真数）をそれぞれF_1，F_2，初段の電力利得をG_1（真数）とすると，全体の雑音指数F（真数）は，

$$F = F_1 + \frac{F_2 - 1}{G_1} = 5 + \frac{20 - 1}{10} = 5 + 1.9 = 6.9$$

ただし，電力比の真数GをデシベルG_{dB}で表すと，

$G_{dB} = 10\log_{10}G$〔dB〕

初段の雑音指数7dBの真数は，$F_1 = 5$

初段の電力利得10dBの真数は，$G_1 = 10$

次段の雑音指数$10 + 3 = 13$〔dB〕の真数は，$F_2 = 10 \times 2 = 20$

問22

2段に縦続接続された増幅器の総合の等価雑音温度の値として，最も近いものを下の番号から選べ．ただし，初段の増幅器の等価雑音温度を290K，電力利得を6dB，次段の増幅器の等価雑音温度を440Kとする．また，$\log_{10}2 ≒ 0.3$とする．

1 122K   2 183K   3 400K   4 444K   5 734K

▶▶▶▶ p.114

解説 初段と次段の増幅器の等価雑音温度をそれぞれT_1，T_2，初段の電力利得をG_1（真数）とすると，総合の等価雑音温度T_e〔K〕は，

● 解答 ●

問20 -5　　問21 -2

$$T_e = T_1 + \frac{T_2}{G_1} = 290 + \frac{440}{4} = 290 + 110 = 400 \text{〔K〕}$$

ただし，初段の電力利得6dBの真数G_1は，

$G_1 ≒ 4$

問 23

次の記述は，ダイバーシチ受信について述べたものである．□内に入れるべき字句の正しい組合せを下の番号から選べ．

ダイバーシチ受信とは，A の影響を軽減するため，同じ信号を相関の B 複数の方法で受信し，得られた複数の受信信号を C または合成して安定な受信を図るものである．

	A	B	C		A	B	C
1	雑音	等しい	相乗	2	フェージング	多い	選択
3	空電	少ない	相乗	4	雑音	多い	抑圧
5	フェージング	少ない	選択				

▶▶▶▶▶ p.114

問 24

次の記述は，地球局を構成する装置について述べたものである．□内に入れるべき字句の正しい組合せを下の番号から選べ．ただし，□内の同じ記号は，同じ字句を示す．

(1) 衛星通信における伝送中継距離は地上マイクロ波方式に比べて極めて長くなるため地球局装置にはアンテナ利得の増大，送信出力の増大および受信雑音温度の A などが必要である．

(2) 地球局の大電力送信装置に用いられる増幅管としては，進行波管（TWT）や B などがある．B は，装置が簡単で効率が良いが，進行波管に比べて増幅する帯域幅が狭い．また，小型の地球局の送信装置には，C などの固体増幅素子が使用されている．

(3) 地球局受信装置の低雑音増幅器には，D 増幅装置などが用いられてきたが，固体電子技術の進展により，C 増幅器が多く用いられている．

	A	B	C	D
1	増大	クライストロン	GaAsFET	インパットダイオード
2	増大	マグネトロン	ガンダイオード	パラメトリック
3	低減	マグネトロン	GaAsFET	パラメトリック
4	低減	マグネトロン	ガンダイオード	インパットダイオード

解答

問22 - 3   問23 - 5

5　低減　　　クライストロン　　　GaAsFET　　　パラメトリック

▶▶▶▶ p.114

問 25

次の記述は，通信衛星に搭載される中継器（トランスポンダ）について述べたものである．このうち誤っているものを下の番号から選べ．

1　中継器の主な機能の一つは，受信したアップリンクの周波数をダウンリンクの送信周波数に変換することである．
2　一般に，通信衛星の送信周波数は，受信周波数より高い周波数が用いられる．
3　通信衛星が受信した微弱な信号は，低雑音増幅器で増幅された後，送信周波数に変換される．
4　中継器の電力増幅器には，進行波管（TWT）または電界効果トランジスタ（FET）が用いられる．

▶▶▶▶ p.115

解説　一般に，通信衛星の送信周波数は，受信周波数より**低い**周波数が用いられる．

問 26

次の記述は，衛星通信に用いられるVSATシステムについて述べたものである．このうち正しいものを下の番号から選べ．

1　VSATシステムに使用される周波数帯は，一般に1.6/1.5〔GHz〕帯である．
2　VSATシステムは一般に，中継装置（トランスポンダ）を持つ宇宙局と多数の小型の地球局（ユーザー局）のみで構成される．
3　VSATシステムの回線の設定方法には，ポイント・ツウ・ポイント型，ポイント・ツウ・マルチポイント型および双方向型がある．
4　VSAT地球局（ユーザー局）は，小型軽量の装置であり，主に車両に搭載して走行中の通信に用いられている．
5　VSAT地球局（ユーザー局）には，八木アンテナが用いられることが多い．

▶▶▶▶ p.116

問 27

次の記述は，鉛蓄電池について述べたものである．□内に入れるべき字句の正しい組合せを下の番号から選べ．

● 解答 ●

問 24 －5　　問 25 －2　　問 26 －3

鉛蓄電池は，電解液に $\boxed{A}$，陽極板には二酸化鉛および陰極板には $\boxed{B}$ が用いられている．この蓄電池の公称電圧は，単位電池当り約 $\boxed{C}$ V であり，放電につれて徐々に低下し，放電終止電圧になると急速に電圧が降下する．

	A	B	C		A	B	C
1	希硫酸	鉛	2.0	2	アルカリ溶液	鉄	6.0
3	希硫酸	ニッケル	2.0	4	希硫酸	鉛	1.5
5	アルカリ溶液	ニッケル	6.0				

▶▶▶▶ p.117

問 28

次の記述は，鉛蓄電池について述べたものである．□ 内に入れるべき字句の正しい組合せを下の番号から選べ．

(1) 鉛蓄電池は，実用されている $\boxed{A}$ 電池の代表的なものの一つであり，陽極には二酸化鉛，陰極には $\boxed{B}$ および電解液には希硫酸が用いられる．

(2) 鉛蓄電池の容量は，完全な充電状態から放電終止電圧になるまで，10時間率の放電量をアンペア時〔Ah〕で表すのが標準的であるが，これより短い時間率で放電するときには，10時間率のときより容量が $\boxed{C}$ する．

	A	B	C		A	B	C
1	1次	ニッケル	増加	2	1次	鉛	減少
3	2次	ニッケル	減少	4	2次	ニッケル	増加
5	2次	鉛	減少				

▶▶▶▶ p.117

問 29

次の記述は，鉛蓄電池の充電時の状態について述べたものである．このうち誤っているものを下の番号から選べ．

1 ガスが盛んに発生し，極板からの気泡で電解液は白く濁る．
2 電池の端子電圧は徐々に上昇する．
3 電解液の温度は次第に上昇する．
4 電解液の比重は徐々に低下する．
5 充電終期になると陽極板は茶褐色に，陰極板は青灰色となる．

▶▶▶▶ p.118

解説 充電時には，電解液の比重は徐々に上昇する．

● 解答 ●

問27 -1　問28 -5　問29 -4

問 30

次の記述は，鉛蓄電池の取扱いについて述べたものである．このうち誤っているものを下の番号から選べ．

1. 極板が露出しない程度に電解液を補充し，充電終了時には20℃における電解液の比重が1.05となるように調整する．
2. 放電後は直ちに充電し，全く使用しない時でも1か月に1回程度は充電する．
3. 放電終止電圧以下では使用しない．
4. 浮動（フロート）充電する場合は，充電電圧を規定値に保つ．

▶▶▶▶ p.118

解説 極板が露出しない程度に電解液を補充し，**放電前**には20℃における電解液の比重が**1.22**となるように調整する．

問 31

次の記述は，無線中継所などにおいて広く使用されているシール鉛蓄電池について述べたものである．このうち正しいものを下の番号から選べ．

1. 正極はカドミウム，負極は金属鉛，電解液には希硫酸が用いられる．
2. 電解液は，放電が進むにつれて比重が上昇する．
3. 定期的な補水（蒸留水）は，不必要である．
4. 単セルの電圧は，約12Vである．
5. 大電流放電に弱く，大容量化ができない．

▶▶▶▶ p.117

問 32

次の記述は，アルカリ蓄電池の構造について述べたものである．□内に入れるべき字句の正しい組合せを下の番号から選べ．

アルカリ蓄電池は，エボナイトまたは合成樹脂の電槽の中に電解液として A 溶液を入れ，陽極板として B ，陰極板として C を使用し，その間にエボナイトの多孔板または合成繊維の隔離板を入れた構造である．

	A	B	C
1	アルカリ性	水酸化ニッケル	カドミウム
2	希硫酸	二酸化鉛	鉛
3	希硫酸	水酸化ニッケル	カドミウム

● 解答 ●

問 30 −1   問 31 −3

4	アルカリ性	カドミウム	水酸化ニッケル
5	希硫酸	鉛	二酸化鉛

▶▶▶▶ p.117

問 33

次の記述は，ニッケルカドミウム蓄電池について述べたものである．□内に入れるべき字句の正しい組合せを下の番号から選べ．

(1) ニッケルカドミウム蓄電池は，陽極に水酸化ニッケル，陰極にカドミウム，および電解液に A 溶液が用いられている．また，単位電池当たりの公称電圧は，B 〔V〕である．
(2) 整流器と並列に接続され，蓄電池の自己放電を補う程度の電流で常時充電を行いながら，負荷に極めて安定な直流電力を供給する C 充電にも適している．

	A	B	C		A	B	C
1	アルカリ性	1.2	浮動	2	アルカリ性	1.2	急速
3	アルカリ性	1.5	浮動	4	酸性	1.5	浮動
5	酸性	1.5	急速				

▶▶▶▶ p.117

問 34

アルカリ蓄電池を鉛蓄電池と比較した場合の特徴として，誤っているものを下の番号から選べ．
1 電池電圧が高いので，少ない個数で高い電圧が得られる．
2 過充電に強く保守が容易である．
3 電解液がアルカリ性なので金属を腐食させない．
4 大電流での放電が可能である．
5 低温特性に優れ寿命が長い．

▶▶▶▶ p.117

解説 アルカリ蓄電池は鉛蓄電池に比較して電池電圧が低いので，高い電圧を得るためには多くの個数が必要である．

問 35

次の記述は，蓄電池の浮動充電方式について述べたものである．□内に入れるべき字句の正しい組合せを下の番号から選べ．

解答

問 32 -1　問 33 -1　問 34 -1

(1) 直流電源およびそれとほぼ等しい電圧の蓄電池を並列に接続し，蓄電池は自己放電を補う程度の電流で常に A 状態にしながら，負荷に電力を供給する方式である．
(2) 負荷電流は平常時には B から供給され，負荷電流が一時的に大きくなった場合や停電時には C から供給され，瞬時の停電においても安定に直流電源が供給される．

	A	B	C		A	B	C
1	充電	直流電源	蓄電池	2	充電	蓄電池	直流電源
3	充電	直流電源	直流電源	4	放電	蓄電池	直流電源
5	放電	直流電源	蓄電池				

▶▶▶▶▶ p.118

問 36

次の記述は，電源装置について述べたものである．□内に入れるべき字句の正しい組合せを下の番号から選べ．
(1) 直流電力を変換して A を得る装置をインバータという．また，直流電力をいったん交流電力に変換した後，整流して再び直流電力を得る装置をDC-DC B という．
(2) このような装置における電力変換の方法として，静止形と回転形があるが，静止形の装置の電子スイッチ部分にはトランジスタや C が用いられる．

	A	B	C
1	交流電力	コンバータ	サイリスタ
2	交流電力	コンバータ	サーミスタ
3	直流電力	インバータ	サイリスタ
4	直流電力	インバータ	サーミスタ

▶▶▶▶▶ p.120

問 37

次の記述は，サイリスタについて述べたものである．□内に入れるべき字句の正しい組合せを下の番号から選べ．
サイリスタは，導通（ON）および非導通（OFF）の二つの安定状態をもつ半導体の A 素子である．また，応答速度が速く，かつ，大電力素子の製作が可能であり，電源の出力電圧を一定に保つ定電圧 B などに広く用いられている．

	A	B		A	B
1	スイッチング	整流回路	2	増幅	発振回路

● 解答 ●

問 35 -1   問 36 -1

第4章 送受信装置

3	スイッチング	発振回路	4	発振	帰還回路
5	増幅	整流回路			

▶▶▶▶▶ p.120

問 38

次の記述は，図4・22に示す無停電電源装置の原理的な構成例について述べたものである．□内に入れるべき字句の正しい組合せを下の番号から選べ．ただし，□内の同じ記号は，同じ字句を示す．

(1) この電源装置は，通常は商用電源より整流器で蓄電池を A 充電しながらインバータに直流電力を送り，インバータから負荷へ B 電力を供給する．

(2) 停電時には，蓄電池の直流電力がインバータに入力され，インバータから負荷へ B 電力が供給される．蓄電池の電力供給可能時間は限られているため，より長時間の停電補償を行うためには， C 発電機を別に設け，商用電源と切り替えて使用することが必要となる．

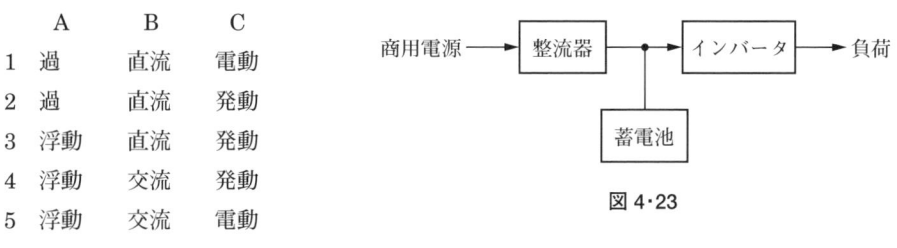

	A	B	C
1	過	直流	電動
2	過	直流	発動
3	浮動	直流	発動
4	浮動	交流	発動
5	浮動	交流	電動

図 4・23

▶▶▶▶▶ p.119

問 39

次の記述は，電源装置として用いられる発動発電機について述べたものである．□内に入れるべき字句の正しい組合せを下の番号から選べ．

(1) 図4・23に示す原理的な構成例において，発動発電機は，(DE)で示す A と交流発電機(AG)とが機械的に直結されて，平常は B しており，商用電源の異常または停電の際に始動して，商用電源と切り替えて使用される．

(2) 発動発電機は，始動から定格電圧を負荷に供給するまでに若干の時間を要するが，正常運転に入れば， C を補給し，潤滑油と冷却水を正常に保つことによって，連続して長時間運転を行うことができる．

解答

問 37 -1　　問 38 -4

	A	B	C
1	内燃機関	停止	電解液
2	内燃機関	停止	燃料油
3	内燃機関	連続運転	燃料油
4	直流電動機	停止	電解液
5	直流電動機	連続運転	電解液

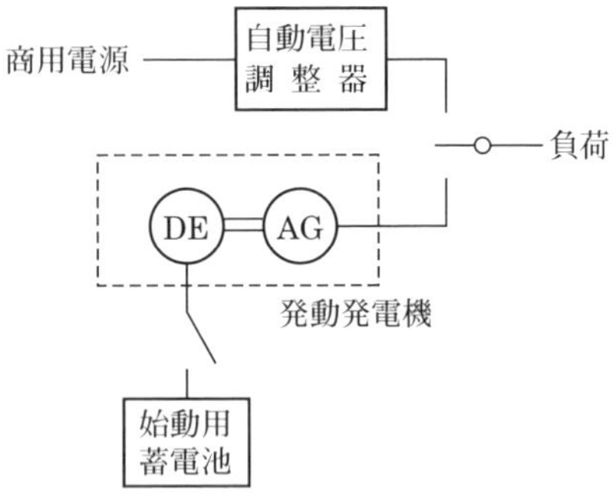

図 4·24

▶▶▶▶▶ p.120

● 解答 ●

問39 -2

第4章 送受信装置

5 中継方式

5.1 各種中継方式

1 中継方式の構成と特徴

　遠距離固定回線網では，伝送路中の電波における減衰，雑音の増加などによって伝送品質が劣化するので，適当な距離ごとに受信した電波を増幅して再送信する中継局が必要となる．中継局間の距離は周波数によって異なり，2～6GHzでは50～25km，10GHz帯では25～10km，14GHz以上の周波数では8～3km程度である．周波数が高くなると雨などの気象条件の影響を受けやすく，中継距離を短くしなければならない．

(1) 直接中継方式

　図5・1に**直接中継方式**の中継局の構成を示す．マイクロ波，ミリ波の受信電波を低雑音増幅器で増幅し，受信周波数をわずかに偏移させ，電力増幅器によって必要な電力まで増幅して送信する方式である．受信電波をそのままの周波数で増幅して送信すると，送信電波が受信機に回り込んで干渉するので，一般に送信周波数は受信周波数から偏移させて送信する．

　直接中継方式には次の特徴がある．

① ひずみが少なく，広帯域特性に優れている．
② 大きな利得を持つ低雑音の増幅器を必要とする．

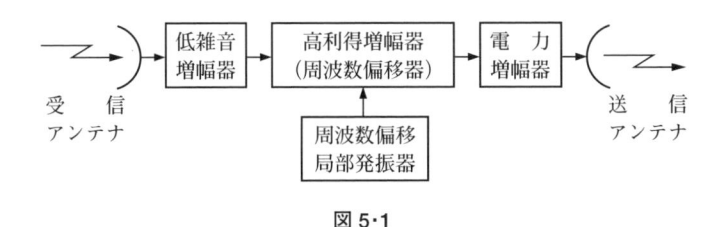

図 5・1

(2) ヘテロダイン中継方式

　図5・2に**ヘテロダイン中継方式**の中継局の構成を示す．受信周波数を周波数の低い中間周波数（70MHzなど）に変換して安定に増幅してから，再びマイクロ波などの送信周波数に変換した後，電力増幅器によって必要な電力まで増幅して送信する方式である．中間周波数の選定には，影像周波数が他の無線回線の送信周波数と一致しないこと，局部発振周波数が他の無線回線に干渉などの影響を与えないことなどを考慮しなければならない．

ヘテロダイン中継方式には次の特徴がある．
① スプリアス発射を伴いやすい．
② 中継の途中で通話群の一部を分岐または挿入することはできない．
③ 検波中継方式のように復調は行わないので，復調ひずみや変調ひずみの累積はない．
④ 予備回線への切替えができる．

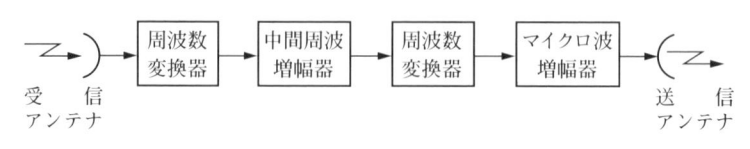

図 5・2

(3) 検波（再生）中継方式

図 5・3 に検波中継方式の中継局の構成を示す．中継ごとに受信電波をいったん復調し，再び周波数が異なる電波で変調して送信する．**ビデオ中継方式**とも呼ばれる．

すべてのチャネルを多重信号のビデオ周波数に復調するので，次の特徴がある．
① 通信路の分岐，挿入が可能となる．
② 復調ひずみ，変調ひずみが中継されるごとに累積される．

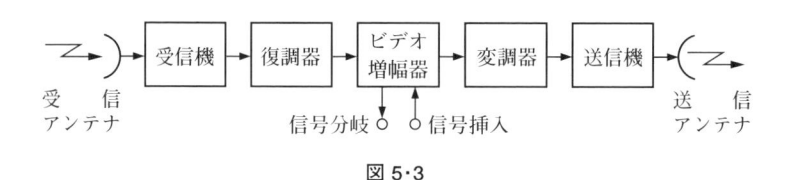

図 5・3

PCM などのデジタル多重通信方式の中継回線では，中継局において，復調したデジタル信号の等化増幅やタイミングの取り直しを行って，符号パルスを再生してから再び変調してマイクロ波で送信する．この方式では符号パルスの分岐，挿入が可能であり，伝送路上で受けたひずみや雑音などを除去してパルスを再生するので，雑音の累積がない．

アナログ通信方式では**検波中継方式**，デジタル通信方式では**再生中継方式**という．

(4) 無給電中継方式

見通しのとれない中継区間において，図 5・4 のように金属板や金属網で作られた反射板を設置し，この金属反射板によって電波を反射させる．あるいは，パラボラアンテナなどの受信アンテナと送信アンテナを直接接続して中継する方式で，主に近距離の中継で用いられる．反射板の大きさが一定のとき，その利得は波長が短いほど大きいので，マイクロ波以上の周波数の中継に使用される．

伝搬損失を少なくするには，次の方法がある．

① 反射板への電波の入射角を小さくして，入射方向を反射板と直角に近付ける．
② 反射板を2枚使用する場合は，反射板の位置を互いに近付ける．
③ 反射板の面積をできるだけ大きくする．
④ 中継区間をできるだけ短くする．

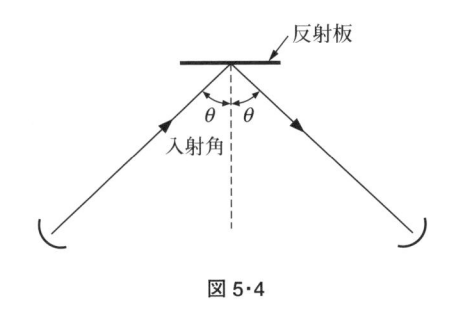

図 5・4

5.2 干渉・遠隔監視

1 2周波中継方式

図5・5に示すような一つの中継局において，中継局ごとに周波数f_1からf_2に，f_2からf_1に周波数を変換して中継する方式である．実際の回線では，これらの周波数の何組かが等間隔に配置された周波数群を使用する．図5・5に示すような一つの往復ルートに二つの周波数を用いて中継を繰り返すことで，周波数を有効に利用することができる．

一つの中継局においては送受信アンテナが結合しないように設置しなければならない．

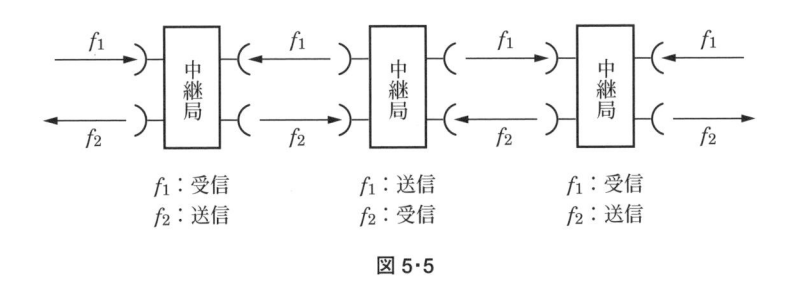

図 5・5

2 干渉

2周波中継方式では，中継局内のアンテナ相互間，異なる中継局のアンテナ相互間において，図5・6に示すような経路で干渉雑音が発生することがある．

図5・6の結合はそれぞれ，

① 送信アンテナのフロントバック結合

送信アンテナを前方（フロント）として，干渉局が後方（バック）にある結合．

② 送信アンテナのフロントサイド結合

送信アンテナを前方（フロント）として，干渉局が横（サイド）にある結合．

③ 受信アンテナのフロントバック結合

受信アンテナを前方（フロント）として，干渉局が後方（バック）にある結合

④ 受信アンテナのフロントサイド結合

受信アンテナを前方（フロント）として，干渉局が横（サイド）にある結合．

⑤ アンテナのサイドサイド結合

送信，受信アンテナが，互いに横（サイド）にある結合．

⑥ アンテナのバックバック結合

送，受信アンテナが，互いに後方（バック）を向いている結合．

⑦ オーバリーチ

隣の中継局を飛び越して，次の中継局に干渉する結合．

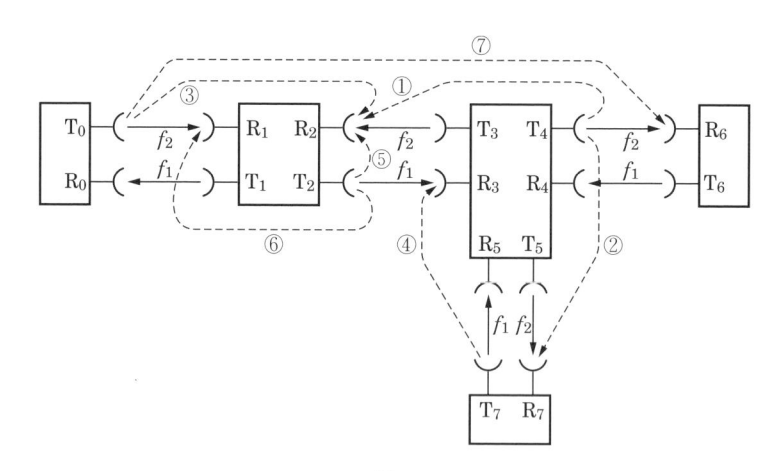

図 5·6

3 ダイバーシチ方式

ダイバーシチ方式は，無線通信回線におけるフェージングを軽減するための方法である．周波数や場所などを変えることにより，同時に回線品質が劣化する確率が低い二つ以上の通信系の出力を合成または選択してフェージングの影響を軽減するものである．

ダイバーシチ方式には次の種類がある．

① **スペースダイバーシチ**：二つの受信アンテナを適当な間隔で空間的に離して設置し，受信入力のうち品質のよい方に切り替えまたは合成する．

② **周波数ダイバーシチ**：複数の周波数の送受信機を用いて，それらの受信機出力を切り替えまたは合成する．

③ **ルートダイバーシチ**：二つの地理的に異なる経路を持つ回線を設置して，受信地点ではそれらの受信機出力を切り替えまたは合成する．特に，10GHz以上の周波数帯では降雨などによる電波の減衰が大きいが，一般に強雨域は数10kmの範囲なので，その範囲を避けて回線を設置する．

> **フェージング**とは，電波伝搬の経路上の諸要素の影響のため，受信電界強度が時間とともに強弱の変動を生じること．

Point

●符号誤り
　デジタル中継方式における符号誤りの原因
① 周波数選択性フェージング
② 符号間干渉による波形ひずみ

---

4 予備方式

マイクロ波多重通信回線には，障害などによる回線断や伝送品質の劣化を救済したり，試験や修理中に回線が維持できるよう，予備装置が備えられているのが普通である．

予備方式には，次の方式がある．

① **システム予備方式**：あらかじめ現用システムのほかに別の無線周波数を用いた予備システムを準備しておき，現用多重回線に障害が発生した場合には，特定の切り替え区間を単位として予備装置に切り替える方式である．

② **セット予備方式**：通信回線を構成する現用の各装置ごとに予備装置を用意し，障害発生時に予備装置に切り替える方式である．切り替え箇所が多くなるなどの理由により，現用システム数が比較的少ない場合に用いられる．

5 遠隔監視制御

多数の中継を行う中継回線では，中継局のほとんどを無人化しているので，無人の中継局を常時監視し，障害が発生したときには障害対策のための制御が必要となる．

制御局と**無人中継局**にはそれぞれ**遠隔監視制御装置**が設置され，遠隔表示および遠隔監視が行われる．

(1) 遠隔表示

無人中継局ごとに，局舎の状態，中継機器の状態，障害の内容などの情報が自動的に，あるいは制御局からの指令によって制御局に対して送信され，制御局で表示される．

表示項目には，中継器出力の状態，電源の状態，局舎内の室温やドアの開閉などの状態な

どがある．

(2) 遠隔制御

制御局からの指令により無人中継局の機器を動作させて，予備電源の起動および停止，予備機への切替，無人中継局の状況の送信などを行うことができる．

(3) 制御符号

次の方式がある．

① **トーン方式**：可聴周波数帯域内でいくつかの周波数を組み合わせて，情報を送信する方式．

② **パルス方式**：方形波パルスの幅や数，またはそれらの組合せによって情報を送信する方式．

(4) 監視情報の取得

次の方式がある．

① **ポーリング方式**：制御局が各無人中継局を順次呼び出し，監視情報を取得する方式．

② **ダイレクトレポーティング方式**：無人中継局が制御局に対して，自ら監視情報を送信する方式．

5.3 衛星通信回線

1 衛星通信

(1) 静止衛星

衛星通信には，通常，地球の一点の上空に静止しているように見える**静止衛星**が用いられている．静止衛星は常にアンテナを地球の一点に向けておかなければならないので，その姿勢を制御しなければならない．静止衛星で用いられている姿勢制御方式には，**三軸安定方式**と，衛星を回転させる**スピン安定方式**がある．スピン安定方式ではアンテナのビームを常に地球方向に向けるために，アンテナ用台座（プラットホーム）は本体と逆方向に回転させなければならない．これをデスパンプラットホーム，あるいはデスパンアンテナという．

静止衛星の軌道は赤道上空にある円軌道であり，静止衛星が地球を一周する公転周期は地球の自転周期と等しい．また，静止衛星は地球の自転の方向と同一の方向に周回しているので，赤道上のある1点に静止しているように見える．

地球の影によって春分および秋分頃の一定の期間，静止衛星に太陽光が当たらない時間帯があり，これを食という．このとき，衛星の電源に用いられる**太陽電池**の発電はできなくなる．このため衛星には，太陽電池の発電した電気エネルギーを充電するための**蓄電池**を搭載する必要がある．

第5章　中継方式

(2) 衛星通信回線

静止衛星に搭載された中継機（トランスポンダ）を利用し，地上の地球局からの電波を中継することによって回線を構成する．地球局から送信する通信回線を**アップリンク**，衛星から送信する通信回線を**ダウンリンク**といい，電波の周波数は2波が必要である．このとき，電波伝搬路の伝搬損失は，使用電波の周波数に比例して大きくなる．そこで，地球局の方が送信規模を大きくとることが容易なので，一般にアップリンクの方に高い周波数が用いられる．

衛星回線では，主にSHF帯（3～30GHz）の周波数が用いられているので，大気圏における降雨減衰などの影響を受けることもある．

> **静止衛星**は，赤道上空約36,000kmの円軌道上に位置し，極地方を除けば，三つの衛星で全世界をサービスエリアにすることができる．赤道上空約36,000kmの軌道は，地球の中心から約42,000kmである．

(3) 衛星通信の特徴

① 地上通信のメディアではカバーできない山間部，離島および移動体との通信が可能である．
② 同一情報を多地点で受信することができ，同報性がある．
③ 宇宙局は，地震，台風，火災などの地上の災害を受けない．
④ 静止衛星では，電波が地球上から静止衛星を経由して再び地球上に戻ってくるのに約0.25秒を要する．また，往復の経路が静止衛星を経由する電話回線においては，装置等による遅延を含めると約0.5秒の伝送遅延時間がある．
⑤ 伝搬路の地形，地物や建造物などの影響を受けることがない．

2 回線割当方式

回線割当方式には次の方式がある．

① **デマンドアサイメント方式**（要求割当方式）：各地球局から呼が発生するたびに通信回線を割り当てる方式．各地球局の通信容量が小さく，かつ，多数の地球局が共用する場合に用いられ，回線効率を高くすることができる．
② **プリアサイメント方式**（固定割当方式）：呼の発生前にあらかじめ回線を割り当てる方式．各地球局間の通信量の変動が少ない回線に用いられる．

> **Point**
>
> ● **SCPC**（Single Channel Per Carrier）
> 音声信号1チャネルに対して1搬送波を割り当てる方式で，使用する周波数が他の方式よりも多くなる．一つの中継器（トランスポンダ）の帯域内に複数の搬送波を等間隔に並べて通信を行う．SCPCではデマンドアサインメントを容易に行うことができるので，衛星中継器の利用効率を高めることができる．音声通話のような通信量が小さい多数の地球局によって構成される衛星通信システムに適する．

5.4 多元接続方式

　一つの通信衛星（人工衛星局）の中継により多数の地球局が通信回線を設定するので，多元接続方式が用いられている．衛星通信以外の地上系の固定通信や移動通信においても，親局が多数の子局と通信回線を設定するとき，基地局が多数の陸上移動局と通信回線を設定するときに多元接続方式が用いられている．

(1) 周波数分割多元接続方式（FDMA：Frequency Division Multiple Access）
　割り当てられた周波数帯域（スペクトル）を分割して，各地球局（子局）に割り当てる方式．
　多くの搬送波を共通増幅するため，相互変調や混変調が発生しないように，中継器の直線領域が使用される．

(2) 時分割多元接続（TDMA：Time Division Multiple Access）
　時間を分割して各地球局（子局）に割り当てる方式．各地球局（子局）は，一定時間ごとに自局に割り当てられた時間帯（**タイムスロット**）内で同一の搬送周波数を送信する．
　各地球局（子局）の信号バーストが割り当てられたタイムスロット内に収まるように，各局間のバースト同期が必要である．

(3) 符号分割多元接続（CDMA：Code Division Multiple Access）
　スペクトラム拡散変調によって，固有のPN（擬似雑音）符号を各地球局（子局）に割り当てて接続する方式．

(4) 空間分割多元接続（SDMA：Space Division Multiple Access）
　衛星に設備した複数のビームアンテナによって，各地球局を地域で分割して接続する方式．

> **Point**
>
> ●ガードバンド
> 　FDMAにおいて隣接通信路間の干渉を避けるために，互いに重ならないように設けられた周波数の幅
> ●ガードタイム
> 　TDMAにおいて隣接通信路間のタイミングの不正確さによって，隣接する通信路間での衝突が生じないように設けられた時間

基本問題練習

問1

次の記述は，マイクロ波多重無線回線に用いられる直接中継方式について述べたものである．□内に入れるべき字句の正しい組合せを下の番号から選べ．

直接中継方式は，中継局でマイクロ波をそのまま A する方式である．この方式はひずみが B ，広帯域特性に優れているが，大きな利得を持つ C のマイクロ波増幅器が必要である．

	A	B	C		A	B	C
1	増幅	少なく	高効率	2	検波	多く	低雑音
3	増幅	少なく	低雑音	4	検波	少なく	低雑音
5	増幅	多く	高効率				

▶▶▶▶ p.139

問2

次の記述は，ヘテロダイン中継方式の特徴について述べたものである．このうち誤っているものを下の番号から選べ．

1 周波数変換が中継ごとに行われるので，スプリアス発射を伴いやすい．
2 中継の途中の段階で通話群の一部を，分岐または挿入することはできない．
3 変調，復調が中継ごとに繰り返されないので，変調，復調ひずみの累積はない．
4 マイクロ波を中間周波数に変換し，増幅後再度マイクロ波に変換し送信する．
5 予備回線への切替えはできない．

▶▶▶▶ p.139

問3

次の記述は，マイクロ波多重無線回線の中継方式について述べたものである．□内に入れるべき字句の正しい組合せを下の番号から選べ．

(1) 中継局で受信されたマイクロ波が中間周波数に変換され，増幅された後，再びマイクロ波に変換されて送信される方式を A 中継方式という．
(2) 中継局において，受信マイクロ波がいったん復調され，等化増幅やタイミングの取り直しが行われてから，再び変調されてマイクロ波で送信される方式を B 中継方式といい， C 通信に多く使用されている．

解答

問1 -3   問2 -5

	A	B	C		A	B	C
1	再生	直接	アナログ	2	再生	直接	デジタル
3	ヘテロダイン	直接	アナログ	4	ヘテロダイン	再生	デジタル
5	ヘテロダイン	再生	アナログ				

▶▶▶▶ p.139

問4

次の記述は,無線中継方式の一つである無給電中継方式について述べたものである。☐ 内に入れるべき字句の正しい組合せを下の番号から選べ。

(1) 見通し外の2地点が比較的近距離の場合に利用され,金属板や金属網による反射板を用いて電波を目的の方向へ送出する方式で,反射板の大きさが一定のとき,その利得は波長が A なるほど大きくなる。

(2) 中継による電力損失は,中継区間が短いほど少なく,反射板の大きさが大きいほど B ,また,電波の到来方向が反射板に直角に近いほど C 。

	A	B	C		A	B	C
1	長く	多い	多い	2	長く	少ない	少ない
3	短く	多い	多い	4	短く	少ない	多い
5	短く	少ない	少ない				

▶▶▶▶ p.140

問5

図5・7に示すマイクロ波通信における2周波中継方式の一般的な送信および受信の周波数配置について述べたものである。このうち正しいものを下の番号から選べ。

1 中継所Aの受信周波数f_1およびf_2と中継所Cの受信周波数f_3およびf_4は,同じ周波数である。
2 中継所Bの送信周波数f_3と受信周波数f_6は,同じ周波数である。
3 中継所Aの送信周波数f_5と中継所Cの受信周波数f_3は,同じ周波数である。
4 中継所Bの送信周波数f_2と受信周波数f_6は,同じ周波数である。

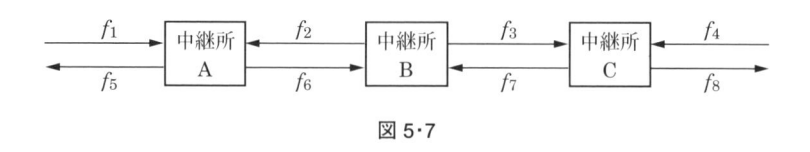

図5・7

▶▶▶▶ p.141

解答

問3 -4   問4 -5   問5 -1

問 6

図 5・8 は，マイクロ波の 2 周波中継方式における，雑音の干渉経路を示したものである．このうちオーバリーチと呼ばれる干渉経路として，正しいものを下の番号から選べ．

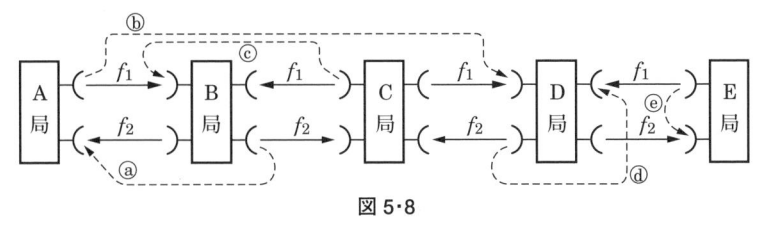

図 5・8

1　ⓐ　　2　ⓑ　　3　ⓒ　　4　ⓓ　　5　ⓔ

▶▶▶▶▶ p.141

解説　図 5・8 の各結合経路の名称を次に示す．
- ⓐ　送信アンテナのフロントバック結合
- ⓒ　受信アンテナのフロントバック結合
- ⓓ　アンテナのバックバック結合
- ⓔ　アンテナのサイドサイド結合

問 7

次の記述は，多重無線回線における中継局の無線局周波数配置について述べたものである．□内に入れるべき字句の正しい組合せを下の番号から選べ．

(1) 2 周波中継方式は，中継局の上り回線と下り回線の送信周波数および上り回線と下り回線の受信周波数をそれぞれ A 周波数にして，1 往復ルートに二つの周波数を用いるもので，アンテナの指向特性を鋭くできる B 回線で採用されている．

(2) 低い周波数帯の中継では，回り込みによる C を防止するため，上り回線，下り回線を 1 組とする中継装置のそれぞれの送受信周波数を，適当な周波数だけ変えた D 中継方式を用いることがある．

	A	B	C	D
1	同一の	VHF 帯	干渉	ヘテロダイン
2	異なる	VHF 帯	増幅	ヘテロダイン
3	同一の	マイクロ波	干渉	4 周波
4	異なる	マイクロ波	増幅	4 周波
5	同一の	マイクロ波	干渉	ヘテロダイン

▶▶▶▶▶ p.141

解答

問 6 - 2　　問 7 - 3

問 8

次の記述は，ダイバーシチ受信方式について述べたものである．この記述に該当する受信方式の名称を下の番号から選べ．

「主に10GHz帯以上の周波数の中継回線で用いられ，かつ，局地的降雨減衰に対処できるダイバーシチ受信方式」

1　偏波ダイバーシチ　　　2　角度ダイバーシチ
3　周波数ダイバーシチ　　4　ルートダイバーシチ
5　スペースダイバーシチ

▶▶▶▶ p.142

問 9

次の記述は，ダイバーシチ受信方式について述べたものである．このうち誤っているものを下の番号から選べ．

1　フェージングの影響を軽減するため，互いに相関が小さい複数の受信信号を合成し，あるいは切り替えて，単一の信号出力を得る受信方式である．
2　マイクロ波のダイバーシチ受信を行う場合，合成し，あるいは切り替えを行う段階としては，マイクロ波，中間周波数帯およびベースバンド帯が考えられる．
3　ダイバーシチ受信方式で得られた受信信号をベースバンド帯で切り替えを行う場合，受信信号出力の検出は複雑になるが，受信機は一台で済む．
4　2以上の受信アンテナを空間的に離れた位置に設置して，それらの受信信号を合成し，あるいは切り替える方式を，スペースダイバーシチという．

▶▶▶▶ p.142

解説　受信電波からベースバンド信号を得るためには，受信して検波しなければならない．
　　　ダイバーシチ受信方式で得られた受信信号をベースバンド帯で切り替える場合，受信信号出力の検出のためには複数の受信機が必要になる．

問 10

次の記述は，マイクロ波デジタル多重通信回線の中継方式について述べたものである．□内に入れるべき字句の正しい組合せを下の番号から選べ．

中継区間が長い場合は，干渉性（マルチパス）フェージングによる回線の瞬断が生じたり，周波数選択性フェージングや符号間干渉による A が生じ，符号誤りの原因になることがある．また，これが中継ごとに B される恐れもある．このため，デジタル多重通信回線では，

● 解答 ●
問8 -4　　問9 -3

中継局ごとに受信波を復調した後，同期を取り直して再び変調して送信する C 中継方式が多く採用されている．

	A	B	C		A	B	C
1	干渉雑音	相加	ヘテロダイン	2	干渉雑音	相加	直接
3	熱雑音	相殺	ヘテロダイン	4	波形ひずみ	相殺	再生
5	波形ひずみ	相加	再生				

▶▶▶▶▶ p.143

問 11

次の記述は，マイクロ波多重通信回線における予備方式について述べたものである．□内に入れるべき字句の正しい組合せを下の番号から選べ．ただし，□内の同じ記号は，同じ字句を示す．

(1) マイクロ波多重通信回線には，障害などによる回線断や伝送品質の劣化を救済したり，試験や修理中に回線の維持を継続できるよう，予備装置が備えられているのが普通である．この予備装置の配置方式は， A 予備方式と B 予備方式に大別できる．

(2) B 予備方式は，通信回線を構成する現用の各装置ごとに予備装置を用意し，障害発生時に予備装置に切り替える方式であり，切り替え箇所が多くなるなどの理由により，現用システム数が比較的 C 場合に用いられる．

	A	B	C
1	スペース	セット	多い
2	スペース	ルート	少ない
3	システム	セット	少ない
4	システム	ルート	多い
5	システム	セット	多い

▶▶▶▶▶ p.143

問 12

次の記述は，マイクロ波多重回線における予備方式について述べたものである．□内に入れるべき字句の正しい組合せを下の番号から選べ．

マイクロ波多重通信回線には，障害などによる回線断や伝送品質の劣化を救済したり，試験や修理中に回線が維持できるよう，予備装置が備えられているのが普通である．この予備装置の配置方式の一つである A 予備方式は，あらかじめ現用システムのほかに B 無線

第5章 中継方式

● 解答 ●

問 10 -5　　問 11 -3

第5章　基本問題練習

周波数を用いた予備システムを準備しておき，現用多重回線に障害が発生した場合には，特定の切り替え区間を単位として予備装置に切り替える方式である．

	A	B		A	B
1	システム	別の	2	システム	同じ
3	ユニット	同じ	4	ユニット	別の
5	ルート	同じ			

▶▶▶▶▶ p.143

問 13

次の記述は，マイクロ波多重通信回線における無人中継局の遠隔監視制御について述べたものである．　　内に入れるべき字句の正しい組合せを下の番号から選べ．

(1) 無人中継局が制御局に向けて，自主的に監視情報を送出する方式を A 方式という．
(2) 遠隔監視制御システムに用いられる表示符号および制御符号などについて，可聴周波数帯内の1波または2波以上の周波数の組合せにより符号を構成する方式を， B 方式という．

	A	B		A	B
1	ダイレクトレポーティング	パルス	2	ポーリング	トーン
3	ダイレクトレポーティング	トーン	4	ポーリング	パルス
5	セレクティング	トーン			

▶▶▶▶▶ p.144

問 14

次の記述は，マイクロ波多重通信回線における無人中継局の遠隔監視制御について述べたものである．　　内に入れるべき字句の正しい組合せを下の番号から選べ．

(1) 制御局から無人中継局の状況を常に把握し必要な制御を行うため，制御局と無人中継局との間に，信頼度の高い A 回線が必要である．
(2) 制御局が各無人中継局を順番に呼び出して，監視情報を取得する方式を B 方式という．
(3) 遠隔監視制御システムに用いられる表示符号および制御符号などについて，方形波を用いて，その幅や数またはそれらの組合せなどにより符号を構成する方式を， C 方式という．

● 解答 ●

問 12 -1　　問 13 -3

	A	B	C
1	連絡制御	ダイレクトレポーティング	パルス
2	連絡制御	ポーリング	トーン
3	連絡制御	ポーリング	パルス
4	打合せ電話	ダイレクトレポーティング	トーン
5	打合せ電話	ダイレクトレポーティング	パルス

▶▶▶▶▶ p.144

問 15

次の記述は，静止衛星について述べたものである．□内に入れるべき字句の正しい組合せを下の番号から選べ．

(1) 静止衛星の軌道は，赤道上空にあり，地球の中心からの距離が約 $\boxed{A}$ 〔km〕の円軌道である．

(2) 静止衛星が地球を一周する公転周期は地球の自転周期と等しく，静止衛星は地球の自転の方向と $\boxed{B}$ 方向に周回している．

(3) 南極および北極周辺の高緯度地域を除き，全世界を静止通信衛星のサービスエリアに含むためには，最少 $\boxed{C}$ の衛星が必要である．

	A	B	C		A	B	C
1	42,000	逆	4個	2	42,000	同一	3個
3	36,000	同一	4個	4	36,000	同一	3個
5	36,000	逆	4個				

▶▶▶▶▶ p.144

問 16

静止通信衛星は，姿勢を地球に対して常に一定に保つ必要がある．姿勢制御に関する次の記述のうちで，誤っているものはどれか．

1 衛星の姿勢制御には，静止軌道上の地球磁界の強さが常に一定であることを利用した磁気安定方式がある．
2 衛星の姿勢制御には，本体位置の三つの軸を制御して安定を図る三軸安定方式がある．
3 衛星の姿勢制御には，コマの原理を利用して，衛星本体を回転して安定化させるスピン安定方式がある．
4 スピン安定方式は，アンテナのビームを常に地球方向に向けるために，アンテナ用プラ

解答

問 14 -3   問 15 -2

ットホームを本体と逆方向に回転させなければならない．
5　三軸安定方式の衛星は，本体の形状をかなり自由に設計することができる．

▶▶▶▶ p.144

解説　衛星の姿勢制御には，スピン安定方式と三軸安定方式がある．

問 17

次の記述は，衛星通信の特徴について述べたものである．このうち誤っているものを下の番号から選べ．
1　宇宙局を経由する電波による同一情報が，多地点で同時に受信でき，同報性がある．
2　宇宙局は，地震，台風，火災などの地上の災害を受けず，伝送回線の信頼性が高い．
3　衛星の中継器は多数の局で共同使用でき，多元接続方式に適している．
4　地上通信ではカバーしにくいような山間部，離島や船舶・航空機との通信にも適している．
5　通信衛星の電源には太陽電池を使用し，年間を通じて電源断になることがないので，蓄電池を搭載する必要はない．

▶▶▶▶ p.144

問 18

次の記述は，静止衛星を利用する通信について述べたものである．このうち正しいものを下の番号から選べ．
1　3個の通信衛星を赤道上空に等間隔に配置することにより，極地域を除く地球上のほとんどの地域をカバーする通信網が構成できる．
2　衛星通信に10GHz以上の電波が用いられる場合は，大気圏の降雨による減衰が少ないので，信号の劣化も少ない．
3　実用されている航行（周回）衛星などの軌道に比べて，地表からの距離が近いため，送信電力やアンテナ利得などの点で有利である．
4　陸上の固定地点からの衛星の方位が一定しないため，地球局アンテナに追尾装置が必要である．
5　衛星の電源には太陽電池が用いられるため，年間を通じて電源が断となることがないので，蓄電池などは搭載する必要がない．

▶▶▶▶ p.144

解答

問 16 -1　　問 17 -5

解説 誤っている選択肢を正しく直すと，次のようになる．

2 衛星通信に10GHz以上の電波を使用する場合は，大気圏の降雨による減衰の影響が生じ，強雨のときは信号の劣化が大きい．

3 実用されている航行（周回）衛星などの軌道に比べて地表からの距離は遠い．

4 陸上の固定地点からの衛星の方位が一定であるため，地球局アンテナに追尾装置は不要である．

5 衛星の電源には太陽電池が用いられる．衛星食の時期は太陽電池の発電ができなくなる時間帯があるので，蓄電池などを搭載する必要がある．

問 19

次の記述は，衛星通信に用いられる多元接続方式および回線割当方式について述べたものである．　　内に入れるべき字句の正しい組合せを下の番号から選べ．

(1) 各地球局が，異なる周波数の搬送波を，適当なカードバンドを設けて，互いに周波数が重なり合わないようにして，送出する多元接続方式を A 方式といい，その内，1チャネルの伝送のために1搬送波を用いる方式を B 方式という．

(2) 回線割当方式には大別して二つあり，各地球局から要求が発生するたびに回線を設定する C 方式は，各地球局の通信容量が小さく，かつ，衛星中継器を多数の地球局が共用する場合に用いられることが多い．

	A	B	C
1	FDMA	MCPC	デマンドアサイメント
2	FDMA	MCPC	プリアサイメント
3	FDMA	SCPC	デマンドアサイメント
4	TDMA	MCPC	プリアサイメント
5	TDMA	SCPC	デマンドアサイメント

▶▶▶▶▶ p.145

問 20

衛星通信において，各地球局が同一の周波数帯によって，一つの衛星中継器のチャネルを時間的に分けて使用する多元接続方式を何というか．正しいものを下の番号から選べ．

1 TDMA　　2 SCPC　　3 プリアサイメント
4 FDMA　　5 デマンドアサイメント

▶▶▶▶▶ p.146

● 解答 ●

問18 -1　　問19 -3　　問20 -1

問 21

次の記述は，衛星通信の接続方式について述べたものである．このうち誤っているものを下の番号から選べ．

1 デマンドアサインメントは，通信の呼が発生する度に衛星回線を設定する．
2 SCPCは，一つのチャネルを一つの搬送周波数に割り当てる．
3 MCPCは，複数のチャネルを一つの搬送周波数に割り当てる．
4 TDMA方式は，隣接する通話路の干渉を避けるため，各地球局の周波数帯域が互いに重なり合わないように，ガードバンドを設けている．
5 CDMA方式は，FDMA方式に比べて，秘話性に富んでいる．

▶▶▶▶▶ p.145

問 22

次の記述は，衛星通信に用いられる多元接続方式について述べたものである．このうち誤っているものを下の番号から選べ．

1 多元接続には，多数の地球局が中継器の周波数帯域を分割して使用するFDMA方式と，各地球局は同一の送周波数で，時間的に信号が重ならないように分割して使用するTDMA方式とがある．
2 FDMA方式は，多くの搬送波を共通増幅するため，中継器の直線領域が使用される．
3 TDMA方式は，中継器の飽和領域付近で動作させるので，中継器の送信電力および周波数帯域を最大限利用できる．
4 FDMA方式は，アクセスする地球局数に無関係に中継器の伝送容量を効率的に利用できるため，地球局数の多い衛星ネットワークに適し，TDMA方式は，アクセスする地球局数が増加するにつれて中継器の伝送容量が減少するため，地球局数の少ない衛星ネットワークに適する．
5 TDMA方式は，各地球局の信号バーストが割り当てられたタイムスロット内に収まるように，各局間のバースト同期が必要である．

▶▶▶▶▶ p.146

解説 TDMA方式は，アクセスする地球局数とは無関係に中継器の伝送容量を効率的に利用できる．FDMA方式は，アクセスする地球局数が増加するにつれて中継器の回線効率が悪くなる．

解答

問 21 -4   **問 22** -4

問 23

次の記述は，符号分割多重アクセス（CDMA）方式について述べたものである．このうち誤っているものを下の番号から選べ．
1 各信号（チャネル）は，ベースバンドの信号よりも広い周波数帯域幅が必要である．
2 拡散符号を用いるため，傍受されにくく秘話性が高い．
3 拡散符号として，擬似雑音（PN）コードなどが用いられる．
4 同一の周波数帯域幅内に複数のチャネルは混在できない．
5 信号強度が雑音レベルと同じ程度であっても，受信側では信号の再生が可能である．

▶▶▶▶▶ p.146

解説 CDMA方式は，同一周波数帯域を用いて符号で分割された複数のチャネルを使用している．

問 24

次の記述は，時分割多元接続方式について述べたものである．このうち正しいものを下の番号から選べ．
1 一つの親局に対して，通信可能な条件にある多数の子局との間に放射状に回線を構成し，相互間で多重通信を行う方式である．
2 中継局の両側の送信および受信周波数をそれぞれ同一にして，一往復ルートに二つの周波数しか用いない中継方式である．
3 時分割多重通信方式の中継回線で，多数の中継局を順次接続して伝送する方式である．
4 一つの中継装置を，多数の局が同一の搬送周波数で時間的に分配して使用する方式である．

▶▶▶▶▶ p.146

解説 各選択肢は，次の方式について述べている．
  1 多方向多重方式
  2 2周波中継方式
  3 時分割多重中継方式（TDM：Time Division Multiplex）
  4 時分割多元接続方式（TDMA：Time Division Multiple Access）

解答

問 23 - 4   問 24 - 4

6 レーダ

レーダは物標に電波を放射して，その物標から反射する電波によって物標までの位置（距離と方位）や速度を測定する装置である．位置の測定にはパルス波の電波を用いた**パルスレーダ**が，速度の測定には持続波を用いる**CWレーダ**が用いられる．

また，物標からの電波の反射によって位置などを測定するレーダを一次レーダ，物標がレーダからの電波を受信して識別符号や高度などのデータを再放射するシステムを二次レーダという．

6.1 パルスレーダ

1 パルスレーダの原理

パルスレーダは，鋭い指向性を持つアンテナから電波を放射し，送信電波が物標に反射して返ってくる反射波を受信し，電波の往復時間から距離を，アンテナの向きから方位を測定して，物標の距離と方位の測定を行う装置である．

図 **6·1** のようにパルス状の電波を放射し，電波が物標に反射して送信点で受信される時間を t 〔s〕とすると，これは電波が送受信点間を往復した時間を表すので，電波の速度を c 〔m/s〕，物標までの距離を R 〔m〕とすると，次式が成り立つ．

$$2R = ct$$

よって，

$$R = \frac{ct}{2} \text{〔m〕} \tag{6.1}$$

図 6·1

> **Point**
>
> 電波の速度を $c=3\times10^8$ [m/s], 電波が物標に反射して送信点で受信される時間をマイクロ秒 [μs] で表して, t[s]$=t$[μs]$\times10^{-6}$ とすると,
>
> $$R = \frac{3\times10^8 \times t \times 10^{-6}}{2} = 150t \text{ [m]} \tag{6.2}$$

2 送信電力

パルスレーダ電波は,図6・2に示すようにパルス状に送信されるので,送信尖頭出力を P_X [W], パルス幅を τ [s], パルスの繰り返し周期を T [s] とすると,平均電力 P_Y [W] は尖頭電力とパルス幅の積を周期で割ったものだから,次式のように表される.

$$P_Y = \frac{P_X \tau}{T} = P_X \tau f \text{ [W]} \tag{6.3}$$

尖頭電力 P_X [W] を求めると,

$$P_X = \frac{P_Y T}{\tau} = \frac{P_Y}{\tau f} \text{ [W]} \tag{6.4}$$

ここで, f[Hz]$=\dfrac{1}{T}$ はパルスの繰り返し周波数である.

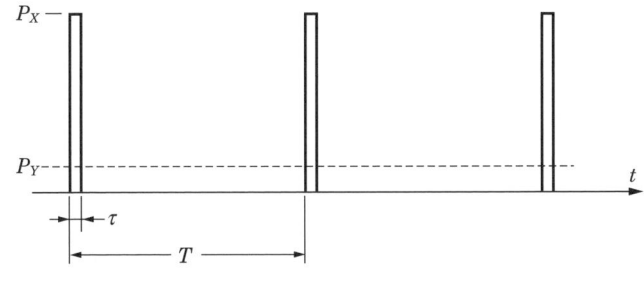

図6・2

3 パルスレーダの表示形式

パルスレーダ装置で物標を表示する方式には,次のものがある.主にPPI方式が用いられており,**気象観測レーダではRHI方式も用いられている**.

① **Aスコープ**:距離軸と反射強度軸による直交座標表示(**図6・3(a)**).
② **Bスコープ**:距離軸と方位角軸による直交座標および反射強度の輝度表示.
③ **Eスコープ**:距離軸と仰角軸による直交座標および反射強度の輝度表示.
④ **RHIスコープ**:距離軸と高度軸による直交座標および反射強度の輝度表示(**図6・3(b)**).
⑤ **PPIスコープ**:距離と方位角による極座標および反射強度の輝度表示(**図6・3(c)**).

6.1 パルスレーダ

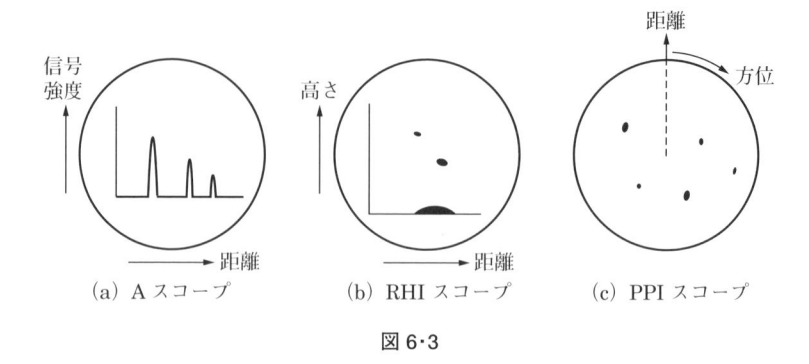

(a) Aスコープ　　(b) RHI スコープ　　(c) PPI スコープ

図 6・3

4 パルスレーダ装置の構成

図6・4にパルスレーダ装置の原理的構成図を示す．送信部は，同期信号発生器によって同期されたパルスでマグネトロン発振器を変調する．マグネトロン発振器によって高出力のマイクロ波を送信することができる．

送信電波が物標によって反射されてアンテナに戻ると，送受信切替器により受信部へ入力される．受信部では，局部発振器の出力と受信マイクロ波が混合され，中間周波数に変換されて増幅，復調される．指示器では，アンテナの方向と同期された角度および受信波の同期信号からの遅れ時間から求めた距離に相当する位置に，物標の輝点が表示される．

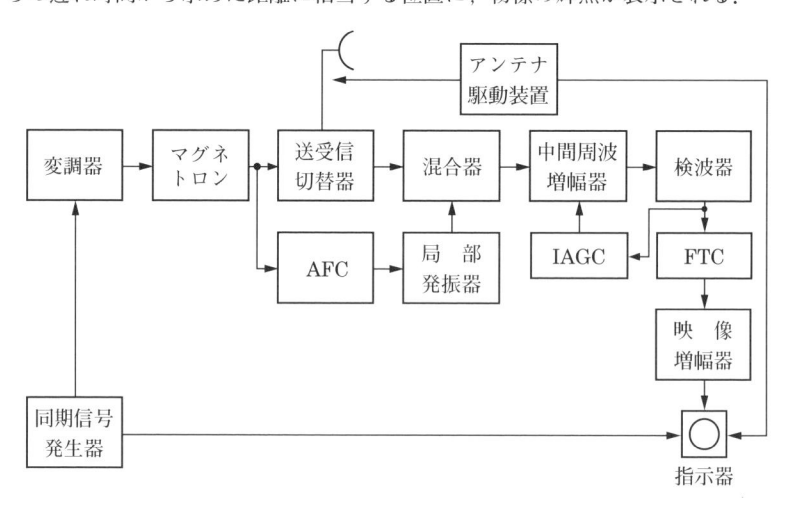

図 6・4

AFC回路は，送信に用いられるマグネトロンの発振周波数が偏移したときに，変化に追従して局部発振周波数を変化させることによって，受信電波の中間周波を常に一定に保つ．

IAGC回路は，レベルが大きく時間的に長く連なった反射波があると，中間周波増幅器が

飽和しないように，中間周波増幅器の利得を瞬間的に制御する．

FTC回路は，立ち上がりが緩やかな信号を除去する回路であり，雨や雪などからの反射波を除去することができる．

5 気象レーダ

気象観測用レーダは，降雨や雲など大気中の水滴などからの反射波を受信する．表示方式は，送受信アンテナを中心として，水平面表示には物標の距離と方位角を360°に表示したPPI方式と，垂直面表示として横軸に距離，縦軸に高さを表示したRHI方式が用いられる．また，気象観測に不必要な山岳や建築物からの反射波は位置と強度が変化しない信号なので，除去することができる．

降雨，降雪，雷雲などの気象現象を捉えるために，3cm・5cm・10cm波などの波長の電波が用いられている．また，反射波の受信電力と降水量を関連付けるためには，理論式のほかに事前の現場測定データによる補正が必要である．

6 パルスレーダの性能

パルスレーダの性能を表すものとして，次のものがある．

(1) 最大探知距離

物標を探知できる最も遠い距離のことである．

最大探知距離を大きくして性能を向上させるためには，次の方法がある．

① 送信電力を大きくする．
② 受信機の感度を良くする．
③ アンテナの高さを高くする．
④ アンテナ利得を大きくする．
⑤ パルス幅を広くする（物標からの電波の反射電力が大きくなる）．
⑥ 繰り返し周期を長くする（反射時間が長い遠方からの反射波を受信することができる）．

(2) 最小探知距離

近くの物標を探知できる最小の距離のことである．最小探知距離は，送信電波のパルス幅を狭くすれば小さくすることができる．また，パルス幅を狭くすることに伴って，受信機の帯域幅は広くする．

電波の速度を$c = 3 \times 10^8$〔m/s〕，送信電波のパルス幅をマイクロ秒〔μs〕の単位で表してτ〔μs〕とすると，パルスが物標に到着して往復する間は電波を受信することができないので，これに相当する距離R〔m〕が最小探知距離となる．

$$R = \frac{c\tau \times 10^{-6}}{2} = \frac{\tau \times 3 \times 10^8 \times 10^{-6}}{2} = 150\tau \text{〔m〕}$$

(3) 距離分解能

図6・5のように，同一方位にある二つの物標を識別することができる最小の距離のことである．最小探知距離と同様に，距離分解能l〔m〕は，送信電波のパルス幅をμsの単位で表してτ

6.1　パルスレーダ

〔μs〕とすると，次式で表される．

$$l = 150\tau \text{ [m]}$$

距離分解能は，パルス幅を狭くすれば小さくすることができる．

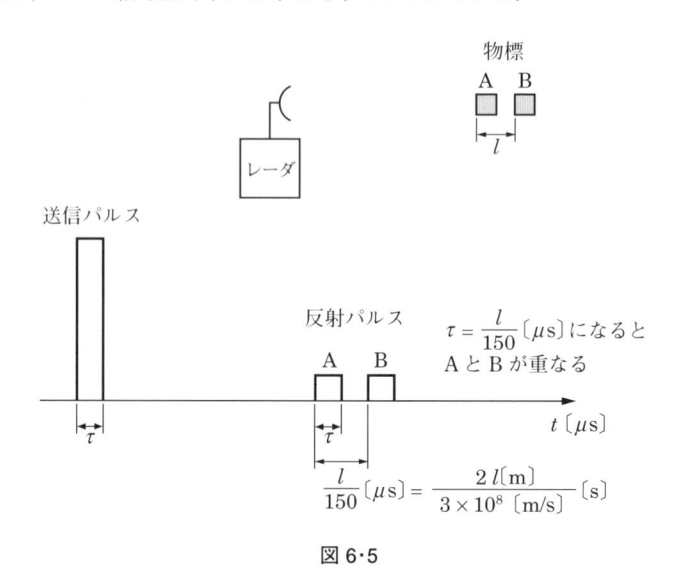

図 6・5

(4) 方位分解能

図 6・6 のように，同一距離にある二つの物標を識別することができる最小の方位角のことである．アンテナの水平面内の**ビーム幅**で決まり，ビーム幅が狭いほど小さくなる．アンテナのビーム幅とは，放射電力が最大放射方向の値の 1/2 となる方向の角度の幅をいう．

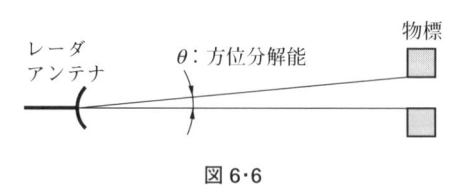

図 6・6

7 レーダ方程式

送信尖頭電力を P 〔W〕，アンテナの利得を G，物標との距離を R 〔m〕とすると，物標の点における受信電力密度 W_R は，

$$W_R = \frac{PG}{4\pi R^2} \text{ [W/m}^2\text{]}$$

物標の**有効反射面積**を σ 〔m²〕とすると，物標から再放射される電力 P_R 〔W〕は，

$$P_R = W_R \sigma$$

レーダの受信アンテナの実効面積を A 〔m²〕とすると，受信電力 S 〔W〕は，

$$S = \frac{P_R A}{4\pi R^2} = \frac{PG^2 \lambda^2 \sigma}{(4\pi)^3 R^4} \tag{6.5}$$

ただし， $A = \dfrac{G\lambda^2}{4\pi}$

ここで，**最小受信信号電力**を $P_{\min}$ とすると，**最大探知距離** $R_{\max}$ 〔m〕は，次式で表される．

$$R_{\max} = \sqrt[4]{\frac{PG^2 \lambda^2 \sigma}{(4\pi)^3 P_{\min}}} \ \text{〔m〕} \tag{6.6}$$

式(6.6)を**レーダ方程式**という．

> **Point**
>
> **最大探知距離**を向上させる：送信電力を大きくする．受信感度を良くする．アンテナの利得を大きくする．アンテナの高さを高くする．送信パルスの幅を広くし，繰り返し周波数を低くする．
> **最小探知距離**を向上させる：送信パルスの幅を狭くする．受信機の帯域幅を広くする．
> **距離分解能**を向上させる：送信パルスの幅を狭くする．受信機の帯域幅を広くする．
> **方位分解能**を向上させる：アンテナの水平面内のビーム幅を狭くする．

8 パルスレーダの付属回路

パルスレーダ装置で用いられる付属回路には，次のものがある．

(1) IAGC回路

大きな物標からの反射により，レベルが大きく時間的に長く連なった反射波があると，中間周波増幅器が飽和して，それに重なった微弱な信号が失われることがある．これを防ぐために，大きな物標からの反射信号の検波器出力で中間周波増幅器の利得を瞬間的に制御する回路を**瞬時自動利得制御**（**IAGC**：Instantaneous Automatic Gain Control）**回路**という．

(2) AFC回路

送信に用いられるマグネトロンの発振周波数が偏移すると，受信電波の周波数がずれて感度が低下する．そこで，マグネトロンの発振周波数の変化に追従して受信部の局部発振周波数を変化させることによって，受信電波の中間周波を常に一定に保って，感度の低下が起きないようにする回路を**自動周波数制御**（**AFC**：Automatic Frequency Control）**回路**という．

(3) STC回路

海上が波立っているとき，近距離の波から強い反射波がレーダに戻ってくると，受信機は飽和してブラウン管の中心付近が明るくなりすぎ，近くの物標が見えなくなる．**海面反射抑制**（**STC**：Sensitivity Time Control）**回路**は，近距離の強い反射波に対して利得（感度）を下げ，近距離にある物標を見やすくして，遠距離の反射波は距離につれて感度を上げてい

る．ただし，STCをかけていくと，海面反射による明るい部分は次第に暗くなるが，あまりかけ過ぎると物標が消えてしまって見えなくなる．

(4) FTC回路

雨雪反射抑制（**FTC**：Fast Time Constant）**回路**は，雨や雪などからの反射波により目標物からの信号がマスクされて判別が困難になるのを防ぐため，表示器に雨や雪の反射を表示させない回路である．雨や雪などの反射波は，他の物標からの反射波に比較して立ち上がりが緩やかなので，検波後の出力を微分して立ち上がりの早い反射波の物標を際立たせる回路を用いている．

6.2 CWレーダ（持続波レーダ）

持続波（CW：Continuous Wave）を発射する**CWレーダ**は，主に物標の速度の測定に用いられる．ドップラーレーダともいう．

1 ドップラー効果

図6・7に示すように，速度v〔m/s〕で走行する物標から測定角度θ〔°〕の位置で周波数f_0〔Hz〕の電波を放射すると，物標から反射された受信電波の周波数が偏移する．これを**ドップラー効果**といい，このとき偏移した周波数f_d〔Hz〕は，電波の速度をc〔m/s〕とすると，次式で表される．

$$f_d = \frac{2vf_0}{c} \cos\theta \,\text{〔Hz〕} \tag{6.7}$$

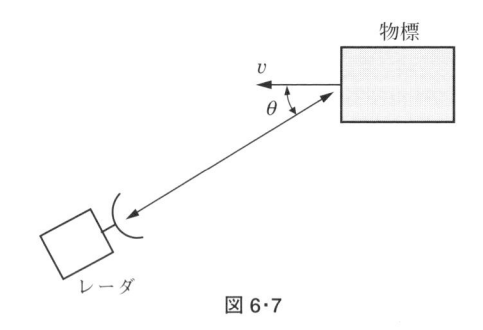

図6・7

2 ドップラーレーダ

速度測定用レーダは，指向性の鋭いアンテナを用いて物標に持続波を当て，送信波と反射波との周波数差が物標の速度に比例することを利用して物標の速度を表示するレーダである．自動車や貨車，野球ボールなどの移動する物標の速度測定に用いられている．速度測定用のレーダは主に10GHz帯の周波数が用いられている．

基本問題練習

問1

パルスレーダにおいて，パルス波が発射され，物標からの反射波が受信されるまでの時間が $22\mu s$ であった．このときの物標までの距離の値として，正しいものを下の番号から選べ．

1 2,200m 2 3,300m 3 3,750m 4 5,100m 5 6,600m

▶▶▶▶▶ p.158

解説 物標からの反射波が受信されるまでの時間を t [s]，電波の速度を c [s/m] とすると，物標までの距離 R [m] は，次式で表される．

$$R = \frac{ct}{2} = \frac{3 \times 10^8 \times 22 \times 10^{-6}}{2} = 3,300 \text{ [m]}$$

問2

レーダ送信機の尖頭電力 P_X を求める式として，正しいものを下の番号から選べ．ただし，パルス幅を τ [μs]，パルス周期を T [μs]，平均電力を P_Y [W] とする．

1 $P_X = P_Y \dfrac{T}{\tau}$ [W]   2 $P_X = P_Y T\tau$ [W]

3 $P_X = P_Y \dfrac{\tau}{T}$ [W]   4 $P_X = P_Y \dfrac{1}{\tau T}$ [W]

▶▶▶▶▶ p.159

問3

パルスレーダ送信機において，平均電力が15W，パルスの繰り返し周波数が500Hzのときの尖頭電力が20kWであった．このときのパルス幅の値として，正しいものを下の番号から選べ．

1 0.5μs 2 0.75μs 3 1.0μs 4 1.25μs 5 1.5μs

▶▶▶▶▶ p.159

解説 パルスの繰り返し周波数を f [Hz] とすると，繰り返し周期 T [s] は，

$$T = \frac{1}{f} = \frac{1}{500} = 2 \times 10^{-3} \text{ [s]}$$

図6・8の平均電力 P_Y [W] と繰り返し周期 T [s] との積が，尖頭電力 P_X [W] とパルス幅 τ [s] との積と等しくなるので，

$$P_X \tau = P_Y T$$

●解答●

問1 -2   **問2** -1

パルス幅 τ [s] を求めると，

$$\tau = \frac{P_Y T}{P_X} = \frac{15 \times 2 \times 10^{-3}}{20 \times 10^3}$$

$$= 1.5 \times 10^{-6} \text{ [s]} = 1.5 \text{ [}\mu\text{s]}$$

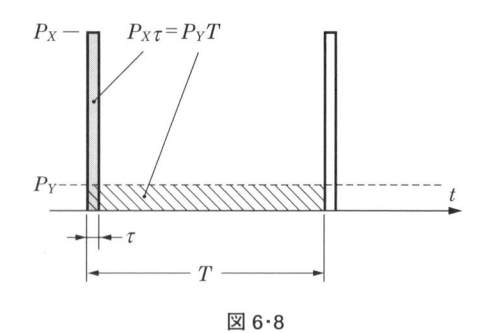

図6·8

問4

パルスレーダ送信機において，平均電力が10W，パルス幅が $0.8\mu s$ のときの尖頭電力が25kWであった．このときのパルスの繰り返し周波数の値として，正しいものを下の番号から選べ．

1　500Hz　　2　800Hz　　3　1,000Hz　　4　1,250Hz　　5　1,500Hz

▶▶▶▶ p.159

解説　平均電力を P_Y [W]，パルス幅を τ [s]，尖頭電力を P_X [W] とすると，繰り返し周波数 f [Hz] は，次のように求められる．

$$f = \frac{P_Y}{P_X \tau} = \frac{10}{25 \times 10^3 \times 0.8 \times 10^{-6}} = 500 \text{ [Hz]}$$

問5

尖頭電力20kWのパルスレーダ送信機において，パルス幅が $1\mu s$ および繰り返し周波数が1kHzのときの平均電力の値として，正しいものを下の番号から選べ．

1　2W　　2　5W　　3　10W　　4　15W　　5　20W

▶▶▶▶ p.159

解説　平均電力を P_Y [W] は，次のように求められる．

$$P_Y = P_X \tau f = 20 \times 10^3 \times 1 \times 10^{-6} \times 1 \times 10^3 = 20 \text{ [W]}$$

解答

問3-5　　**問4**-1　　**問5**-5

問6

次の記述は，レーダの表示方式について述べたものである．□内に入れるべき字句の正しい組合せを下の番号から選べ．

(1) ブラウン管（CRT）の蛍光面の中心から外周に向って掃引を行い，アンテナビームの回転に同期させて，受信信号をCRTの蛍光面に表示する．掃引の長さが A を表し，レーダの位置を中心に，受信信号が極座標形式の平面図形として表示される方式を B スコープという．

(2) 横軸に距離を，縦軸に受信信号強度を表示する C スコープは，レーダの開発初期から用いられており，受信信号強度の測定や信号の弁別に用いられる．

	A	B	C		A	B	C
1	距離	RHI	B	2	距離	PPI	A
3	距離	RHI	A	4	方位角	PPI	A
5	方位角	RHI	B				

▶▶▶▶▶ p.159

問7

次の記述は，レーダのアナログビデオ表示方式について述べたものである．□内に入れるべき字句の正しい組合せを下の番号から選べ．

横軸に距離を，縦軸に高さを表示する A スコープは，気象レーダなどの B の表示器として用いられる．

	A	B		A	B
1	A	垂直面	2	RHI	水平面
3	RHI	垂直面	4	PPI	水平面
5	PPI	垂直面			

▶▶▶▶▶ p.159

問8

次の記述は，気象レーダに関して述べたものである．このうち誤っているものを下の番号から選べ．

1　雨量レーダは，その目的のためRHI走査のみで動作している．
2　気象観測用レーダの電波は，3cm波，5cm波，10cm波である．
3　受信電力強度と降水強度を関連付けるためには，理論式のほかに事前の現場測定データ

解答

問6 -2　　問7 -3

による補正が必要である．
4　気象観測に不必要な山岳や建築物からの反射波のほとんどは，その強度が変動しないことを利用して除去することができる．
5　受信機において，広いダイナミックレンジが要求される場合は，通常，入出力特性が対数特性の増幅器を用いている．

▶▶▶▶ p.161

解説　雨量レーダは，雨域の位置と高さの分布を知るために，距離と高さを表示するRHI走査と，距離と方位を表示するPPI走査の両方の走査で動作している．

問9

次の記述は，航空機や船舶などの探知を目的とした航行用などの一般のパルスレーダと，気象現象の観測を目的とした気象レーダとを比較して述べたものである．このうち誤っているものを下の番号から選べ．
1　気象レーダの受信機は，一般のレーダより広いダイナミックレンジが要求されるため，対数特性の増幅を行っている．
2　気象レーダの受信信号は，雨滴，雲粒，雪片などの集合体による後方散乱波である．
3　一般のパルスレーダでは，物標の位置測定に重点が置かれるが，気象レーダでは，気象目標（降雨域や降雪域など）から反射される受信電力強度の測定に重点が置かれる．
4　通常，気象目標はレーダビーム幅より広いので，気象レーダは一般のパルスレーダと比較して，遠距離になるほど受信電力の低下する割合が大きい．
5　気象レーダでは，レーダビーム内の気象目標が風や気流により時々刻々変化しているので，受信電力は平均値で求められるのが普通である．

▶▶▶▶ p.161

解説　通常，降雨域や降雪域などの気象目標はレーダビーム幅より広く，気象目標によって反射強度も異なるので，一般のレーダのように距離により受信電力が低下するとはいえない．

解答

問8 -1　　問9 -4

問 10

PPI表示形式のレーダにおいて，ブラウン管の掃引発振器の波形が図6・9に示すように歪んでいるときに生ずる現象として，正しいものを下の番号から選べ．
1　発射パルスの幅が不均一で安定しない．
2　最小探知距離の測定精度が低下する．
3　距離目盛りの読み取り誤差が増大する．
4　方位拡大効果が増大する．

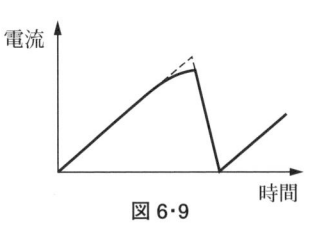

図6・9

解説　PPI表示形式では，中心から円周に向かって掃引し，そのときの時間が受信信号までの距離を表すので，掃引発振器の電流波形が問題図のように歪むと，距離目盛りの読み取り誤差が増大する．

問 11

次の記述は，パルスレーダの性能について述べたものである．このうち誤っているものを下の番号から選べ．
1　送信電力を大きくしたり，受信機の感度を良くすると最大探知距離は大きくなる．
2　最小探知距離は，主としてパルス幅に比例し，パルス幅をτ〔μs〕とすれば約300τ〔m〕である．
3　距離分解能は，同一方位にある二つの物標を識別できる能力を表し，パルス幅が狭いほど良くなる．
4　方位分解能は，アンテナの水平面内のビーム幅でほぼ決まり，ビーム幅が狭いほど良くなる．
5　最大探知距離は，アンテナ利得を大きくし，アンテナの高さを高くすると大きくなる．

解説　最小探知距離は主としてパルス幅に比例し，パルス幅をτ〔μs〕とすれば150τ〔m〕である．

解答
問10 - 3　　問11 - 2

問 12

次の記述は，パルスレーダの最大探知距離を向上させる方法について述べたものである．このうち誤っているものを下の番号から選べ．

1. 送信電力を大きくする．
2. アンテナの利得を大きくする．
3. アンテナの海抜高または地上高を高くする．
4. 受信機の感度を良くする．
5. 送信パルスの幅を狭くし，パルスの繰り返し周波数を高くする．

▶▶▶▶▶ p.161

解説 パルスレーダの最大探知距離を向上させるには，送信パルスの幅を広くし，パルスの繰り返し周波数を低くする．

問 13

次の記述は，パルスレーダの最小探知距離について述べたものである．□内に入れるべき字句の正しい組合せを下の番号から選べ．

(1) 最小探知距離は，主としてパルス幅に A するが，パルス幅の1/2に相当する距離以内は探知できない．
(2) 受信機の帯域幅を B し，パルス幅を C するほど近距離の目標が探知できる．

	A	B	C		A	B	C
1	反比例	狭く	広く	2	比例	狭く	広く
3	比例	広く	広く	4	反比例	広く	狭く
5	比例	広く	狭く				

▶▶▶▶▶ p.161

問 14

レーダの指示器で目標を観測する場合，発射する電波のパルス幅が$0.5\mu s$のとき，同一方向にある二つの目標を区別できる最小距離の値として，正しいものを下の番号から選べ．

1. 30m 2. 45m 3. 60m 4. 75m 5. 150m

▶▶▶▶▶ p.161

解説 同一方向にある二つの目標を区別できる最小距離は，距離分解能のことである．パルス幅をτ〔μs〕，距離分解能をl〔m〕とすると，次のように求められる．

$$l = 150\tau = 150 \times 0.5 = 75 \text{〔m〕}$$

解答

問 12 - 5　　問 13 - 5　　問 14 - 4

問 15

次の記述は，パルスレーダの距離分解能について述べたものである．□内に入れるべき字句の正しい組合せを下の番号から選べ．

(1) 距離分解能はパルス幅が A ほど良くなる．
(2) 同一方向で距離の差がパルス幅の B に相当する距離以下の二つの物体は識別できない．
(3) ブラウン管面上の輝点の大きさも距離分解能に影響するので，輝点をできるだけ小さくし，距離測定レンジはできるだけ C レンジを用いた方が良い．

	A	B	C		A	B	C
1	狭い	$\frac{1}{2}$	短い	2	狭い	2倍	長い
3	狭い	$\frac{1}{2}$	長い	4	広い	2倍	長い
5	広い	$\frac{1}{2}$	短い				

▶▶▶▶ p.161

問 16

次の記述は，パルスレーダの方位分解能を向上させる方法について述べたものである．このうち正しいものを下の番号から選べ．

1 パルスの繰り返し周波数を低くする．
2 送信パルス幅を広くする．
3 ブラウン管面上の輝点を大きくする．
4 アンテナの海抜高または地上高を低くする．
5 アンテナの水平面内のビーム幅を狭くする．

▶▶▶▶ p.162

問 17

レーダの最大探知距離 $R_{\max}$ は，レーダ方程式を用いて次式のように表される．この式で G，$P_{\min}$，σ を表す用語として，正しい組合せを下の番号から選べ．

$$R_{\max} = \sqrt[4]{\frac{PG^2\lambda^2\sigma}{(4\pi)^3 P_{\min}}}$$

	G	$P_{\min}$	σ
1	アンテナの利得	最小送信電力	目標物の有効反射面積

● 解答 ●

問 15 -1   問 16 -5

2	アンテナの有効面積	最小受信信号電力	目標物の反射係数
3	アンテナの利得	最小受信信号電力	目標物の反射係数
4	アンテナの有効面積	最小送信電力	目標物の反射係数
5	アンテナの利得	最小受信信号電力	目標物の有効反射面積

▶▶▶▶ p.162

問18

パルスレーダの受信機において,「大きな目標からの反射により,長く連なった反射波がある場合に,それによって中間周波増幅器が飽和して,それに重なった微弱な信号が失われることがある.これを防ぐために,強い信号の検波出力で中間周波増幅器の利得を瞬間的に制御する回路」を何というか.正しいものを下の番号から選べ.

1 STC回路　　2 AFC回路　　3 IAGC回路　　4 FTC回路

▶▶▶▶ p.163

問19

次の記述は,パルスレーダ受信機に用いられる回路について述べたものである.この記述に該当する回路の名称として,正しいものを下の番号から選べ.

近距離では利得を下げ,遠距離になるにつれて感度を上げることにより,PPI表示のブラウン管の中心付近が明るくなり過ぎて,近くの物標が見えにくくなるのを防ぐ.

1 AFC回路　　2 FTC回路　　3 IAGC回路　　4 STC回路　　5 TTL回路

▶▶▶▶ p.163

問20

パルスレーダの受信機において,雨や雪などからの反射波により,目標物からの信号の判別が困難になるのを防ぐため,検波後の出力を微分して目標物を際立たせるための回路の名称として,正しいものを下の番号から選べ.

1 AFC回路　　2 IAGC回路　　3 STC回路　　4 FTC回路　　5 TTL回路

▶▶▶▶ p.163

解答

問17 -5　　問18 -3　　問19 -4　　問20 -4

問21

次の記述は，パルスレーダの受信機に用いられる回路について述べたものである．□内に入れるべき字句の正しい組合せを下の番号から選べ．

(1) 大きな目標からの反射により，長く連なった強い発射波がある場合に，中間周波増幅器が飽和してそれに重なった微弱な信号が見えなくなることがある．これを防ぐため，その長く連なった強い反射波信号の検波出力によって中間周波増幅器の利得を制御する回路を A という．

(2) 雨や雪などからエコーがブラウン管上に現れると，目標を検出するのが困難になる．これを防ぐための回路を B という．

(3) 海上が波立っているとき，近距離の波から強いエコーがレーダに戻ってくる．このため受信機は飽和してブラウン管の中心付近が明るくなりすぎ，近くの目標が見えなくなる．これを防ぐため，近距離の波からの強いエコーに対して感度を下げ，近距離にある目標を探知しやすくするための回路を C という．

	A	B	C		A	B	C
1	FTC	STC	IAGC	2	FTC	IAGC	STC
3	STC	IAGC	FTC	4	IAGC	FTC	STC
5	IAGC	STC	FTC				

▶▶▶▶ p.163

問22

次の記述は，CWレーダについて述べたものである．□内に入れるべき字句の正しい組合せを下の番号から選べ．

(1) CWレーダは，反射波のドップラー偏移により物標の A を知ることができるレーダであり，航空機や船舶の探知を目的とした航行用などの一般のパルスレーダと比べ，送信中に受信を同時に行うので，原理的に極めて B の物標についても測定することができる．

(2) 周波数変調などの適切な変調を施した連続波（CW）を発射することにより，CWレーダで C を計測できる．

	A	B	C		A	B	C
1	接近速度	近距離	距離	2	接近速度	近距離	方位
3	接近速度	遠距離	距離	4	移動方向	遠距離	方位
5	移動方向	近距離	方位				

▶▶▶▶ p.164

解答

問21 -4　　問22 -1

問23

次の記述のうち，陸上に設置するレーダ装置でドップラー効果の原理を利用したものとして，正しいものを下の番号から選べ．

1. 比較的速い速度で移動する物体の測定を目的とした，速度測定用レーダ
2. 地図測量や土木工事などの距離の測定を目的とした，距離測定用レーダ
3. 航空路にある航空機の距離と方位の測定を目的とした，航空路監視用レーダ
4. 気象現象のうち，特に雷雲などを中心とした降水域の情報収集を目的とした，雷観測レーダ
5. 気象現象に関する情報収集を目的とした，気象レーダ

▶▶▶▶ p.164

問24

周波数9GHzの電波を用いる速度測定用ドップラーレーダによって，走行する自動車の正面から測定して得られたドップラー周波数の値が1,200Hzであった．このときの自動車の速度として，最も近いものを下の番号から選べ．

1. 24km/h　　2. 38km/h　　3. 45km/h　　4. 72km/h　　5. 133km/h

▶▶▶▶ p.164

解説　速度v〔m/s〕で走行する物標から測定角度θ〔°〕の位置で周波数f_0〔Hz〕の電波を放射したときの受信電波の周波数偏移f_d〔Hz〕は，電波の速度を$c(=3\times10^8$〔m/s〕)とすると，次式で表される．

$$f_d = \frac{2vf_0}{c}\cos\theta \text{〔Hz〕}$$

走行方向の正面から測定したので$\cos\theta=1$，また，1時間を3,600秒とし，時速を秒速に直して自動車の速度v〔km/h〕を求めると，次のように表される．

$$v = \frac{cf_d}{2f_0} = \frac{3\times10^8\times1,200}{2\times9\times10^9}\times3,600 \fallingdotseq 72\times10^3 \text{〔m/h〕} = 72 \text{〔km/h〕}$$

解答

問23-1　　**問24**-4

7 アンテナ

7.1 周波数帯の分類

　電波は周波数によって次の周波数帯に分類される．陸上の通信では，主にVHF～SHF帯が利用されている．

表7・1

LF（長波）	30～300 kHz
MF（中波）	300 kHz～3 MHz
HF（短波）	3～30 MHz
VHF（超短波）	30～300 MHz
UHF（極超短波）	300 MHz～3 GHz
SHF（マイクロ波）	3～30 GHz

2～10 GHzの周波数帯をマイクロ波ということもある．

　アンテナは，その構造によって線状アンテナと立体構造アンテナ（開口面アンテナ）に分類することができる．線状アンテナはダイポールアンテナなどの導線で構成されたアンテナで，主にUHF以下の周波数で用いられる．立体構造アンテナは，パラボラアンテナなどのように電波が開口面から放射される構造のアンテナで，主にSHF以上の周波数で用いられる．

　周波数は1秒間の周期の数を表し，進行する電波の1周期の長さを**波長**という．電波の速度をc〔m/s〕，周波数をf〔Hz〕とすると，波長λ〔m〕は次式で表される．

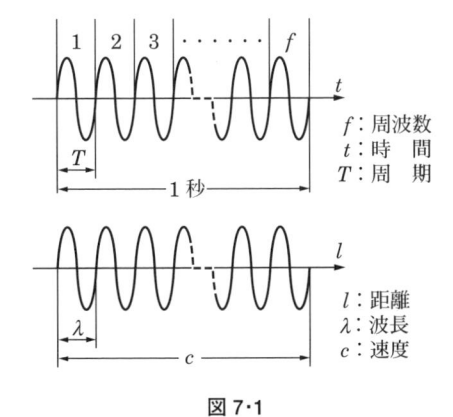

f：周波数
t：時間
T：周期

l：距離
λ：波長
c：速度

図7・1

$$\lambda = \frac{c}{f} \fallingdotseq \frac{3\times 10^8}{f} \,〔m〕$$

　また，周波数をf〔MHz〕とすると，次式で表される．

$$\lambda \fallingdotseq \frac{300}{f\,[\mathrm{MHz}]}\,[\mathrm{m}]$$

7.2 線状アンテナ

アンテナ素子が導線や金属パイプで構成されたアンテナで，主にUHF以下の周波数で用いられる．アンテナ素子に流れる電流によって，電波放射が行われる．

1 半波長ダイポールアンテナ

(1) 半波長ダイポールアンテナ

図7・2に示すように，直線状導体の中央より高周波電流を給電するアンテナを**ダイポールアンテナ**といい，アンテナの全長が波長の1/2のものを**半波長ダイポールアンテナ**という．

アンテナに送信機や受信機を接続すると，アンテナは等価的なインピーダンスとして表すことができ，アンテナの長さを変化させるとその値が大きく変化する．半波長アンテナの給電点インピーダンス $\dot{Z}_R$ は，

$$\dot{Z}_R = 73.13 + j42.55\,[\Omega]$$

であり，送信機や受信機を接続するときに整合が取りやすい値なので，主に半波長のダイポールアンテナが用いられる．

また，直線状導線の方向を地面に水平に設置したアンテナを**水平ダイポールアンテナ**，地面に垂直に設置したアンテナを**垂直ダイポールアンテナ**という．

電波は電界と磁界が直交して伝搬するが，電界の存在する面を偏波面という．線状のアンテナでは導線と同じ方向に電波の電界面が生じるので，水平半波長ダイポールアンテナからは**水平偏波**，垂直半波長ダイポールアンテナからは**垂直偏波**の電波が放射される．

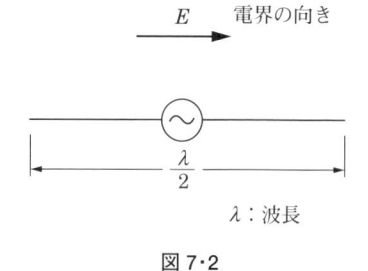

図7・2

(2) 八木アンテナ

図7・3に示すように，半波長ダイポールアンテナに電力を給電する**放射器**と，給電しない**反射器**および**導波器**により構成されたアンテナを**八木アンテナ**という．放射器に比較して導波器は短く，反射器は長い素子を用いる．導波器の素子数を増やせば利得を向上させることができる．高利得で鋭い単一指向性が得られ，UHF以下の周波数で用いられている．

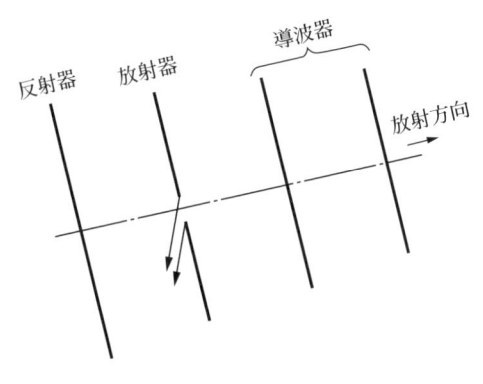

図7·3

2 移動体通信用アンテナ

　ダイポールアンテナなどの導線で構成された線状アンテナは，主に**UHF**以下の周波数で用いられる．移動体通信では，主に無指向性アンテナが用いられる．指向性を無指向性とするために，アンテナ素子を垂直に設置したアンテナが用いられる．また，同軸ケーブルで直接給電する構造を持つアンテナが用いられる．

　図7·4のように，垂直に取り付けた1/4波長の放射素子に1/4波長の同筒形の管（スリーブ）を同軸ケーブルにかぶせ，その上端を接続したアンテナを**スリーブアンテナ**という．また，図7·5のように，垂直に取り付けた1/4波長の放射素子と，水平方向に放射状に取り付けた1/4波長の地線で構成されたアンテナを**ブラウンアンテナ**，図7·6のように，放射素子を多段に積み重ねた構造で高利得を得るアンテナを**コリニアアレーアンテナ**という．陸上移動通信では，ブラウンアン

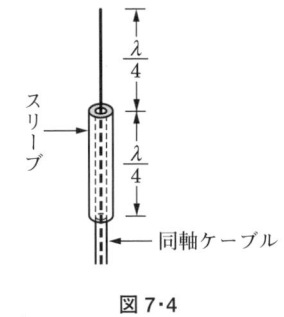

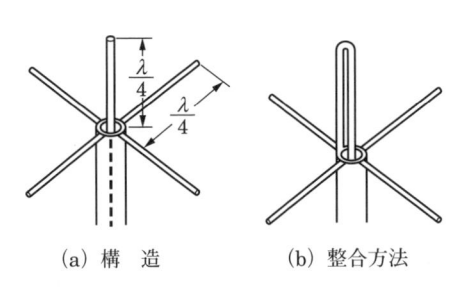

図7·4

(a) 構　造　　(b) 整合方法

図7·5

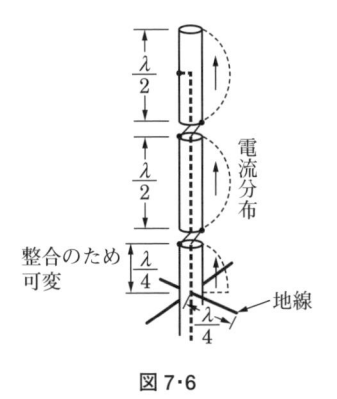

図7·6

7.2　線状アンテナ

テナは基地局と陸上移動局で用いられるが，コリニアアレーアンテナは主に基地局で用いられる．

ブラウンアンテナは，図7・5(b)のように，放射素子に折り返し素子を用いる，地線の角度を変えるなどの方法で，給電点インピーダンスを同軸ケーブルの特性インピーダンスと整合させることができる．

7.3 アンテナの性能

(1) 指向性

アンテナから放射される電波は，一般に放射する方向によって強弱を生じる．その性質を**指向性**または**指向特性**という．**半波長ダイポールアンテナ**では，**図7・7**に示すような指向特性を持つ．また，すべての方向に電波を一定の強度で送受信することができる特性を無指向性といい，無指向性を持つ仮想的なアンテナを**等方性**アンテナという．

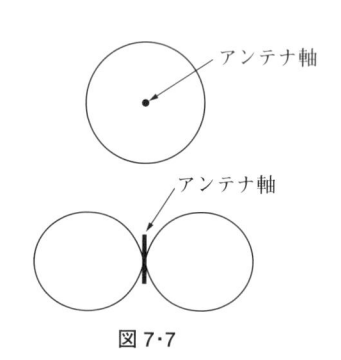

図7・7

(2) 利得

図7・8に示すように，基準アンテナの放射電力がP_0，試験アンテナの放射電力がPのとき，二つのアンテナから最大放射方向の同じ距離の点において，それらのアンテナからの電界強度が等しくなったとすると，試験アンテナの**利得**Gは次式で与えられる．

$$G = \frac{P_0}{P} \tag{7.1}$$

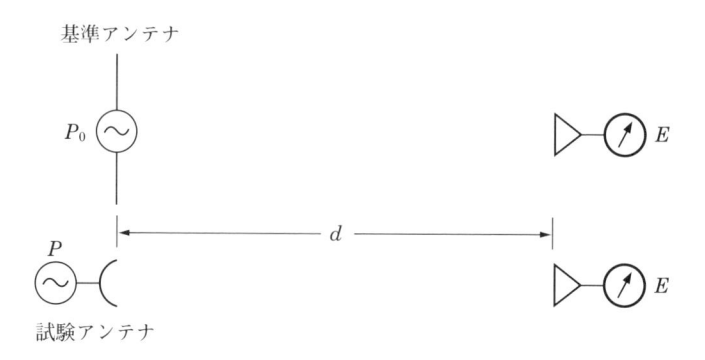

図7・8

また，受信電力によって利得を測定することもできる．同一の受信電力密度（電界強度）の地点において試験アンテナと基準アンテナで電波を受信し，試験アンテナによって得られた受信電力が基準アンテナよって得られた受信電力に対して何倍になるかで利得が表される．

基準アンテナとして**半波長ダイポールアンテナ**を用いたときの値を**相対利得**，**等方性アンテナ**を基準アンテナとしたときの値を**絶対利得**という．利得は指向性があることによって発生するので，他のアンテナに比較して等方性アンテナは利得が低い．

半波長ダイポールアンテナの絶対利得 G は，

$$G = 1.64$$

デシベルで表すと，

$$10\log_{10}1.64 \fallingdotseq 2.15 \,[\text{dB}]$$

アンテナの絶対利得を $G_a\,[\text{dB}]$ として，このアンテナの利得を相対利得 G_b で表すと，

$$G_b \fallingdotseq G_a - 2.15 \,[\text{dB}] \tag{7.2}$$

> **Point**
>
> ●**等価等方ふく射電力**（EIRP：Equivalent Isotropically Radiated Power）
> 　送信系の性能を表す指数で，送信アンテナの**絶対利得**を G，アンテナに供給される**送信電力**を $P\,[\text{W}]$ とすると，**等価等方ふく射電力** $P_E\,[\text{W}]$ は，
> $$P_E = GP\,[\text{W}] \tag{7.3}$$
> デシベルで表された値を用いる場合は，
> $$P_E\,[\text{dBW}] = G\,[\text{dB}] + P\,[\text{dBW}] \tag{7.4}$$

(3) 実効長

受端が開放された給電線では，受端の電流が 0 で，受端から $\lambda/4$ の位置の電流が最大となる定在波が発生する．同様に半波長ダイポールアンテナの電流分布は，**図 7·9**(a) のようにアンテナの先端が 0 で，給電点の電流が最大値 I_0 となる電流分布が発生する．

ここで，図 7·9(b) のようにアンテナ素子上の電流分布の面積を同じ大きさとして，均一の電流分布を持った等価的なアンテナとしたときの長さをアンテナの**実効長**という．

電波の波長を $\lambda\,[\text{m}]$ とすると，半波長ダイポールアンテナの実効長 $l_e\,[\text{m}]$ は，次式で表される．

$$l_e = \frac{\lambda}{\pi}\,[\text{m}] \tag{7.5}$$

実効長 $l_e\,[\text{m}]$ のアンテナを受信アンテナとして用いたとき，受信点の電波の電界強度を $E\,[\text{V/m}]$ とすると，最大受信電圧が発生する方向に向けて受信したときのアンテナに誘起される電圧 $V\,[\text{V}]$ は，次式で表される．

$$V = E l_e \,[\text{V}] \tag{7.6}$$

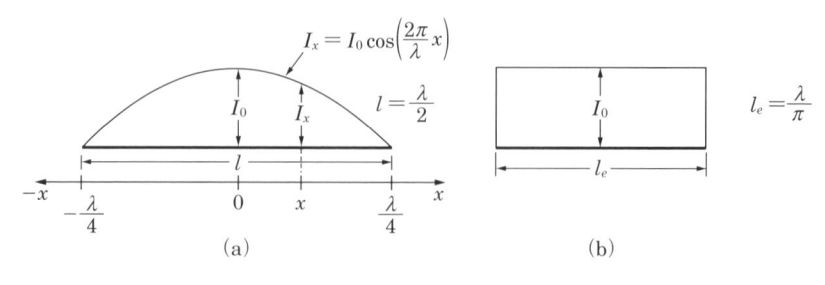

$$I_x = I_0 \cos\left(\frac{2\pi}{\lambda} x\right)$$

$$l = \frac{\lambda}{2}$$

$$l_e = \frac{\lambda}{\pi}$$

(a) (b)

図7・9

7.4 立体構造アンテナ

立体構造アンテナ（**開口面アンテナ**）は，直接開口面から電波が放射される電磁ホーンアンテナや，金属反射鏡によって電波を反射するパラボラアンテナなどがある．主にSHF以上の周波数で用いられる．

1 コーナレフレクタアンテナ

図7・10に示すように，半波長ダイポールアンテナの後方に，二つに折った金属平板または格子状の導体平板の反射器を配置した構造である．光が鏡で反射するのと同様に，電波の鏡像効果によって単一指向性と利得を持たせることができる．一般に，反射板の角度θは90°または60°のものが用いられる．パラボラアンテナなどの放物面反射鏡に比較して，コーナレフレクタの反射板は平面構造である．そこで，簡単に大きなものも作ることができるので，主にUHF帯で用いられる．

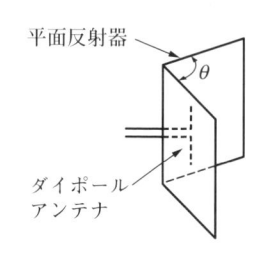

図7・10

2 パラボラアンテナ

(1) パラボラアンテナの動作原理

図7・11のように，**半波長ダイポールアンテナ**や**電磁ホーンアンテナ**の**1次放射器**と**回転放物面**の反射鏡により構成されたアンテナを**パラボラアンテナ**という．電波を放射する1次放射器を反射鏡の焦点に置くと，反射鏡のどの位置で反射した電波も開口面までの距離が一定となるから，開口面では位相のそろった平面波として放射され，鋭い指

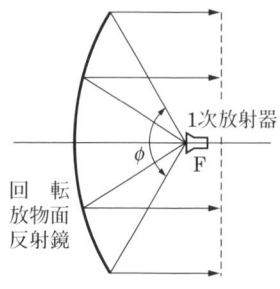

F：放物面の焦点

図7・11

向性と高い利得を得ることができる．**図7·11**の角度ϕを開口角といい，通常$120 \sim 180$[°]のものが多い．一般に，ϕを大きくすると開口効率は低下し，指向性のビーム幅は狭くなる．

1次放射器には，通常，反射板付きダイポールアンテナや電磁ホーンアンテナなどが用いられる．また，UHF帯では反射鏡の直径が大きくなるので，金網や金属格子などで作られた反射鏡が用いられることもある．

(2) パラボラアンテナの利得

反射鏡の幾何学的な開口面積をA〔m²〕，開口面の直径をD〔m〕，使用電波の波長をλ〔m〕，アンテナの開口効率をηとすると，**絶対利得**Gは次式で表される．

$$G = \frac{4\pi A}{\lambda^2}\eta = \left(\frac{\pi D}{\lambda}\right)^2 \eta \tag{7.7}$$

電力密度W〔W/m²〕の空間に受信アンテナを置き，この受信アンテナからP〔W〕の電力を取り出すことができるとすると，次式が成立する．

$$P = A_e W \text{ 〔W〕} \tag{7.8}$$

ここで，A_e〔m²〕をアンテナの**実効面積**という．

アンテナの実効面積A_eと幾何学的な開口面積Aとの比を**開口効率**ηといい，次式で表される．

$$\eta = \frac{A_e}{A} \tag{7.9}$$

開口効率が大きいほどアンテナの性能は良い．

(3) ビーム幅

パラボラアンテナの指向性の**ビーム幅**θ(3dB帯域幅)は，開口面の直径をD〔m〕，使用電波の波長をλ〔m〕とすると，次式で表される．

$$\theta \fallingdotseq \frac{70\lambda}{D} \text{ [°]} \tag{7.10}$$

> **Point**
>
> 開口効率を向上させるには，次の方法がある．
> ① 放射器の支持物などによる遮蔽の少ないオフセットアンテナを用いる．
> ② 放射器からの照射特性を良くする．
> ③ 反射鏡の鏡面精度を上げる．
> ④ 反射鏡からのスピルオーバ（漏れ）を減少させる．

3 オフセットパラボラアンテナ

パラボラアンテナ（センターパラボラアンテナ）では反射鏡の正面に1次放射器や給電線を設けなければならないので，給電装置や支持柱が電波の通路を妨害し，放射特性を劣化させる原因となる．この影響をさけるために，図7・12に示すように，回転放物面の中心からずれた一部分の反射鏡を用いたパラボラアンテナを**オフセットパラボラアンテナ**といい，サイドローブ（副放射）を少なくすることができるなどの特徴がある．

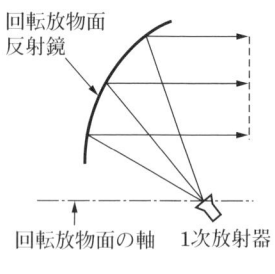

図7・12

4 電磁ホーンアンテナ

図7・13に示すように，導波管の断面を開口した構造である．図7・13のアンテナは4角すいの構造を持つので，**角すいホーンアンテナ**ともいう．導波管内を進行してきた電磁波が開口面で平面波に近い状態に整えられて空間に放射されるので，前方へ鋭い指向性が得られる．ホーンの長さと開きの角度によって指向性および利得が異なるが，長さを一定にした場合は最適の角度が存在する．

アンテナ利得測定用の標準アンテナやパラボラアンテナなどの**1次放射器**としても用いられる．

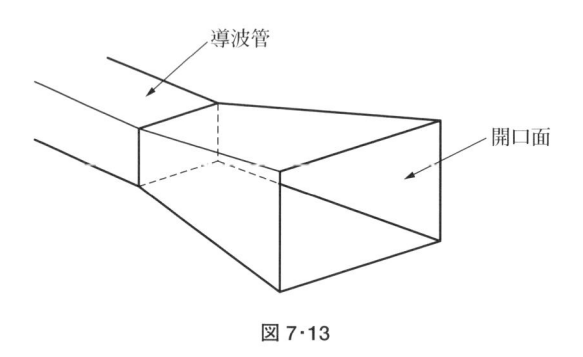

図7・13

5 ホーンレフレクタアンテナ

図7・14に示すように，電磁ホーンとパラボラ反射鏡の一部を組み合わせて，電磁ホーンの頂点と反射鏡の焦点が一致するようにした構造である．アンテナの開口面から平面波に近い放射波が得られ，鋭い指向性を持つ．周波数特性が広帯域，側面や背面への漏れが少ない，開口効率が大きい，偏波面を共用できるなどの特徴がある．

(a) 外観　　　　　　　(b) 動作原理

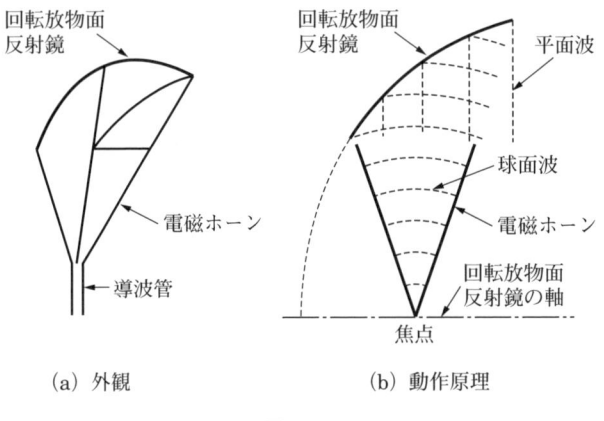

図 7・14

6 カセグレンアンテナ

図7・15に示すように，1次放射器，**回転双曲面**の副反射鏡，回転放物面の主反射鏡で構成されたアンテナである．副反射鏡の虚焦点と主反射鏡の焦点が一致するように配置した構造である．1次放射器からの電波は副反射鏡で反射され，その反射波が主反射鏡で反射され，前方に鋭い指向性を持つ．1次放射器が主反射鏡側にあるので，背面，側面への漏れが少ない特徴がある．

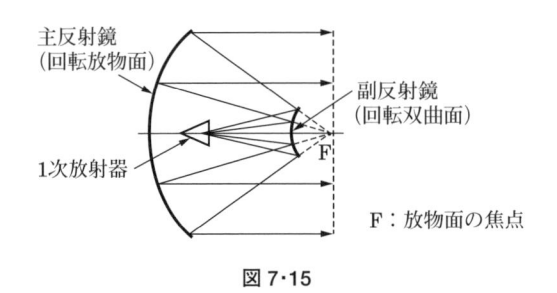

図 7・15

7 グレゴリアンアンテナ

図7・16に示すように，1次放射器，**回転楕円面**の副反射鏡，回転放物面の主反射鏡で構成されたアンテナである．カセグレンアンテナと同様に，1次放射器からの電波は副反射鏡で反射され，その反射波が主反射鏡で反射され，前方に鋭い指向性を持つ．1次放射器が主反射鏡側にあるので，背面，側面への漏れが少ないという特徴がある．

7.4　立体構造アンテナ

衛星地球局においては，上空にアンテナを向けたときの雑音温度に比較して地上の雑音温度が高いので，アンテナの背面放射が大きいと受信雑音が大きくなる．そこで，衛星地球局に用いられるアンテナには，背面放射特性が良好な**カセグレンアンテナ**や**グレゴリアンアンテナ**が用いられる．

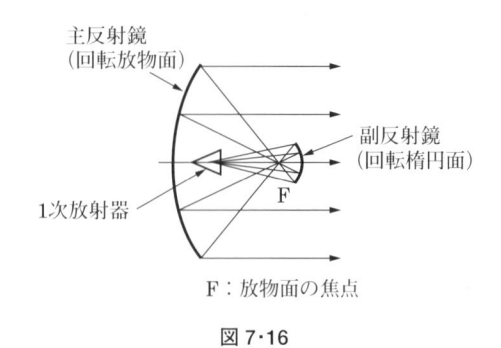

図7・16

> **Point**
> ●サイドローブ特性を改善する方法
> ① 鏡面修正による照度分布の改善
> ② オフセット形反射鏡や電波レンズの採用
> ③ 電波吸収材による遮蔽
> ④ 鏡面精度の向上

8 スロットアレーアンテナ

導波管の側壁にスロット（細い溝）を設けて電波を放射するアンテナを**スロットアンテナ**という．**図7・17**に示すように，数10から数100の多数のスロットを一定の間隔で設けて鋭い指向性を得られるアンテナを**スロットアレーアンテナ**という．

方形導波管の縦方向の側面に壁面電流が流れるようなモード（TE_{10}）でマイクロ波を伝送したときに，側面にスロットを設けると，この電流をスロットが切断することになり，電界が発生する．各スロットは間隔 $\lambda_g/2$（λ_g は管内波長）ごとに適当な角度の傾きを持たせて，その傾きが交互に逆になるように配列してあるので，このスロットから放射される合成電界

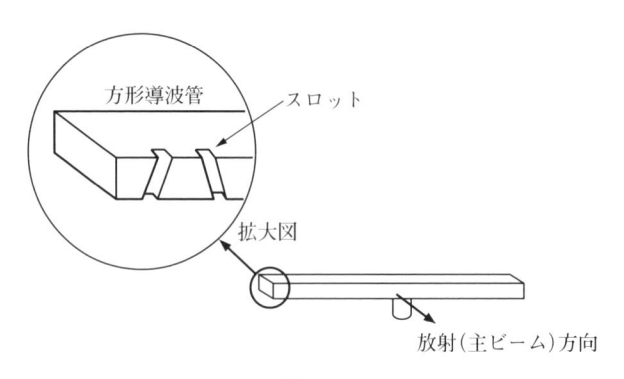

図7・17

の水平方向成分は同位相となるが，垂直方向成分は逆位相となって打ち消される．スロットを数多く配列すると，水平成分の電界が同位相となって強め合うので，水平方向に鋭く，垂直方向に幅広い扇形の**ファンビーム**指向性が発生する．パラボラアンテナなどに比較して小型で対風圧性に優れ，回転に向く構造なので，船舶用のレーダアンテナに用いられる．

基本問題練習

問1

自由空間において，アンテナの絶対利得が9dBであるとき，このアンテナの利得を相対利得で表した場合の値として，最も近いものを下の番号から選べ．

1　6.85dB　　2　7.36dB　　3　10.64dB　　4　11.15dB　　5　13.12dB

▶▶▶▶ p.178

解説　アンテナの絶対利得を G_a [dB]，相対利得を G_b [dB] とすると，

$$G_b ≒ G_a - 2.15 = 9 - 2.15 = 6.85 \text{ [dB]}$$

問2

無線局の送信アンテナの絶対利得が35dB，送信アンテナに供給される電力が40Wのとき，等価等方ふく射電力（EIRP）の値として，最も近いものを下の番号から選べ．ただし，$\log_{10}2 ≒ 0.3$ とする．

1　39dBW　　2　51dBW　　3　67dBW　　4　75dBW　　5　140dBW

▶▶▶▶ p.179

解説　供給電力 P [dBW] は，

$$10\log_{10}40 = 10\log_{10}2 + 10\log_{10}2 + 10\log_{10}10 ≒ 16 \text{ [dBW]}$$

送信アンテナの絶対利得を G [dB] とすると，等価等方ふく射電力 P_E [dBW] は，

$$P_E = G + P = 35 + 16 = 51 \text{ [dBW]}$$

問3

同調周波数150MHzの半波長ダイポールアンテナの実効長の値として，最も近いものを下の番号から選べ．ただし，$\pi ≒ 3.14$ とする．

1　0.32m　　2　0.64m　　3　1.27m　　4　1.57m　　5　3.14m

▶▶▶▶ p.179

解説　周波数 f [MHz] の電波の波長 λ [m] は，

解答

問1 -1　　**問2** -2

$$\lambda = \frac{300}{f} = \frac{300}{150} = 2\,[\mathrm{m}]$$

半波長ダイポールアンテナの実効長 $l_e\,[\mathrm{m}]$ は，

$$l_e = \frac{\lambda}{\pi} = \frac{2}{3.14} \fallingdotseq 0.64\,[\mathrm{m}]$$

問4

図7·18に示す，周波数148.5MHz用のスリーブアンテナの放射素子の長さ l の値として，最も近いものを下の番号から選べ．ただし，スリーブ部分は放射素子に含まない．

1　0.5m　　2　1.0m
3　1.5m　　4　2.0m
5　3.7m

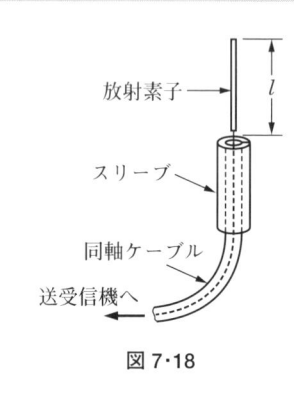

図7·18

▶▶▶▶▶ p.177

解説　周波数 $f\,[\mathrm{MHz}]$ の電波の波長 $\lambda\,[\mathrm{m}]$ は，

$$\lambda = \frac{300}{f} = \frac{300}{148.5} \fallingdotseq 2\,[\mathrm{m}]$$

スリーブアンテナの放射素子の長さ $l\,[\mathrm{m}]$ は，

$$l = \frac{\lambda}{4} = \frac{2}{4} = 0.5\,[\mathrm{m}]$$

問5

次の記述は，陸上移動業務の基地局用アンテナについて述べたものである．□内に入れるべき字句の正しい組合せを下の番号から選べ．

サービスエリアが円形のような場合，基地局用アンテナには1/4波長の垂直素子と水平地線を持つ A および半波長ダイポールアンテナを多段に積み重ねた高利得の B などが用いられる．

解答

問3 -2　　問4 -1

	A	B
1	スリーブアンテナ	コリニアアレーアンテナ
2	ブラウンアンテナ	コリニアアレーアンテナ
3	スリーブアンテナ	ブレードアンテナ
4	ブラウンアンテナ	ブレードアンテナ
5	ブラウンアンテナ	対数周期アンテナ

▶▶▶▶▶ p.177

問6

次の記述は，VHFおよびUHF帯で用いられる各種のアンテナについて述べたものである．このうち誤っているものを下の番号から選べ．

1 対数周期アンテナの特性は，周波数帯域は狭いが，利得を高くできる．
2 八木アンテナの利得は，一般に導波器の数を多くするほど増加する．
3 コーナレフレクタアンテナは，前方向の指向性がよく，前後比の値を大きくできる．
4 ブラウンアンテナは，水平面内指向性が無指向性であり，車載アンテナとしても用いられる．
5 UHF帯で用いられるアンテナは，VHF帯で用いられるアンテナに比べて使用する電波の波長が短いので，利得，指向性などの性能の優れたアンテナの製作が容易である．

▶▶▶▶▶ p.176

解説 対数周期アンテナは，周波数帯域は広いが，素子数が同じ八木アンテナに比べて利得が低い．

問7

次の記述は，図7・19に示すアンテナの構造および特徴について述べたものである．このうち誤っているものを下の番号から選べ．
ただし，波長を λ 〔m〕とする．

1 このアンテナの名称は，コーナレフレクタアンテナである．
2 一次放射器のダイポールアンテナの長さは通常半波長である．
3 半波長ダイポールアンテナより利得が小さいが，副放射ビーム（サイドロ

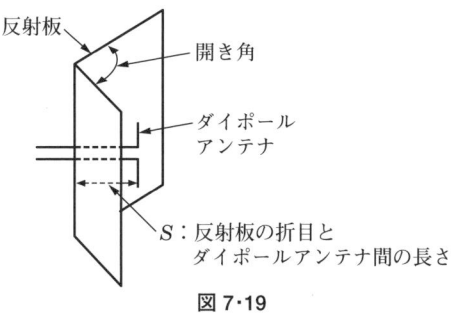

図7・19

● 解答 ●

問5 -2　　問6 -1

ーブ）が比較的少ない．
4 反射板の開き角が変わると，利得および指向特性が変わる．
5 図7・19において，開き角が90°，$S=\lambda/2$のときのアンテナの指向特性は単方向性となる．

▶▶▶▶ p.180

問8

6GHzの周波数の電波を使用し，回転放物面の開口直径が7m，開口効率が52％のパラボラアンテナの絶対利得の値として，最も近いものを下の番号から選べ．

1 20dB   2 30dB   3 40dB   4 50dB   5 60dB

▶▶▶▶ p.181

解説　アンテナの開口面の直径をD〔m〕，使用電波の波長をλ〔m〕，アンテナの開口効率をηとすると，パラボラアンテナの絶対利得Gは，

$$G = \left(\frac{\pi D}{\lambda}\right)^2 \eta = \left(\frac{3.14 \times 7}{5 \times 10^{-2}}\right)^2 \times 0.52 \fallingdotseq \left(4.4 \times 10^2\right)^2 \times 0.52 \fallingdotseq 10^5$$

デシベルで表すと，

$$G_{dB} = 10\log_{10}10^5 = 50 \text{〔dB〕}$$

ただし，電波の速度をc〔m/s〕とすると，周波数$f=6$〔GHz〕$=6\times10^9$〔Hz〕の電波の波長λ〔m〕は，

$$\lambda = \frac{c}{f} = \frac{3\times10^8}{6\times10^9} = 5\times10^{-2} \text{〔m〕}$$

問9

6GHzの周波数の電波を使用する開口面の直径が3.5mのパラボラアンテナにおいて，主ビームの電力半値幅の値として，最も近いものを下の番号から選べ．

1 0.25°   2 0.5°   3 1.0°   4 2.0°   5 5.0°

▶▶▶▶ p.181

解説　開口面の直径をD〔m〕すると，主ビームの電力半値幅θ〔°〕は，

$$\theta \fallingdotseq \frac{70\lambda}{D} = \frac{70\times5\times10^{-2}}{3.5} = 1 \text{〔°〕}$$

ただし，周波数が6GHzの電波の波長$\lambda=5\times10^{-2}$〔m〕

解答

問7 -3　　**問8** -4　　**問9** -3

問 10

パラボラアンテナの開口効率に関係しないものを下の番号から選べ．

1 放射器の支持柱などによるブロッキング（遮蔽）
2 伝搬通路上の大気中の分子による吸収
3 放射器から反射鏡への照射特性（振幅および位相分布）
4 反射鏡の鏡面精度
5 反射鏡からのスピルオーバ（漏れ）

▶▶▶▶ p.181

問 11

次の記述は，パラボラアンテナについて述べたものである．☐内に入れるべき字句の正しい組合せを下の番号から選べ．

(1) パラボラアンテナの1次放射器から放射された球面波は，A 反射鏡で平面波に変換されて外部へ放射される．
(2) 開口面が十分大きく，かつ，円形で軸対称形式の場合，高利得で前後比（F/B）の良い B ビームの放射特性を得ることができる．
(3) 開口面が円形のパラボラアンテナの利得は，反射鏡の開口面積に比例し，使用波長の2乗に C する．

	A	B	C		A	B	C
1	双曲面	ペンシル	反比例	2	双曲面	ファン	比例
3	回転放物面	ペンシル	比例	4	回転放物面	ファン	反比例
5	回転放物面	ペンシル	反比例				

▶▶▶▶ p.180

解説 ペンシルビーム特性は，水平面と垂直面の両方に鋭い指向特性を持つ．ファンビーム特性は，どちらかの面に鋭い指向特性を持つ．ファンビーム特性のアンテナとしては，水平方向に鋭い指向特性を持つスロットアレーアンテナがある．

問 12

次の記述は，パラボラアンテナについて述べたものである．このうち誤っているものを下の番号から選べ．

1 パラボラアンテナは，放物面反射鏡とその焦点に置かれた放射器からなり，マイクロ波以上の周波数帯で用いられることが多い．

● 解答 ●

問 10 -2　　問 11 -5

2　パラボラアンテナの主ビームの電力半値幅は，開口面の直径に比例し，波長に反比例する．
3　パラボラアンテナの利得は，開口面の面積に比例し，波長の2乗に反比例する．
4　オフセットパラボラアンテナは，放射器やその支持構造物による遮へいを避けるため，放射器を開口面の正面から外側にずらしたアンテナである．

▶▶▶▶ p.180

解説　パラボラアンテナの主ビームの電力半値幅は，開口面の直径に反比例し，波長に比例する．

問 13

次の記述は，オフセットパラボラアンテナについて述べたものである．このうち誤っているものを下の番号から選べ．
1　1次放射器が開口面の正面に位置しないため，鏡面での反射波は，ほとんど1次放射器に戻らない．
2　回転対称の通常のパラボラアンテナに比べてサイドローブ特性が悪い．
3　見通し外伝搬用などの固定型の大口径アンテナの場合には，1次放射器を地上に設置できる利点がある．
4　反射鏡からの反射波が1次放射器などによって乱されることがないので，利得，指向性，偏波面などに対する悪影響が軽減される．

▶▶▶▶ p.182

解説　回転対称の通常のパラボラアンテナに比べてサイドローブ特性が良い．

問 14

次の記述は，マイクロ波アンテナの構造および動作などについて述べたものである．このうちアンテナの指向性が最も鋭くなるものとして，正しいものを下の番号から選べ．
1　平面波を回転双曲面で反射したとき．
2　球面波を回転双曲面反射鏡で反射したとき．
3　ホーンアンテナから球面波を直接放射したとき．
4　アンテナの開口面上で，電磁波の位相がそろったとき．
5　平面波をパラボラ反射鏡で反射したとき．

▶▶▶▶ p.180

● 解答 ●

問 12 -2　　問 13 -2　　問 14 -4

問 15

次の記述は，開口面アンテナのサイドローブ特性を改善する方法について述べたものである．このうち誤っているものを下の番号から選べ．

1 1次放射器から反射鏡までの電波通路が遮へい板で覆われているホーンレフレクタアンテナを採用する．
2 電波吸収材を1次放射器の外周部および支持柱に取り付ける．
3 ブロッキングの要素が少ないオフセットパラボラアンテナを採用する．
4 反射鏡アンテナでは，鏡面精度の向上を図る．
5 反射鏡アンテナでは，照度分布を調整して，開口周辺部の照射レベルを高くする．

▶▶▶▶ p.184

問 16

次の記述は，電磁ホーンアンテナについて述べたものである．このうち誤っているものを下の番号から選べ．

1 角すいホーンは，利得の理論計算値がかなり正確なので，利得の標準アンテナとしても用いられる．
2 インピーダンス特性は，広帯域にわたって良好である．
3 反射鏡アンテナの1次放射器として用いられる．
4 給電導波管の断面を徐々に広げて，所要の開口を持たせたアンテナである．
5 ホーンの開き角を大きくとるほど，放射される電磁波は平面波に近づく．

▶▶▶▶ p.182

問 17

次の記述は，アンテナの利得の測定について述べたものである．　　内に入れるべき字句の正しい組合せを下の番号から選べ．

アンテナの利得は，同一平面波の中で，利得が既知の標準アンテナと被測定アンテナを互いに置換して，その受信レベル差から求めることができる．標準アンテナには一般に，VHFおよびUHF帯ではダイポールアンテナや A が用いられ，また，マイクロ波では B が用いられる．

	A	B
1	3素子八木アンテナ	スロットアンテナ
2	ループアンテナ	パラボラアンテナ

解答

問15 - 5　　問16 - 5

3 微小垂直アンテナ　　　角すいホーンアンテナ
4 ループアンテナ　　　　スロットアンテナ
5 3素子八木アンテナ　　角すいホーンアンテナ

▶▶▶▶ p.182

問18

次の記述は，マイクロ波アンテナの名称である．このうちアンテナ開口部以外は構造上遮蔽され，電波の漏洩の少ない特徴を持つものを下の番号から選べ．

1 オフセットパラボラアンテナ　　2 グレゴリアンテナ
3 ホーンレフレクタアンテナ　　　4 パラボラアンテナ
5 カセグレンアンテナ

▶▶▶▶ p.182

問19

次の記述は，ホーンレフレクタアンテナについて述べたものである．☐内に入れるべき字句の正しい組合せを下の番号から選べ．ただし，☐内の同じ記号は，同じ字句を示す．

大型のホーンアンテナと A 反射鏡の一部を組み合わせ，ホーンアンテナの頂点（励振点）と A 反射鏡の焦点が一致するように一体化した構造である．ホーンアンテナ内を伝搬する B は反射鏡で反射した後，ラ C となってアンテナの開口面に達し，鋭いビームを放射できる．また，その構造から側面および後方への D が少なく，高能率および低雑音の優れた特性を持つ．

	A	B	C	D
1	放物面	平面波	球面波	不要放射
2	双曲面	球面波	平面波	不要放射
3	放物面	球面波	球面波	乱反射
4	双曲面	平面波	球面波	乱反射
5	放物面	球面波	平面波	不要放射

▶▶▶▶ p.182

解答

問17 -5　　問18 -3　　問19 -5

問 20

次の記述は，カセグレンアンテナに関して述べたものである．誤っているものを下の番号から選べ．

1. 開口の大きな1次放射器が使用でき，広帯域である．
2. 2枚の反射鏡を修整曲面にして，開口効率の向上または低サイドローブ化を図ることができる．
3. 1次放射器の入出力端を主反射鏡の鏡面の中心近傍に設けることで，給電線を短くできる．
4. 副反射鏡は，回転楕円面のものが基本的なものである．
5. 副反射鏡の直径は，大きすぎるとブロッキングで，小さすぎると反射鏡としての働きが悪くなることで，性能が劣化する．

▶▶▶▶▶ p.183

解説 カセグレンアンテナの副反射鏡には，回転双曲面が用いられる．
　　　　副反射鏡に回転楕円面が用いられるのは，グレゴリアンアンテナである．

問 21

次の記述は，衛星通信に用いられる反射鏡アンテナについて述べたものである．□内に入れるべき字句の正しい組合せを下の番号から選べ．

(1) 衛星からの微弱な電波を受信するため，大きな開口面を持つ反射鏡アンテナが利用されるが，その一般的なものとして，パラボラアンテナや A アンテナがあり，それぞれについて対称形と非対称形（オフセット）がある．

(2) オフセットパラボラアンテナは，回転放物面の一部を反射鏡に用いて，1次放射器を回転放物面の B に相当する位置で，かつ，開口の外に設置したパラボラアンテナであり，1次放射器などにより電波が乱されることがないため， C 特性が改善される．

	A	B	C
1	スロットアレー	焦点	サイドローブ
2	スロットアレー	重心	雑音
3	カセグレン	焦点	サイドローブ
4	カセグレン	重心	雑音
5	カセグレン	焦点	雑音

▶▶▶▶▶ p.182

解答
問20 -4　　問21 -3

問 22

図7・20は、あるマイクロ波アンテナの構成を示したものである。このアンテナの名称として、正しいものを下の番号から選べ。

1　グレゴリアンアンテナ
2　カセグレンアンテナ
3　パスレングスアンテナ
4　ホーンレフレクタアンテナ
5　オフセットパラボラアンテナ

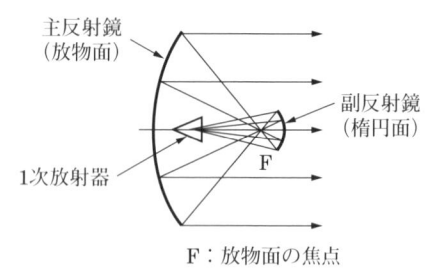

図7・20
主反射鏡（放物面）
副反射鏡（楕円面）
1次放射器
F：放物面の焦点

▶▶▶▶ p.183

問 23

次の記述は、レーダに使用されるスロットアレーアンテナについて述べたものである。このうち誤っているものを下の番号から選べ。

1　水平面内の鋭い指向性を有している。
2　スロットの数に比例してビーム幅は狭くなる。
3　耐風圧に優れている。
4　導波管の側面に複数の細長い穴を切った構造を持っている。
5　ビームの方向は導波管の管軸方向に沿っている。

▶▶▶▶ p.184

解説　スロットアレーアンテナは、ビーム方向が導波管の管軸と直角方向に向く。

問 24

次の記述は、アンテナの構造について述べたものである。この記述に該当するアンテナの名称を下の番号から選べ。

「方形導波管に管内波長の2分の1の間隔で、通常、数10個から数100個の細かい溝を切り、導波管の中を伝搬する電磁波をこの細い溝から管軸と直角方向に鋭いビームとして放射するようにしたアンテナ」

1　コリニアアンテナ　　　　2　八木アンテナ
3　スロットアレーアンテナ　4　オフセットパラボラアンテナ
5　グレゴリアンアンテナ

▶▶▶▶ p.184

● 解答 ●

問22 -1　　問23 -5　　問24 -3

8 電波伝搬

8.1 電波伝搬の分類

図8・1に示すように，電波の伝搬は経路によって分類することができる．

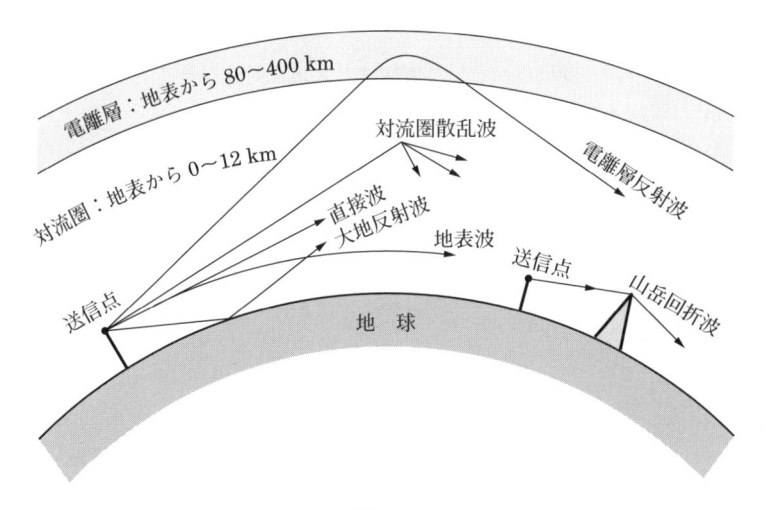

図 8・1

① **地表波**：地球の球面に沿って地表面を伝搬する．波長が長いほど減衰が少ない．
② **空間波**：地表波以外で地表付近の空間を直線状に伝わる．
　(ア) **直接波**：大地および電離層の影響を受けることなく直接空間を伝わる．
　(イ) **大地反射波**：大地によって反射される電波．直接波と合成されると干渉が発生して伝搬する．
　(ウ) **山岳回折波**：山岳や建造物などの頂部で回折して，それらの陰になる位置に伝搬する．
　(エ) **対流圏波**：直接波のうち，対流圏内の大気の状態による影響を受け，屈折，反射，散乱などを生じるもの．
③ **電離層反射波**：地表から約80kmから400kmの距離に存在する電離層で反射されて地

8.1 周波数帯の分類

上に伝搬する．電離層は下層からD層，E層，F層に分けられる．HF帯の周波数の電波が主に伝搬にするが，E層と同じ高さに突発的に現れる電子密度の大きな**スポラジックE層**は，VHF帯の電波を反射することがある．

> **地表波**は，電波の波長が長い**MF**（300～3,000kHz）以下の周波数の電波が伝搬する．電波が直進する**空間波**（**直接波，大地反射波，回折波，対流圏波**）は，**VHF**（30～300MHz）以上の周波数の電波が伝搬する．**電離層反射波**は，**HF**（3～30MHz）帯の周波数の電波が主に伝搬にする．

8.2 直接波と大地反射波の干渉

図8・2に示すように，受信点において**直接波**と**大地反射波**が干渉するときの合成電界の大きさE〔V/m〕は，次式で表される．

$$E = 2E_0 \left| \sin \frac{2\pi h_1 h_2}{\lambda d} \right| \text{〔V/m〕} \tag{8.1}$$

ただし，E_0〔V/m〕は**自由空間電界強度**とする．また，受信点間の距離が十分遠方にある場合はsinの角度θが0.5rad以下となるので，$\sin\theta \fallingdotseq \theta$より，次式で表すことができる．

$$E = E_0 \frac{4\pi h_1 h_2}{\lambda d} \text{〔V/m〕} \tag{8.2}$$

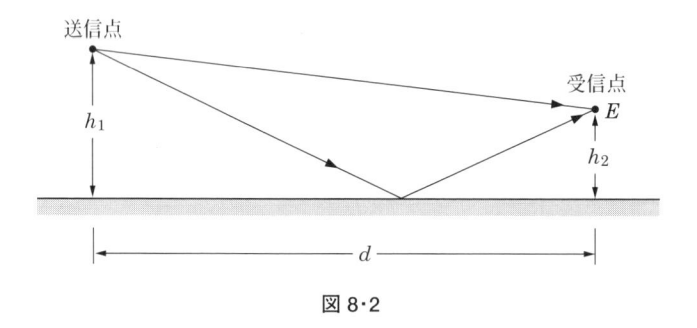

図8・2

式(8.1)は，距離やアンテナの高さが変化すると電界強度がsinの関数によって振動的に変化して，干渉じまが発生することを表す．電波の波長λが長いと，干渉じまが粗くなる．

図8・3(a)のように，球面大地上の送信アンテナ高h_1のアンテナから電波を送信して，受信アンテナ高h_2を変化させたときの受信電界強度の変化を図8・3(b)に示す．このような図を**ハイトパターン**という．実効最小アンテナ高h_0までの高さは地表波による伝搬なので，受信電界強度は一定の値となる．これを越えて臨界アンテナ高さh_cまでの低アンテナ域では，

電界強度が直線的に増加して，高アンテナ域では電界強度は指数関数的に増加する．

見通し線の高さまでは地球の曲面による回折によって電波が伝搬するので，アンテナの高さが高くなると電界強度は増加するが，見通し線を越える高さになると，直接波と大地反射波の干渉によって電界強度は振動的に変化する．このとき，電界強度の最大値は自由空間電界強度 E_0 の2倍となる．

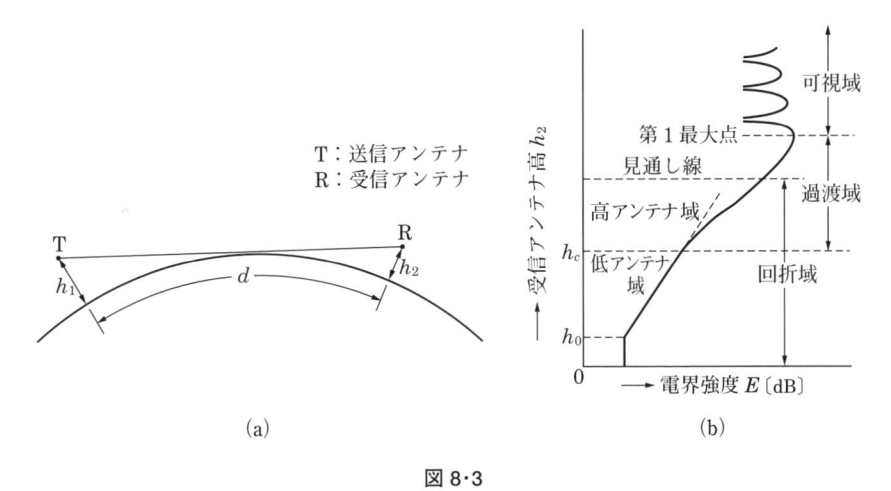

図 8・3

また，送受信点間の距離を変化させたときの受信電界強度の変化を図8・4に示す．見通し距離よりも遠方では球面回折波が伝搬するので，電界強度は急激に減少する．受信電界強度が振動的に変化する干渉域では，電波の波長 λ が長いと干渉じまが粗くなる．

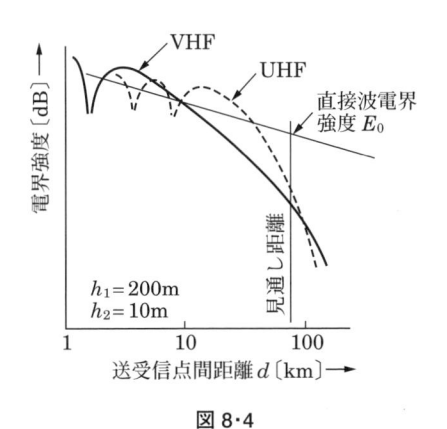

図 8・4

8.2 直接波と大地反射波の干渉

8.3 自由空間電波伝搬

電波の伝搬に障害のない無限に広がる空間を**自由空間**といい，電波の伝搬損失や電界強度の理論値などを求めるときに用いられる．

1 自由空間電界強度

自由空間中において，絶対利得G_I，放射電力P〔W〕のアンテナから発射された電波の最大放射方向において，距離d〔m〕離れた点の電界強度E〔V/m〕は，次式で表される．

$$E = \frac{\sqrt{30 G_I P}}{d} \text{〔V/m〕} \tag{8.3}$$

相対利得G_aのアンテナでは，

$$E = \frac{7\sqrt{G_a P}}{d} \text{〔V/m〕} \tag{8.4}$$

図8・2の直接波の電界強度は，自由空間電界強度とみなして求めることができる．

2 自由空間伝搬損失

図8・5に示すように，送信アンテナと受信アンテナを対向してd〔m〕離して置いたとき，送信アンテナの絶対利得および放射電力をG_T, P_T〔W〕，受信点の**電力密度**をW_R〔W/m^2〕，受信アンテナの利得をG_R，**実効面積**をA_R〔W〕とすると，受信電力P_R〔W〕は次式で表される．

$$P_R = W_R A_R = \frac{P_T G_T}{4\pi d^2} \times \frac{\lambda^2}{4\pi} G_R$$

$$= \left(\frac{\lambda}{4\pi d}\right)^2 P_T G_T G_R = \frac{P_T G_T G_R}{\Gamma_0} \text{〔W〕} \tag{8.5}$$

この式を**フリスの伝達公式**という．また，Γ_0は次式で表され，**自由空間伝搬損失**という．

$$\Gamma_0 = \left(\frac{4\pi d}{\lambda}\right)^2 \tag{8.6}$$

デシベルで表すと，

$$P_R \text{〔dBW〕} = P_T \text{〔dBW〕} + G_T \text{〔dB〕} + G_R \text{〔dB〕} - \Gamma_0 \text{〔dB〕}$$

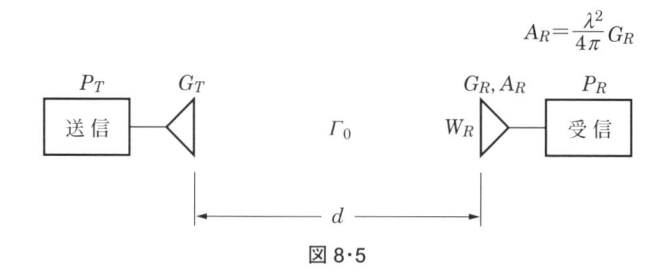

$$A_R = \frac{\lambda^2}{4\pi} G_R$$

図 8・5

自由空間伝搬損失は，電波が空間を伝搬するときに空間に広がることによって発生する損失である．また，波長が短い方が伝搬損失が大きい．

8.4 対流圏伝搬

1 電波の屈折

電波が図8・6に示すように，屈折率の大きな媒質Ⅰから小さな媒質Ⅱへ入射するとき，電波の進行方向は屈折角が入射角より大きくなるように屈折する．これを**スネルの法則**という．

媒質ⅠおよびⅡの屈折率をそれぞれn_1, n_2, 入射角をθ_1, 屈折角をθ_2とすると，次式の関係が成り立つ．

$$\frac{n_1}{n_2} = \frac{\sin\theta_2}{\sin\theta_1} \tag{8.7}$$

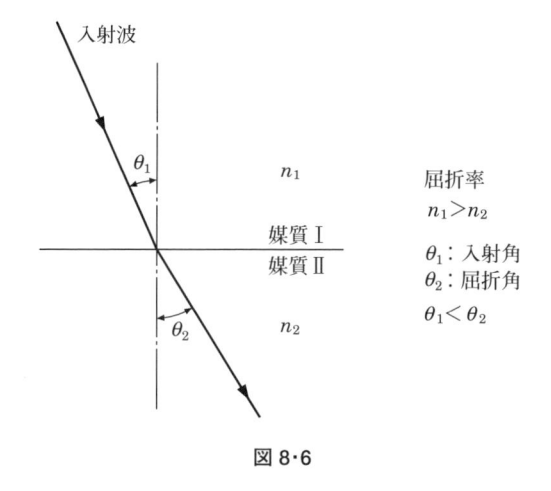

図 8・6

屈折率
$n_1 > n_2$
θ_1：入射角
θ_2：屈折角
$\theta_1 < \theta_2$

大気は均一に広がっているわけではなく，上空にいくにつれて気圧や温度，湿度が次第に低くなっていく．この状態を電気的に表すには，大気の比誘電率ε_rの変化を用いる．ε_rは，一般に大気の上層ほど減少するので，電波は図8・7に示すようにわん曲する．電波の屈折率nには $n=\sqrt{\varepsilon_r}$ の関係があり，また，わん曲通路の曲率半径をR'とすれば，

$$\frac{dn}{dh} = -\frac{1}{R'} \tag{8.8}$$

で表される．ここで，$\frac{dn}{dh}$は屈折率nの高さhに対する変化率である．

標準大気の代表的な値としては，地表付近では次のようになる．

$n = 1.000315$

$$\frac{dn}{dh} = -0.039 \times 10^{-6} \tag{8.9}$$

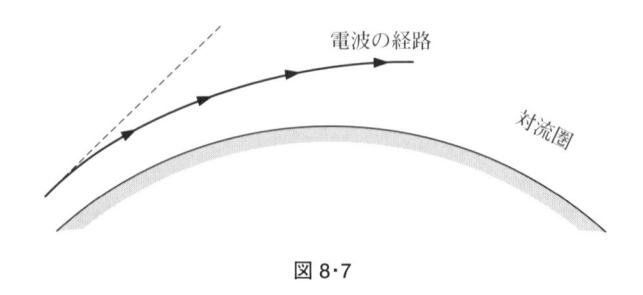

図 8・7

2 修正屈折率

大気の屈折率をそのままの大きさで扱うと，数値が取り扱いにくい．さらに，この値は高さh〔m〕により変化するので，地球の半径$R(\fallingdotseq 6,370\times 10^3$〔m〕$)$と関係させて取り扱いやすく修正したものを$m$とすると，

$$m = n + \frac{h}{R} \tag{8.10}$$

となる．mの値も1に近くて取り扱いにくいので，この値から1を引いて取り扱いやすい数値に直すと，

$$M = (m-1)\times 10^6 = \left(n - 1 + \frac{h}{R}\right)\times 10^6 \tag{8.11}$$

となる．このMを**修正屈折率**（修正屈折指数），または**M係数**といい，この値を元にして伝搬特性を考える方法をとる．標準大気のときの値は，$h = 0$，$n = 1.000315$のとき$M = 315$である．nの値は高さとともに小さくなり，標準大気ではその変化率が一定である．また，hも増加するので，式(8.11)の値は図8・8(a)のように直線状に増加する．ところが，上空の大気の方が下方の大気よりも屈折率が大きくなる逆転層が発生すると，修正屈折率の分布は図8・8(b)のように曲線となる．

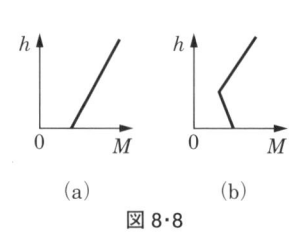

図 8・8

3 地球の等価半径

伝搬特性をより取り扱いやすくするため，図8・9のように電波通路を直線とすることにして，これに合わせて地球の半径がK倍になったとする．このKを**地球の等価半径係数**，KRを**地球の等価半径**といい，標準大気では$K = 4/3$とすることによって，電波通路を直線として取り扱うことができる．

第8章　電波伝搬

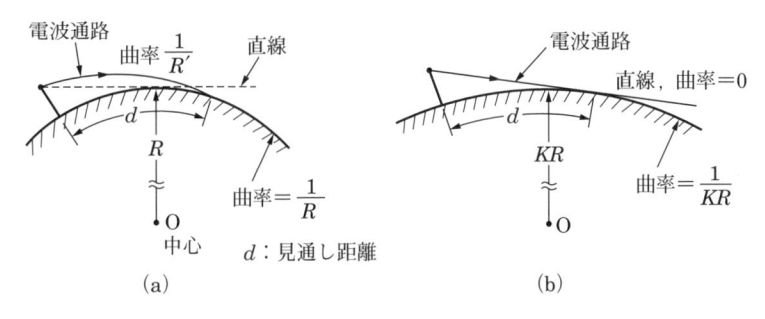

図 8·9

4 ラジオダクト

　標準大気では，高度が上昇するにつれて気温は低くなり，大気の屈折率 n の値は減少し，修正屈折率 M の値は増加する．

　気象条件によって上層の大気が下層の大気より高温または低湿度となることがあり，このとき，上層の M の値は減少する．

　図 8·10 のように，M の値が高さとともに減少する大気層を逆転層という．このとき，等価地球半径係数は $K<0$ となり，電波の曲率が大地の曲率を上回り，電波通路は大きく曲げられる．このような状態が生じたとき，その範囲をラジオダクトという．

　逆転層とその上側境界面の M の値に等しい下層面との間にラジオダクトが形成される．

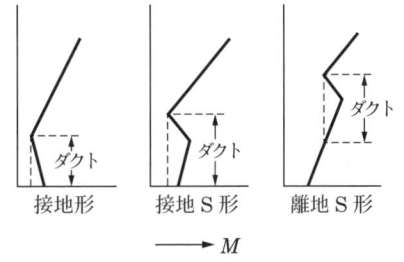

図 8·10

8.5 見通し距離

1 幾何学的見通し距離

　図 8·11 に示すように地球表面はわん曲しているので，送信点と受信点間の距離が大きくなるとわん曲の影響を受ける．大気の影響を無視すると，地上高 h_1〔m〕のアンテナからの**見通し距離 d_1〔m〕**は，次式で表される．

$$d_1 \fallingdotseq \sqrt{2Rh_1} \text{〔m〕} \tag{8.12}$$

ここで，R は地球の半径であり，$R=6{,}370$〔km〕を代入すると，d_1〔km〕は，

$$d_1 \fallingdotseq 3.57\sqrt{h_1\text{〔m〕}} \text{〔km〕} \tag{8.13}$$

また，A を送信アンテナ，B を受信アンテナとすると，送信点と受信点間の見通し距離 d_0

[km] は，
$$d_0 = 3.57\left(\sqrt{h_1\,[\mathrm{m}]} + \sqrt{h_2\,[\mathrm{m}]}\right)\,[\mathrm{km}] \tag{8.14}$$
で表される．

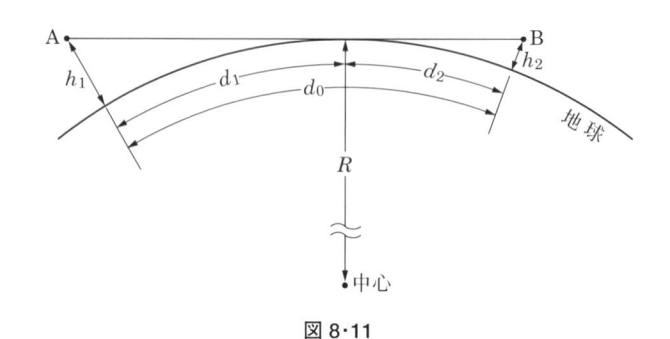

図 8·11

2 電波の見通し距離

大気による電波の屈折の影響を考慮した**電波の見通し距離** d [km] は，標準大気の場合では地球の半径 R が $K(=4/3)$ 倍になったとすれば，

$$d = 3.57\sqrt{K}\left(\sqrt{h_1\,[\mathrm{m}]} + \sqrt{h_2\,[\mathrm{m}]}\right)\,[\mathrm{km}]$$

$$\fallingdotseq 4.12\left(\sqrt{h_1\,[\mathrm{m}]} + \sqrt{h_2\,[\mathrm{m}]}\right)\,[\mathrm{km}] \tag{8.15}$$

8.6 山岳回折

直接波が山岳などのナイフエッジ状の障害物に当たると，電波の回折により，障害物で遮られた場所にも電波が伝搬する．また，**図8·12**に示すように，見通し線より高い受信点で

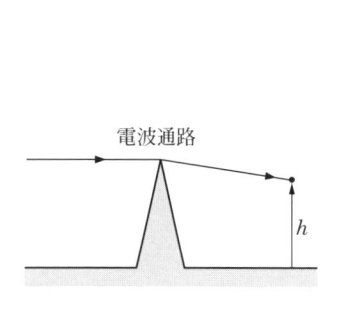

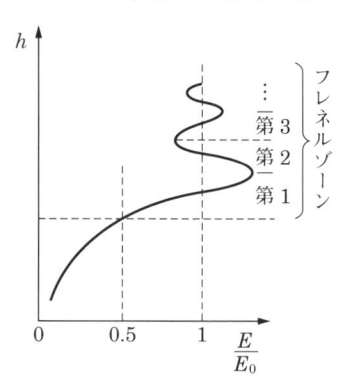

図 8·12

は直接波と回折波との干渉が起こる．この領域を**フレネルゾーン**という．自由空間電界強度をE_0とすると，受信電界強度Eの大きさは，見通し線上では$E = 0.5E_0$となり，それ以下の山岳の陰の部分は急激に低下する．

> **Point**
>
> ●フレネルゾーン
>
> 図8.13に示すように，送信点Tと受信点Rを直接伝搬する電波($\overline{TR}$)と回折により伝搬する電波($\overline{TPR}$)の通路差($\overline{TPR} - \overline{TR}$)が$\lambda/2$（$\lambda$：電波の波長）となる内側の領域を第1フレネルゾーンといい，通路差が$\lambda/2$の2倍，3倍，…となるまでの領域を第2，第3，……フレネルゾーンという．
>
> 電波の回折は山岳だけではなく，建築物などによっても発生する．直接波と回折波による干渉波はフェージングの原因になるので，マイクロ波回線を設計するときは，建築物などの障害物の侵入が少なくとも第1フレネルゾーンは避けられるように，空間的な余裕（**クリアランス**）をとらなければならない．
>
> ($\overline{TPR} - \overline{TR} = \dfrac{\lambda}{2}$)
>
> 第1フレネルゾーン
> 図8・13

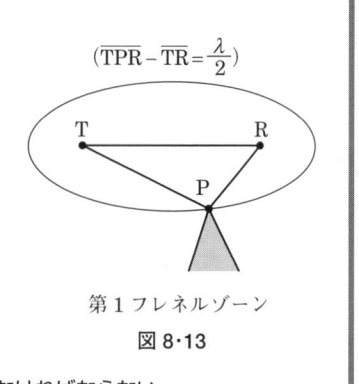

8.7 電波伝搬における諸現象

1 対流圏散乱伝搬

大気中に屈折率の不規則なかたまりがあると，これによって散乱して見通し外にも伝搬する．この現象を利用した通信が**対流圏散乱**通信である．大気圏内の散乱波を利用するので，通信に利用できる距離は約400km以下である．極めて不安定で減衰が大きいので，大電力の送信機を必要とする．利用される周波数は，約200MHzから3,000MHzである．

対流圏散乱伝搬によって受信される電波は，多くの散乱体によって散乱されて到来した振幅および位相が異なる多くの波の合成波であるので，散乱形フェージングが発生する．フェージングの特性は選択性フェージングである．

2 フェージング

電波の伝搬経路の影響が時間とともに変化して，受信電界強度が時間的に強弱の変化を生じることをフェージングといい，次のように分類することができる．

(1) シンチレーションフェージング

大気層の変動や小気団の通過などによって大気の局所的な乱れが発生し，屈折率が不規則となって多数の異なった伝搬通路が作られるため，直接波との干渉でフェージングを生じる．短い周期の小さい変動なので，受信電力が特に小さい場合以外にはたいして問題とならない．

(2) K形フェージング

大気の屈折率分布の変化により，直接波と大地反射波との間にフェージングを生じる．地球の等価半径係数Kが変化するという意味で，K形フェージングと呼んでいる．また，直接波と大地反射波の通路差が変化して発生するフェージングを干渉性K形フェージングといい，周期が短く，減衰量は極めて大きくなる．Kの変化によって見通し距離や見かけ上の山岳の高さが変化し，回折損が変化することによって発生するフェージングを回折性K形フェージングといい，周期が長く，変動幅は比較的大きい．

(3) ダクト形フェージング

ラジオダクト内で複数個の伝搬経路が生じ，互いに干渉して発生する．周期は比較的長く，変動幅も比較的大きい．

(4) 散乱形フェージング

見通し外伝搬に用いられている散乱波伝搬で発生する．周期が短く，変動幅は大きい．

(5) 同期性フェージング・選択性フェージング

受信しようとする周波数帯域全体にわたって生じる場合を同期性フェージング，帯域の部分によってフェージングの状態が異なる場合を選択性フェージングという．

3 雑音

受信装置のアンテナ系から入る電波雑音を発生源から分類すると，**自然雑音**と**人工雑音**とがある．

自然雑音には雷の空電雑音や宇宙雑音などがあり，人工雑音には電気機械器具などから発生する雑音がある．また，自動車の点火装置から発生する**衝撃性雑音**，高周波利用設備から発生する**連続性雑音**，電気回路の断続などから発生する雑音があり，一般にMF（300〜3,000kHz）からUHF（300〜3,000MHz）にかけての広い範囲にわたって強度が高い．

Point

●フェージングの影響
① 陸上より海上または海岸地域で大きく，山岳地域では小さい．
② 伝搬距離が長いほど大きい．
③ 電波通路が地表に接近しているほど大きい．
④ 夜間は昼間よりフェージングの変動が大きい．
⑤ 晴天で静かな日はフェージングの変動が大きい．
⑥ 周波数が高くなるほどフェージングは増大する．
⑦ 夏期にフェージングは増大する．

8.8 衛星通信の電波伝搬

宇宙雑音の影響が多いのは20MHzから1GHzの周波数帯であり，周波数の2乗に逆比例して大きく，高い周波数ほど影響が小さい．

衛星までの伝搬距離が遠いので，周波数が高い方がアンテナ利得を大きくすることができるので有利であるが，10GHz以上の周波数では降雨による減衰が大きくなる．また，100MHz以下の周波数では電離層による減衰が大きい．これらの雑音や減衰特性を**図8·14**に示すと，1GHzから10GHzの周波数は衛星通信に利用しやすいことがわかる．この周波数帯を**電波の窓**という．

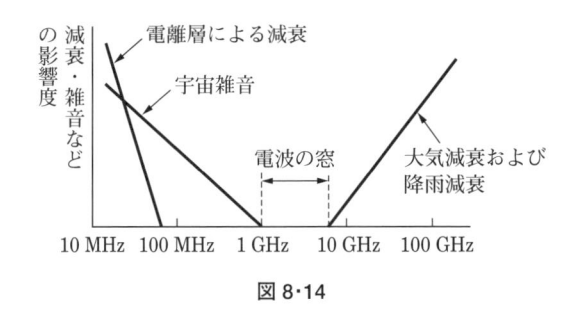

図 8·14

> 伝搬路中にある降雨域で受ける減衰は降雨量に比例し，電波の周波数が高いほど大きい．
> 大気中の水蒸気や酸素分子などによる減衰は，特定の周波数において共振現象により大きな減衰を受ける．水蒸気による減衰は，22.5GHzと183.3GHzの周波数で大きく見られる．酸素分子による減衰は，60GHz付近と118.75GHzの周波数で大きく見られる．

基本問題練習

問1

次の記述は，VHF帯の電波の伝搬について述べたものである．このうち誤っているものを下の番号から選べ．

1 地表波は，波長が短くなるにしたがって地表面による損失が増加し，その伝搬距離は短くなる．

2　VHF帯以上の周波数では，送信アンテナから受信アンテナへ，主に直接波と地表面などからの反射波とが伝わる．
3　送信点からの距離が可視距離（見通し距離）より遠くなると，波長が短くなるほど受信電界強度の減衰が少なくなる．
4　空間波は，波長が短くなり，E層，F層などの電離層を突き抜けるようになると，電離層反射波を生じなくなる．
5　可視距離（見通し距離）内で生じる直接波と大地反射波の受信電波の強度の干渉じま（電界強度の変化）は，波長が長いほど粗くなる．

▶▶▶▶▶ p.195

解説　送信点からの距離が可視距離（見通し距離）より遠くなると，波長が短くなるほど受信電界強度の減衰が大きくなる．

問2

次の記述は，超短波以上の電波の伝搬について述べたものである．このうち誤っているものを下の番号から選べ．
1　自由空間伝搬では，送信電力を2倍にすると受信電界強度は3dB高くなり，送受信点間の距離を2倍にすると受信電界強度は3dB低くなる．
2　平面大地で，送信点が受信点に比較的近い所では，受信アンテナの高さを加減することにより，自由空間伝搬と仮定した場合の電界強度の2倍近い値が得られることがある．
3　平面大地における送受信点間の距離が，送受信アンテナの高さに比べてはるかに大きい場合，受信アンテナの高さを2倍にすると，電界強度は6dB高くなる．
4　平面大地で，送受信アンテナの高さが送受信点間の距離に比べて非常に小さい場合，送受信点間の距離を2倍にすると，電界強度は12dB低くなる．

▶▶▶▶▶ p.196

解説　放射電力をP〔W〕，送受信点間の距離をd〔m〕，アンテナの絶対利得をGとすると，自由空間電界強度E〔V/m〕は，次式で表される．

$$E = \frac{\sqrt{30GP}}{d} \text{〔V/m〕}$$

これをデシベルで表すと，

$E_{dB} = 20\log_{10} E$ 〔dB〕

で表されるので，送信電力を2倍にすると電界強度E〔V/m〕は$\sqrt{2}$倍になるので，
$E_{dB} = 20\log_{10} 2^{\frac{1}{2}} = 10\log_{10} 2 ≒ 3$〔dB〕

解答

問1 −3

となって3dB高くなり，送受信点間の距離を2倍にすると電界強度E〔V/m〕は$\frac{1}{2}$になるので，

$$E_{dB} = 20\log_{10}\frac{1}{2} = 20\log_{10} 2^{-1} \fallingdotseq -6 〔\mathrm{dB}〕$$

したがって，6dB低くなる．

問3

次の記述は，電波の伝搬について述べたものである．このうち誤っているものを下の番号から選べ．

1 標準大気では高度が高くなるにつれて屈折率が減少するため，一般に電波は，地球の半径より大きな半径の円弧状の伝搬路に沿って伝搬する．
2 見通し距離内では，受信点の高さを変化させると，直接波と地表面反射波との干渉により，受信電界強度が変動する．
3 VHF帯の電波は，直進する性質があるので，山岳や建物などの障害物の背後には全く届かない．
4 VHF帯の電波は，スポラジックE層と呼ばれる電離層によって，見通し外の遠方まで伝わることがある．

▶▶▶▶ p.195

解説 VHF帯の電波には直進する性質があるので，山岳や建物などの障害物の背後では，直接波は減衰するが，回折波によって電波が届く．

問4

平滑な球面大地上の地上波伝搬を想定した場合，見通し外の受信点における受信アンテナの高さに対する電界強度の変化は，図8・15に示すように表すことができる．図8・15中の□内のA，B，C領域に到来する電波の主な伝搬波の正しい組合せを下の番号から選べ．

	A	B	C
1	直接波	回折波	地表波
2	地表波	直接波	直接波＋大地反射波
3	回折波	直接波＋大地反射波	地表波
4	直接波	大地反射波	回折波
5	地表波	回折波	直接波＋大地反射波

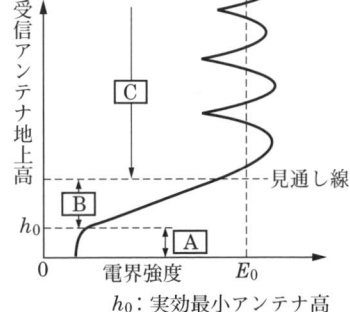

h_0：実効最小アンテナ高
E_0：自由空間値

図8・15

▶▶▶▶ p.196

● 解答 ●

問2 -1　問3 -3　問4 -5

問5

自由空間において，相対利得が30dBの指向性アンテナに2.5Wの電力を供給して電波を放射したとき，最大放射方向の受信点における電界強度が10mV/mとなる送受信点間距離の値として，最も近いものを下の番号から選べ．

ただし，電界強度E〔V/m〕は，放射電力をP〔W〕，送受信点間の距離をd〔m〕，アンテナの相対利得をG_a（倍数による表示（真数表示））とする.）とすると，次式で表されるものとする．また，アンテナおよび給電系の損失は無いものとする．

$$E = \frac{7\sqrt{G_a P}}{d} \text{〔V/m〕}$$

1　6km　　2　12km　　3　20km　　4　35km　　5　50km

▶▶▶▶ p.198

解説　電界強度E〔V/m〕は次式で表される．

$$E = \frac{7\sqrt{G_a P}}{d}$$

よって，送受信点間の距離d〔m〕は，

$$d = \frac{7\sqrt{G_a P}}{E} = \frac{7 \times \sqrt{1,000 \times 2.5}}{10 \times 10^{-3}} = \frac{7 \times 50}{10} \times 10^3 \text{〔m〕} = 35 \text{〔km〕}$$

ただし，相対利得30dBの真数$G_a = 1,000$とする．

問6

半波長ダイポールアンテナから放射電力40Wで送信したときの最大放射方向にある受信点の電界強度と同等の値が，同じ送信点に置いた相対利得9dBの八木アンテナからの送信により，その最大放射方向にある同じ受信点で得られたときの八木アンテナの放射電力の値として，最も近いものを下の番号から選べ．ただし，$\log_{10}2 \fallingdotseq 0.3$とする．

1　4.4W　　2　5.0W　　3　8.9W　　4　14W　　5　31W

▶▶▶▶ p.198

解説　八木アンテナの相対利得9dBの真数をG_aとすると，

$$9 \text{〔dB〕} = 3 \times 3 \fallingdotseq 3 \times 10\log_{10}2 = 10\log_{10}2^3$$
$$= 10\log_{10}8 = 10\log_{10}G_a$$

∴　$G_a = 8$

半波長ダイポールアンテナの放射電力をP〔W〕，八木アンテナの放射電力をP_a〔W〕とすると，同じ距離において受信点の電界強度が同等の値のときは，次式が成り立つ．

解答

問5 -4

$$G_a = \frac{P}{P_a}$$

よって,

$$P_a = \frac{P}{G_a} = \frac{40}{8} = 5 \text{ (W)}$$

問7

電波の自由空間伝搬において,自由空間伝搬損失 Γ_0 を表す式として,正しいものを下の番号から選べ。ただし,送信電波の波長を λ [m] および送受信アンテナ間の距離を d [m] とする。

1　$\Gamma_0 = 10 \log_{10} \frac{4\pi d}{\lambda}$ [dB]　　　　2　$\Gamma_0 = 20 \log_{10} \frac{4\pi d}{\lambda}$ [dB]

3　$\Gamma_0 = 10 \log_{10} \frac{\lambda d}{4\pi}$ [dB]　　　　4　$\Gamma_0 = 20 \log_{10} \frac{\lambda d}{4\pi}$ [dB]

5　$\Gamma_0 = 20 \log_{10} \frac{4\pi}{\lambda d}$ [dB]

▶▶▶▶▶ p.198

解説　$\Gamma_0 = 10 \log_{10} \left(\frac{4\pi d}{\lambda}\right)^2 = 20 \log_{10} \frac{4\pi d}{\lambda}$

問8

電波の伝搬において,送受信アンテナ間の距離を 12.5km,使用周波数を 6GHz とした場合の自由空間基本伝搬損失の値として,最も近いものを下の番号から選べ。ただし,自由空間基本伝搬損失 Γ_0（真数）は,送受信アンテナ間の距離を d [m],使用電波の波長を λ [m] とすると,次式で表される。

$$\Gamma_0 = \left(\frac{4\pi d}{\lambda}\right)^2$$

1　90dB　　2　110dB　　3　130dB　　4　140dB　　5　150dB

▶▶▶▶▶ p.198

解説　周波数 6GHz の電波の波長 λ [m] は,

$$\lambda = \frac{c}{f} = \frac{3 \times 10^8}{6 \times 10^9} = 5 \times 10^{-2} \text{ (m)}$$

解答

問6 -2　　問7 -2

自由空間基本伝搬損失 Γ_0（真数）をデシベルで表すと，

$$\Gamma_{0\mathrm{dB}} = 10\log_{10}\left(\frac{4\pi d}{\lambda}\right)^2$$

$$= 10\log_{10}\left(\frac{4 \times 3.14 \times 12.5 \times 10^3}{5 \times 10^{-2}}\right)^2 = 10\log_{10}(3.14 \times 10^6)^2$$

$$\fallingdotseq 10\log_{10}10^{13} = 130 \,[\mathrm{dB}]$$

ただし，$3.14^2 \fallingdotseq 10$ とする．

問9

図8·16に示すようなマイクロ波回線において，A局から送信機出力電力2Wで送信した場合，B局の受信機入力電力dBmの値として，正しいものを下の番号から選べ．ただし，自由空間伝搬損失を134dB，送信入力電力アンテナおよび受信アンテナのそれぞれの利得を42dB，送受信帯域フィルタのそれぞれの損失を2dB，給電線損失は0.2dB/mとする．

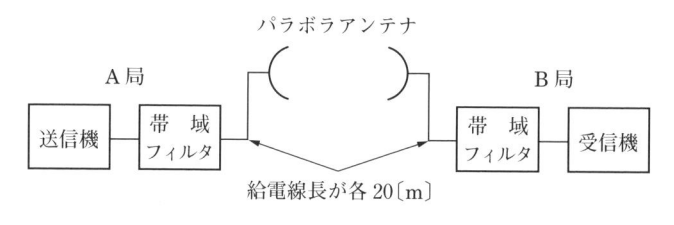

図8·16

1 −23   2 −29   3 −33   4 −40   5 −54

▶▶▶▶ p.198

解説 送信機出力電力 $P_T = 2\,[\mathrm{W}] = 2{,}000\,[\mathrm{mW}]$ を $P_T\,[\mathrm{dBm}]$ で表すと，

$$P_T = 10\log_{10}2{,}000 = 10\log_{10}2 + 10\log_{10}10^3 \fallingdotseq 33\,[\mathrm{dBm}]$$

自由空間伝搬損失を $\Gamma_0\,[\mathrm{dB}]$，送信および受信アンテナの利得をそれぞれ $G_T\,[\mathrm{dB}]$，$G_R\,[\mathrm{dB}]$，給電線の損失および長さを $L_F\,[\mathrm{dB/m}]$，$l\,[\mathrm{m}]$，帯域フィルタの損失を $L_B\,[\mathrm{dB}]$ とすると，受信機入力電力 $P_R\,[\mathrm{dBm}]$ は，

$$P_R = P_T + G_T - L_F l - L_B - \Gamma_0 + G_R - L_F l - L_B$$
$$= 33 + 42 - 0.2 \times 20 - 2 - 134 + 42 - 0.2 \times 20 - 2 = -29\,[\mathrm{dBm}]$$

解答

問8 -3   問9 -2

問 10

マイクロ波通信において，送信および受信アンテナの利得がそれぞれ45dB，自由空間伝搬損失が150dB，受信機の入力換算雑音電力が-120dBWであるとき，受信側アンテナの信号対雑音比として30dBを得るために必要な送信側電力の値として，正しいものを下の番号から選べ．

1 0.1mW   2 1mW   3 10mW   4 100mW   5 1W

▶▶▶▶▶ p.198

解説 送信および受信アンテナの利得をそれぞれ G_T〔dB〕, G_R〔dB〕, 自由空間伝搬損失を $\varGamma_0$〔dB〕, 受信側アンテナの信号対雑音比を S〔dB〕, 受信機の入力換算雑音電力を N〔dBW〕とすると,

$$S+N = P_T + G_T - \varGamma_0 + G_R$$

よって，送信側電力 P_T〔dBW〕は，

$$P_T = -G_T + \varGamma_0 - G_R + N + S$$
$$= -45 + 150 - 45 - 120 + 30 = -30 〔dBW〕$$
$$\therefore\ P_T = 10^{-3}〔W〕 = 1〔mW〕$$

問 11

次にあげる電気磁気および電磁波などに関係する法則のうち，電波の屈折率と入射角および屈折角の関係を表す法則として，正しいものを下の番号から選べ．

1 スネルの法則   2 ファラデーの法則   3 ジュールの法則
4 レンツの法則   5 正割法則

▶▶▶▶▶ p.199

問 12

次の記述は，電波の屈折について述べたものである．□内に入れるべき字句の正しい組合せを下の番号から選べ．

電波が屈折率の A 媒質Ⅰから B 媒質Ⅱへ入射するとき，電波の進行方向は屈折角が入射角より大きくなるように屈折する．媒質Ⅰおよび媒質Ⅱの屈折率が逆の場合には，屈折角が入射角より小さくなるように屈折する．短波の電離層伝搬や C はこの原理によるものである．

	A	B	C
1	小さな	大きな	VHF波の電離層散乱伝搬

解答

問10 -2   問11 -1

2	大きな	小さな	マイクロ波におけるハイトパターン
3	大きな	小さな	VHFおよびUHF波の大気による屈折
4	大きな	小さな	VHF波の電離層散乱伝搬
5	小さな	大きな	VHFおよびUHF波の大気による屈折

▶▶▶▶ p.199

問 13

次の記述は,電波の対流圏伝搬について述べたものである.このうち誤っているものを下の番号から選べ.
1 標準大気中では,送受信局間の電波の見通し距離は,幾何学的な見通し距離より長い.
2 標準大気中では,等価地球半径は真の地球半径より小さい.
3 等価地球半径を用いると,大気中をわん曲して進む電波を直進するものとして取り扱うことができる.
4 標準大気の屈折率の値は,1よりわずかに大きい.

▶▶▶▶ p.200

解説 標準大気中では,等価地球半径は真の地球半径より大きく,4/3倍となる.

問 14

次の記述は,大気の修正屈折指数(修正屈折率)(M)について述べたものである.このうち誤っているものを下の番号から選べ.
1 標準大気では,地上からの高さにつれて気温は低くなり,Mの値は減少する.
2 気象条件によって上層の大気が下層の大気より高温または低湿度となることがあり,このとき上層のMの値は減少する.
3 Mの値が高さとともに減少する大気層を逆転層という.
4 逆転層とその上側境界面のMの値に等しい下層面との間にラジオダクトが形成されることがある.

▶▶▶▶ p.200

解説 標準大気では,地上からの高さにつれて気温は低くなり,Mの値は増加する.

問 15

図8・17は地表高hに対する修正屈折率Mの分布を表すM曲線を示したものである.このうちS形ラジオダクトを形成するときの図を下の番号から選べ.

● 解答 ●

問12 -3　　問13 -2　　問14 -1

第8章 電波伝搬

図 8・17

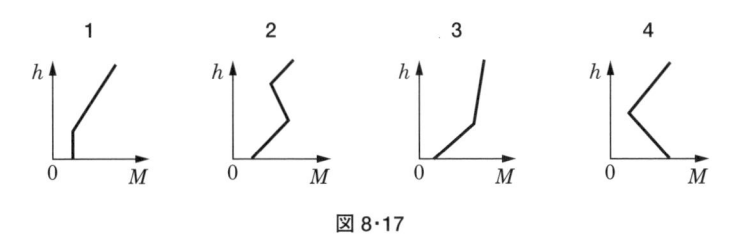

解説 問題図の選択肢において，各選択肢のM曲線の名称は，
1 転移形
2 S形（離地S形）
3 準標準形
4 接地形

2と4の状態のときにラジオダクトが発生する．

問 16

次の記述は，ラジオダクトについて述べたものである．このうち誤っているものを下の番号から選べ．

1 ラジオダクトによる伝搬は，気象状態の変化によるフェージングが少なく，長期間安定した通信が可能である．
2 ラジオダクトは，地表を取り巻く大気圏に発生する大気の屈折率の逆転層が発生の原因となる．
3 夜間冷却によるラジオダクトは，冬季のよく晴れた風のない日の陸上で，夜半から明け方に発生しやすい．
4 ラジオダクト内に閉じ込められて伝搬するVHF以上の電波は，少ない減衰で遠方まで伝わる．
5 逆転層発生の原因は，大地の夜間冷却，高気圧による下降気流の沈降，海陸風などの気象現象に伴うものである．

解説 ラジオダクトによる伝搬は，気象状態の変化によるフェージングが大きく，安定した通信はできない．

解答

問 15 -2   問 16 -1

問 17

大気中における，等価地球半径係数$K=1$のときの，球面大地での見通し距離dを求める式として，正しいものを下の番号から選べ．ただし，h_1〔m〕およびh_2〔m〕は，それぞれ送信および受信アンテナの地上高とする．

1　$d ≒ 3.57(\sqrt{h_1} + \sqrt{h_2})$〔km〕　　2　$d ≒ 3.57(h_1{}^2 + h_2{}^2)$〔km〕
3　$d ≒ 4.12(\sqrt{h_1 + h_2})$〔km〕　　4　$d ≒ 4.12(\sqrt{h_1} + \sqrt{h_2})$〔km〕
5　$d ≒ 4.12(h_1{}^2 + h_2{}^2)$〔km〕

▶▶▶▶ p.201

問 18

送信アンテナの地上高を81m，受信アンテナの地上高を36mとしたとき，電波による見通し距離の値として，最も近いものを下の番号から選べ．ただし，大地は球面とし，標準大気における電波の屈折を考慮するものとする．

1　38km　　2　44km　　3　53km　　4　62km　　5　70km

▶▶▶▶ p.202

解説　送受信アンテナの地上高をそれぞれh_1〔m〕，h_2〔m〕とすると標準大気における電波の見通し距離d〔km〕は，

$$d ≒ 4.12(\sqrt{h_1} + \sqrt{h_2})$$
$$= 4.12 \times (\sqrt{81} + \sqrt{36}) = 4.12 \times (9+6) ≒ 62 〔km〕$$

問 19

次の記述は，送受信点間の見通し線上にナイフエッジの縁がある場合，受信アンテナの高さが変わったとしたときの電界強度の変化について述べたものである．このうち誤っているものを下の番号から選べ．ただし，大地反射波の影響は無視するものとする．

1　見通し線より上方の領域では，受信アンテナを高くするにつれて受信電界強度は，自由空間の電界強度より強くなったり，弱くなったり，強弱を繰り返して自由空間の電界強度に近づく．
2　見通し線より下方の領域では，ナイフエッジによる回折波だけが到達するので，受信アンテナを低くするにつれて電界強度は急激に低下する．
3　受信電界強度は，見通し線上では，自由空間の電界強度の1/2となる．
4　見通し線より上方の電界強度の振動領域をクリアランスゾーンという．

▶▶▶▶ p.202

解説　見通し線より上方の電界強度の振動領域をフレネルゾーンという．

解答

問17-1　　問18-4　　問19-4

問 20

次の記述は，マイクロ波の電波の大気中における減衰について述べたものである．□内に入れるべき字句の正しい組合せを下の番号から選べ．

(1) 伝搬路中の降雨域で受ける減衰は，降雨量に A し，電波の周波数が高いほど B ．
(2) 特定の周波数の電波は，大気中の水蒸気や酸素分子などで C 現象を生じ，エネルギーが吸収されて減衰する．

	A	B	C		A	B	C
1	反比例	大きい	屈折	2	反比例	小さい	共振
3	比例	大きい	共振	4	比例	小さい	共振
5	比例	大きい	屈折				

▶▶▶▶ p.205

問 21

次の記述は，対流圏散乱伝搬について述べたものである．このうち誤っているものを下の番号から選べ．
1 対流圏散乱伝搬で通信に利用できる距離は，約400km以下である．
2 対流圏散乱による通信には，一般に大電力の送信機を必要とする．
3 対流圏散乱伝搬は極めて不安定であるため，夜間と昼間で使用する周波数を切り換える必要がある．
4 対流圏散乱伝搬で通信に利用される周波数は，一般に約200MHzから3,000MHzである．
5 対流圏で散乱した電波は，見通し外の地点まで伝搬する．

▶▶▶▶ p.203

解説 対流圏散乱伝搬は極めて不安定である．通信には，あらかじめ定められた周波数を使用し，切換えは行わない．

問 22

次の記述は，マイクロ波の見通し内伝搬におけるフェージングについて述べたものである．□内に入れるべき字句の正しい組合せを下の番号から選べ．ただし，降雨や降雪による減衰はフェージングに含まないものとする．
(1) フェージングは， A の影響を受けて発生する．
(2) 約10GHz以下の周波数帯では，一般に嵐や降雨などの日よりも風のない平穏な日に，フェージングが B ．

● 解答 ●

問 20 -3 問 21 -3

(3) 等価地球半径(係数)の変動により,直接波と大地反射波との通路差が変動するために生ずるフェージングを, C フェージングという.

	A	B	C
1	対流圏の気象	大きい	ダクト形
2	対流圏の気象	大きい	K形
3	対流圏の気象	小さい	K形
4	電離層の諸現象	小さい	ダクト形
5	電離層の諸現象	大きい	ダクト形

▶▶▶▶▶ p.203

問 23

次の記述は,マイクロ波の電波のフェージングについて述べたものである. 内に入れるべき字句の正しい組合せを下の番号から選べ.

(1) 大気中の微少なうずなどにより部分的に屈折率が変化するため,電波の一部が散乱して直接波との A が生じ,受信電界強度が比較的短い周期で小振幅の変動をする現象を B フェージングという.

(2) 大気屈折率の分布状態が変化して地球の等価半径係数が変化するため,直接波と大地反射波との干渉状態や大地による回折状態が変化して生じるフェージングを C フェージングという.

	A	B	C			A	B	C
1	干渉	シンチレーション	ダクト形		2	干渉	K形	ダクト形
3	干渉	シンチレーション	K形		4	減衰	K形	ダクト形
5	減衰	シンチレーション	K形					

▶▶▶▶▶ p.203

問 24

次の記述は,マイクロ波の電波のフェージングについて述べたものである. 内に入れるべき字句の正しい組合せを下の番号から選べ.ただし,降雨や降雪による減衰はフェージングに含まないものとする.

(1) フェージングは,一般に伝搬距離が長くなるほど A なり,また,周波数が高くなるほど増大する.

(2) 直接波のほかに,ラジオダクト内を伝搬して受信点に到達するために生ずるフェージン

● 解答 ●

問 22 -2   問 23 -3

第8章 電波伝搬

グを，$\boxed{B}$ フェージングという．

(3) フェージングは，一般に伝搬路が陸上にある場合よりも海上にある場合の方が $\boxed{C}$ ．

	A	B	C		A	B	C
1	小さく	ダクト形	大きい	2	小さく	K形	小さい
3	大きく	ダクト形	大きい	4	大きく	K形	小さい
5	大きく	ダクト形	小さい				

▶▶▶▶▶ p.203

問25

次の記述は，電波伝搬に関する用語である．このうちVHF帯以上の電波伝搬にほとんど関係しないものを下の番号から選べ．

1　ラジオダクト　　　2　等価地球半径　　　3　スポラジックE層
4　山岳回折　　　　　5　デリンジャー現象

▶▶▶▶▶ p.203

解説　スポラジックE層とデリンジャー現象は，電離層伝搬で発生する現象である．スポラジックE層はVHF帯の電波に影響するが，デリンジャー現象はHF帯の電波に影響する．

問26

次の記述は，電波雑音について述べたものである．$\boxed{}$ 内に入れるべき字句の正しい組合せを下の番号から選べ．

(1) 受信装置のアンテナ系から入る電波雑音を発生源から分類すると，空電雑音などの $\boxed{A}$ と，電気機械器具などから発生する人工雑音とがある．

(2) 人工雑音には，自動車の点火装置から発生する $\boxed{B}$ ，高周波利用設備から発生する $\boxed{C}$ ，電気回路の断続などから発生する雑音があり，一般にMF帯から $\boxed{D}$ 帯にかけての広い範囲にわたって強度が高い．

	A	B	C	D
1	熱雑音	連続性雑音	連続性雑音	UHF
2	熱雑音	連続性雑音	衝撃性雑音	SHF
3	自然雑音	衝撃性雑音	連続性雑音	UHF
4	自然雑音	衝撃性雑音	連続性雑音	SHF
5	自然雑音	連続性雑音	衝撃性雑音	UHF

▶▶▶▶▶ p.204

解答

問24 -3　　問25 -5　　問26 -3

問 27

次の記述は，マイクロ波を用いた多重通信回線に影響を与える雑音を示したものである．このうち一般に最も影響の小さいものを下の番号から選べ．

1　空電などの自然雑音
2　伝送路の非直線性によって生ずる準漏話雑音
3　中継回線の相互干渉によって生ずる干渉雑音
4　オーバリーチによって生ずる干渉雑音
5　装置の構成部品から発生する熱雑音

▶▶▶▶▶ p.204

解説　マイクロ波の多重通信回線には，空電による自然雑音の影響はない．空電は雷放電による雑音で，20MHz以下の周波数で影響が大きい．20MHz以上の周波数では宇宙雑音の方が大きくなり，1GHz以下の周波数まで影響があるが，マイクロ波帯には影響しない．

準漏話雑音は，主に周波数分割多重方式の通信回線で発生する雑音で，伝送路や送受信装置の非直線性によって，他の回線からの高調波や各周波数の組合せによって生ずる非了解性の漏話雑音である．

オーバリーチは2周波中継方式の中継局間で発生する干渉雑音である．

問 28

次の記述は，衛星通信に使用される電波の伝搬について述べたものである．このうち誤っているものを下の番号から選べ．

1　降雨による減衰量は，準ミリ波帯およびミリ波帯などで周波数とともに次第に増加する．
2　宇宙雑音の影響がないのは，30MHzから100MHzくらいまでの周波数帯である．
3　対流圏中の酸素や水蒸気の分子の吸収による減衰は，10GHz以上の周波数に現れる．
4　300MHz以上の周波数では，電離層を通過する際の減衰をほぼ無視することができる．

▶▶▶▶▶ p.205

解説　宇宙雑音の影響があるのは，20MHzから1GHzの周波数帯である．

問 29

次の記述は，衛星通信について述べたものである．このうち誤っているものを下の番号から選べ．

1　衛星通信を行うための周波数の組合せは，ダウンリンク用とアップリンク用の2波が必要である．

● 解答 ●

問 27 -1　　**問 28** -2

2　衛星からの電波は非常に微弱であり，地球局設備では受信設備自体の雑音を低くするため，低雑音増幅器が必要である．
3　VSAT制御地球局は大口径のカセグレンアンテナおよびVSAT地球局には小型のオフセットパラボラアンテナを用いることが多い．
4　衛星通信に10GHz以上の電波を使用する場合は，大気圏の降雨による減衰が少ないので，信号の劣化も少ない．
5　衛星通信のネットワークシステムには，ポイント・ツウ・マルチポイント型，ポイント・ツウ・ポイント型および双方向型などの方式がある．

▶▶▶▶▶ p.205

解説　衛星通信に10GHz以上の電波を使用する場合は，大気圏の降雨による減衰が大きいので，信号の劣化も大きい．

● 解答 ●

問29 -4

9 測定

9.1 基本電気計測

1 指示計器（電流計，電圧計）

主な指示計器とその特徴を図9・1に示す．

(1) 指示計器の種類

種類	記号	使用回路	用途	動作原理	特徴
可動コイル形		DC	VAΩ	永久磁石の磁界と可動コイルの電流による電磁力	確度が高い，高感度，平均値指示
可動鉄片形		AC (DC)	VAΩ	固定コイルの電流による磁界中の可動鉄片に働く力	構造が簡単，丈夫，安価
電流力計形		AC DC	VAW	固定・可動両コイルを流れる電流間に働く力	AC・DC両用，電力計，2乗目盛
整流形		AC	VAΩ	整流器と可動コイル形計器の組合せ	ひずみ波の測定で誤差を生じる，平均値を実効値に換算して指示
熱電対形		AC DC	VA	熱電対と可動コイル形計器の組合せ	直流から高周波まで使用できる，実効値指示
静電形		AC DC	V	電極間の静電吸引力または反発力	高電圧，小電流の回路の測定に適する．

表中の記号は，　AC：交流，DC：直流，V：電圧計，A：電流計，Ω：抵抗計，W：電力計

図 9・1

(2) 可動コイル形電流計

直流電流計，直流電圧計，整流形計器などに用いられる．図9・2に構造図を示す．永久磁石と円柱形鉄心によって放射状に均等な磁界が作られる．この中に置かれた可動コイルに測定電流を流すと電磁力が発生し，駆動トルクとなって可動コイルを回転させる．次に，駆動トルクとスプリングの制御トルクが釣り合った位置で指針が止まり，電流の値を指示する．指針は電流の大きさに比例して振れるので，電流の指示値は平等目盛りとなる．

図9・2

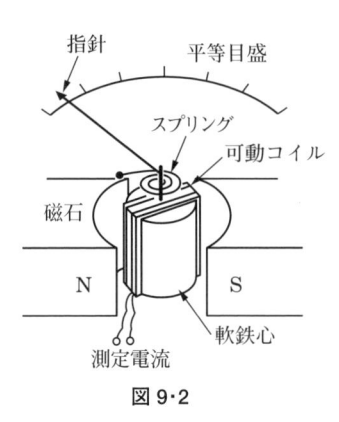

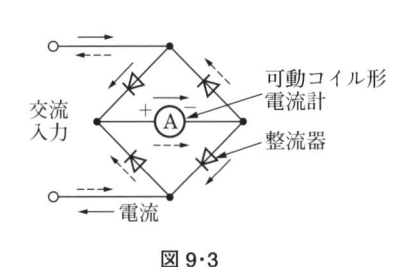

図9・3

(3) 整流形電流計

図9・3に示すように，可動コイル形電流計と整流器を組み合わせた構造で，交流電流計として用いられる．また，倍率器を付ければ交流電圧計として用いることもできる．指針は交流電流の平均値に比例して振れるが，目盛は正弦波の実効値に換算して記入してあるので，正弦波以外の交流を加えると誤差を生じる．

2 倍率器・分流器

(1) 倍率器

電圧計の測定範囲を広げるために電圧計と直列に接続する抵抗を**倍率器**という．

図9・4に示すように，電圧計の最大指示値をV_r〔V〕，内部抵抗をr〔Ω〕とすると，電圧計と倍率器を流れる電流I〔A〕は，

$$I = \frac{V_r}{r} \text{〔A〕} \tag{9.1}$$

このとき，回路に加わる測定電圧V〔V〕は，

$$V = RI + rI$$

よって，R〔Ω〕を求めると，

$$R = \frac{V - rI}{I} \text{〔Ω〕} \tag{9.2}$$

ここで，測定範囲の倍率をNとすると，Nは次式で表される．

$$N = \frac{V}{V_r}$$

式(9.2)に式(9.1)を代入すると，

$$R = \frac{V}{I} - r = \frac{V}{V_r}r - r = Nr - r = (N-1)r \text{〔Ω〕} \tag{9.3}$$

9.1 基本電気計測

図 9·4

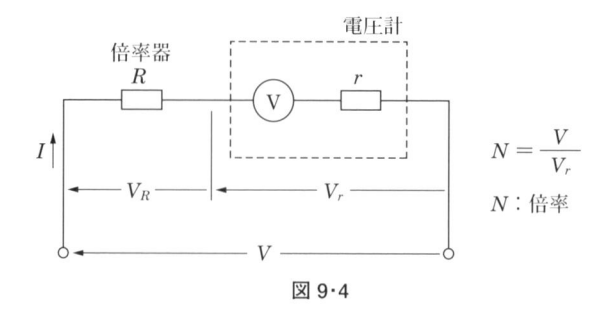

(2) 分流器

電流計の測定範囲を広げるために電流計と並列に接続する抵抗を**分流器**という．

図9·5に示すように，電流計の最大指示値をI_r〔V〕，内部抵抗をr〔Ω〕とすると，電流計および分流器に加わる電圧V〔V〕は，

$$V = I_r r \tag{9.4}$$

このとき，回路全体を流れる測定電流I〔A〕は，

$$I = \frac{V}{R} + \frac{V}{r}$$

よって，R〔Ω〕を求めると，

$$R = \frac{V}{I - \dfrac{V}{r}} \text{〔Ω〕} \tag{9.5}$$

ここで，測定範囲の倍率をNとすると，次式で表される．

$$N = \frac{I}{I_r}$$

式(9.5)に式(9.4)を代入すると，

$$R = \frac{I_r r}{I - \dfrac{I_r r}{r}} = \frac{r}{\dfrac{I}{I_r} - 1} = \frac{r}{N - 1} \text{〔Ω〕} \tag{9.6}$$

図 9·5

3 周波数カウンタ

周波数カウンタ（**計数式周波数計**）は，被測定入力信号を立ち上がりの早いパルスに変換し，ゲート回路を一定時間内に通過するパルスの数を計数することによって周波数を表示する測定器である．周波数カウンタの基本構成を図9·6に示す．

増幅回路で増幅された入力正弦波は，波形整形回路によって計数しやすいパルス波形に整形される．このとき，パルスの数は入力正弦波の1周期あたり1個のパルスとなる．

図 9・6

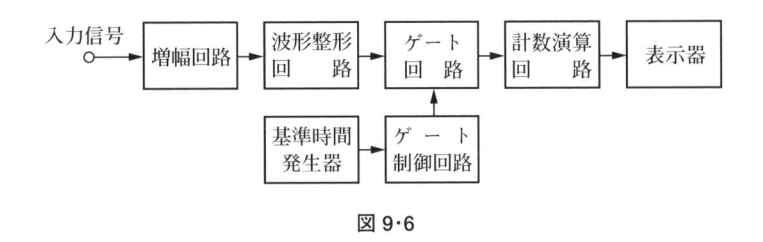

　ゲート回路では，このパルスを0.1秒，1秒などの一定の単位時間だけゲート回路を通過させ，その他の時間は遮断させるようにする．**計数演算回路**では，ゲート回路を通過したパルス数を計数回路を用いて計数し，その数値を**表示器**において10進数で表示する．

　基準時間発生器は，水晶発振回路と分周回路によって構成され，ゲート部の開閉時間の基準とするための基準周波数を発振する．この周波数の正確さが測定確度を左右する．分周回路は，基準周波数を適当な値に分周し，ゲート部を制御するために必要なゲート時間に該当する基準周波数を作る．

　ゲート制御回路は，ゲート回路の開閉を制御するための信号を供給する．また，同時に計数演算回路および表示器の制御に必要な時間基準の信号を与える．

　周波数カウンタで直接計測できる周波数の上限は，ゲートおよび計数器に用いられている半導体などの応答速度で決まり，通常，数100MHz程度である．それ以上の周波数を測定する場合は，被測定周波数を$1/M$に分周してゲート回路に加え，ゲート回路の開き時間をM倍とする**プリスケール方式**（前置分周器）や，被測定周波数と既知周波数の局部発振周波数とを混合して被測定周波数よりも低い差の周波数を作り，これを周波数測定回路で計算し，計算によって周波数を求める**ヘテロダイン変換方式**などがある．これらの方式を用いることにより，SHF帯の周波数も測定することができる．

> **Point**
> ●**周波数カウンタの測定誤差**
> **カウント誤差**　　入力信号とゲート波形の相互の位相関係により発生する誤差で，入力信号の±1カウントに相当する誤差．**非同期誤差**ともいう．
> **トリガ誤差**　　入力信号波に含まれる雑音によって発生する誤差．
> **基準時間発生器の周波数精度による誤差**　　基準時間を発生する水晶発振回路の安定度に基づく誤差．周波数カウンタの電源を投入した直後は水晶発振回路の変動が大きいので，十分に安定してから測定しなければならない．

4 オシロスコープ

　ブラウン管オシロスコープは，一定の周期をもつ電気現象や短い時間内に起こる過渡現象などを，静電偏向形ブラウン管に描かせて観測・測定することができる測定器である．

図9·7にトリガ同期方式オシロスコープの基本構成を示す．同期のかかりにくい各種の信号波にも，トリガパルスを用いて確実に同期をとることができるようにしたものである．入力信号波がないときはトリガ信号が発生せず，**水平軸**（時間軸）の掃引もしない．入力信号が入ると**垂直軸**に振れが生じ，同時にその周期に対応したトリガ信号が発生してのこぎり波を発生し，ブラウン管の時間軸を掃引して静止した観測波形を描かせる．また，トリガパルスは信号波がある大きさになったときに作られるので，信号波を**遅延回路**により一定の時間遅らせることによって，信号波形の最初の立ち上がり部分から観測することができる．

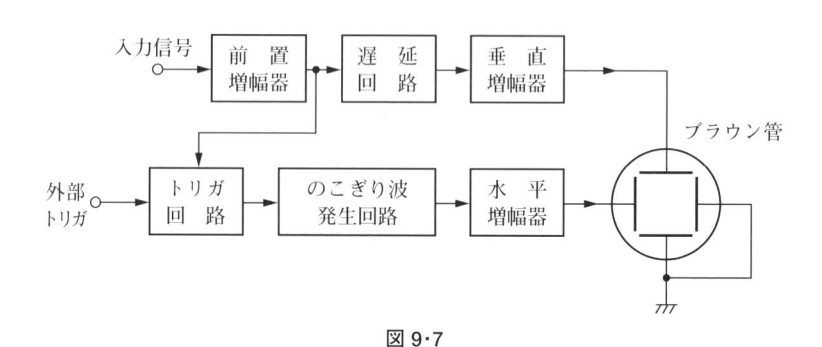

図 9·7

時間軸で信号を表示させるためには水平軸にのこぎり波電圧を加えるが，水平軸および垂直軸に交流の被測定正弦波電圧を加えると，その交流電圧の周波数が整数比のときにブラウン管面に**図9·8**のような静止図形が現れる．この図形を**リサジュー図形**という．リサジュー図形によって，二つの正弦波の周波数比とそれらの位相差を測定することができる．

伝送路によって劣化した**パルス波形**を垂直軸に加え，水平軸に被測定パルス信号のクロック信号で同期をかけ，パルス波形をいくつも重ね合わせて表示すると，表示された図形からパルス信号の劣化度を測定することができる．この図形を**アイパターン**という．

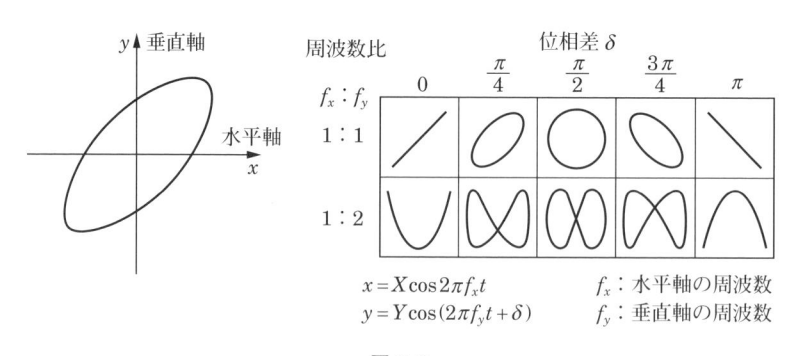

$x = X\cos 2\pi f_x t$
$y = Y\cos(2\pi f_y t + \delta)$

f_x：水平軸の周波数
f_y：垂直軸の周波数

図 9·8

9.2 マイクロ波帯の測定機器

1 空洞周波数計

図9・9に空洞周波数計の構造を示す．円筒形の空洞共振器の一端がしゅう動短絡板になっており，その軸方向の長さlをマイクロメータで変化させることができる構造なので，空洞共振器の容量を変化させることができる．

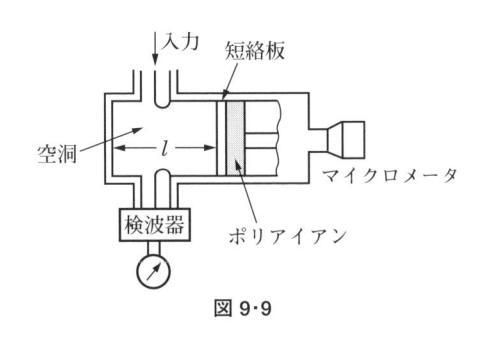

被測定マイクロ波電力を供給し，空洞の軸方向の長さlを変えると，被測定マイクロ波と共振したところで検波器の指示計が最大となる．このとき，マイクロメータの目盛と共振周波数の関係をあらかじめ較正しておけば，周波数を測定することができる．

図9・9

空洞共振器は，Qが数千から数万と非常に高いので，かなりの精度の周波数測定を行うことができる．通常，空洞の形状は円筒形のものが用いられ，共振器内でTE_{011}(H_{011})またはTE_{111}(H_{111})モードが用いられるが，TE_{011}モードは短絡板と空洞壁との接触部に電流が流れないので，高精度の測定を行うことができる．

また，短絡板に重ねてポリアイアンが用いられるが，ポリアイアンは，共振するモード以外の不要なモードの電波を吸収するためのものである．

2 マイクロ波帯の電力計

(1) ボロメータ電力計

図9・10のように，電力検出部にサーミスタやバレッタなどのボロメータを用いて，抵抗ー温度特性を利用した測定器である．これらにマイクロ波電力を吸収させ，発熱によって生じる抵抗変化をホイートストンブリッジで検出し，直流電力に置き換えて測定する．ボロメータは導波管などのマイクロ波伝送回路の一端に取り付けられており，マイクロ波電力をすべてボロメータに吸収させることができる．

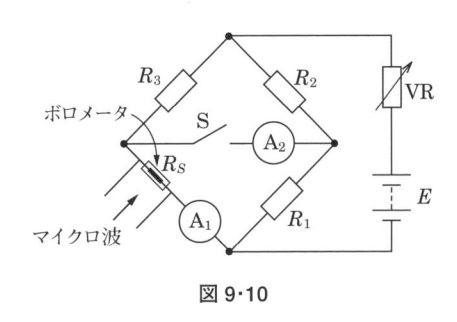

図9・10

マイクロ波を供給しない状態でスイッチSを閉じ，可変抵抗器VRを加減して電流計A_2の振れを最小にし，サーミスタに流れる電流I_1を電流計A_1で読み取る．このときのサーミスタの抵抗R_Sは，ホイートストンブリッジの平衡条件より，次式で表される．

$$R_S = \frac{R_1 R_3}{R_2}$$

次に，サーミスタにマイクロ波電力を加え，再びVRを調整してブリッジの平衡をとり，このときのサーミスタに流れる電流I_2を電流計A_1で読み取れば，サーミスタに吸収されたマイクロ波電力は次式で求めることができる．

$$P_S = (I_1^2 - I_2^2) R_S$$

ボロメータとは，温度が上昇すると抵抗値の変化する素子であり，よく用いられているものに**サーミスタ**とバレッタがある．**サーミスタ**はマンガン，ニッケル，コバルトなどの金属酸化物を焼き固めた半導体であって，温度上昇とともにその電気抵抗が減少する．**バレッタ**は白金に銀をかぶせた細い金属線であって，温度上昇とともにその電気抵抗が増大する．

100mW程度以下の比較的小さいレベルのマイクロ波電力を測定することができる．

(2) カロリーメータ形電力計

図9・11のように，導波管などのマイクロ波伝送回路の一端に誘電体隔壁を取り付け，終端に水の流入口と流出口を設けた構造である．マイクロ波電力を水に吸収させ，水の温度上昇を流入口と流出口に取り付けた温度計で測定する．

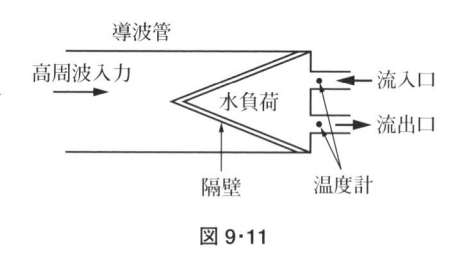

図9・11

一定量の水を流して温度が定常状態となったとき，流入口と流出口における水の温度差と単位時間当りの水の循環量がわかれば，これらの値から熱量を計算することによって，水に吸収された高周波電力を求めることができる．

数ワット以上の比較的大電力の測定に用いられる．

3 信号発生器

図9・12に，**周波数シンセサイザ方式**を用いた**標準信号発生器**（SSG：Standard Signal Generator）の基本構成を示す．

周波数シンセサイザ方式の主発振器出力は，変調器によって必要な変調方式で変調される．周波数シンセサイザの主発振器は，基準発振回路によって正確で変動の少ない発振出力を得ることができる．また，**自動レベル制御回路**によって安定な出力レベルが得られ，**出力減衰器**で正確なレベルに設定することができる．出力インピーダンスは周波数によって変化しないで，常に一定な値である．一般に50Ωが用いられている．

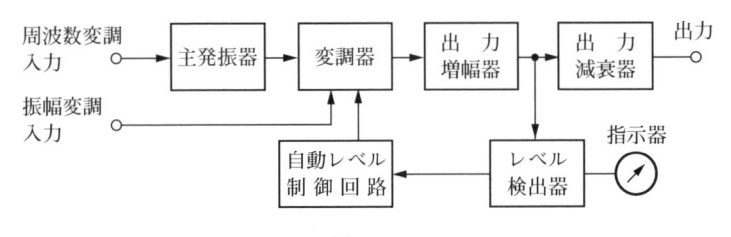

図 9・12

4 スペクトルアナライザ

　スペクトルアナライザは，横軸に周波数，縦軸に振幅をとり，入力信号が持っている各々の周波数成分ごとの振幅に分離して，ブラウン管に表示する測定器である．

　図9・13に，掃引同期方式スペクトルアナライザの基本構成を示す．ブラウン管の水平軸は，オシロスコープと同じように掃引発振器ののこぎり波電圧によって掃引する．一方，局部発振器の発振周波数は，掃引発振器の水平軸と同期して変化する．

　入力信号は，周波数変換器で局部発振周波数と混合されて中間周波数に変換され，掃引中に入力信号のそれぞれの周波数成分の中間周波数が中間周波フィルタの選択周波数に一致したとき，その周波数成分の振幅がブラウン管の垂直軸上に現れる．

> スペクトルアナライザは，送信機で発生する寄生振動などのスプリアス，送信機の占有周波数帯幅，FM送信機の周波数偏移や変調指数，増幅器の高調波ひずみ，非線形素子の混変調ひずみや相互変調ひずみ，パルス波形などの波形ひずみの測定などに用いられる．

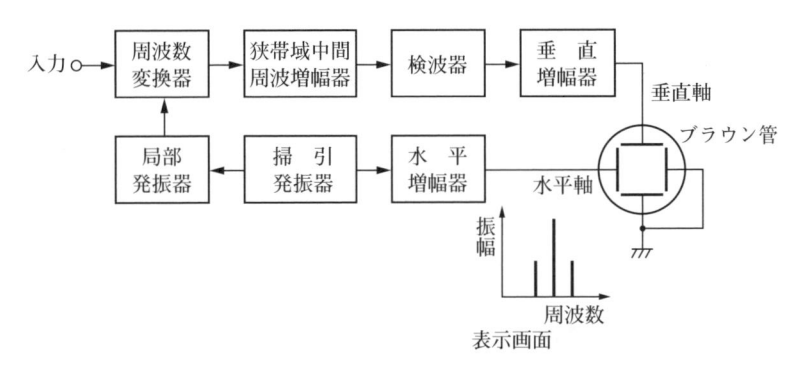

図 9・13

9.2　マイクロ波帯の測定機器

> **Point**
> ●スペクトルアナライザの機能の条件
> ① 感度がよい．
> ② 周波数安定度が十分である．
> ③ 周波数および振幅の表示が正確である．
> ④ 十分な分解能帯域幅を持つ．
> ⑤ 周波数特性が広く平坦である．
> ⑥ スプリアスが少ない．
> ⑦ ダイナミックレンジが大きい．

9.3 無線機器に関する測定

1 準漏話雑音の測定

　準漏話雑音は，SS－SS送受信装置やSS－FM送受信装置で発生する雑音であり，伝送帯域以外の帯域の信号が変復調器の非直線ひずみなどによって雑音となるものである．

　図9・14に，準漏話雑音を測定するときの基本的な構成を示す．送信装置，伝送路，受信装置などで構成された被測定系の送信装置の入力に**雑音発生器**（NG）の雑音を加える．このとき，測定しようとする帯域の**帯域消去フィルタ**（BEF）を通して，その伝送帯域以外の雑音を加える．受信装置の出力は測定しようとする帯域の**帯域通過フィルタ**（BPF）を通して，その帯域の出力雑音レベルを**レベルメータ**（LM）で測定する．これによって，被測定帯域以外の帯域からの準漏話雑音を測定することができる．

雑音発生器は全伝送周波数帯域内で平坦な雑音電力を発生する．

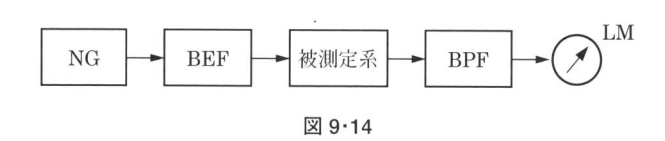

NG → BEF → 被測定系 → BPF → LM

図 9・14

2 ビット誤り率特性の測定

　符号の伝送においては，伝送路の特性や雑音の影響によって伝送波形がくずれ，受信部で符号の判別を誤ることがある．

(1) 送信部および受信部が同一の場所にある場合

図9・15に測定系の基本的な構成を示す．誤りパルス検出器に加えられるパルス列は，同一のパルスパターン発生器を使用するので，どのようなパターンでも測定することができる．伝送系のあらゆる応答を測定するためには，すべての周波数成分を持つランダムパターンが用いられる．

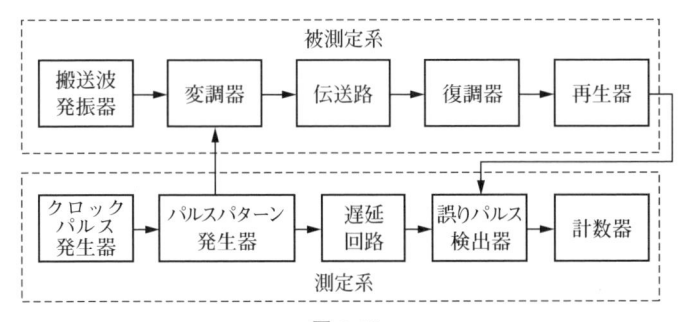

図 9・15

(2) 送信部と受信部が離れて設置されている場合

図9・16に測定系の基本的な構成を示す．誤りパルス検出器に加えられるパルス列は，送信部と受信部が離れて設置されているので，同一のパルスパターン発生器を使用することができない．送信部でランダムパターンを用いても受信部で再現性がないので，擬似ランダムパターンが用いられる．

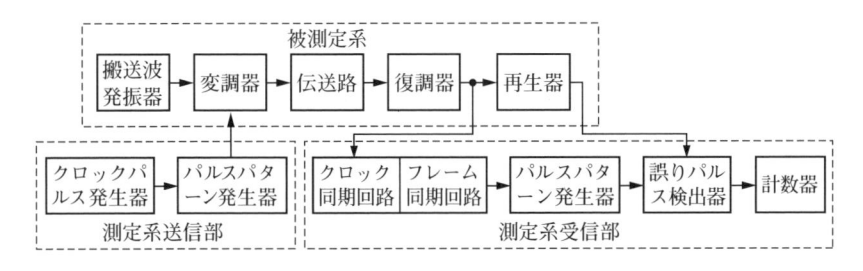

図 9・16

(3) 測定方法

① 測定系送信部のパルスパターン発生器の出力を，被測定系の変調器に加える．
② 測定系受信部において，誤りパルス検出器に被測定系再生器の出力とパルスパターン発生器の出力の，それぞれのパルス列を加える．
③ 測定系受信部において，誤りパルス検出器は二つのパルス列を比較して各パルスの極性の一致・不一致を検出し，単位時間当たりの誤りパルス数を計数し，計数表示器で表

示する．

3 アイパターン

パルス信号の伝送時に発生する雑音や波形ひずみを総合的に観測する方法である．受信側で，送られてきたパルス波形をオシロスコープの垂直軸に加え，水平軸は被測定パルス信号のクロック信号で同期をかけたパルス波形をいくつも重ね合わせて表示する．図9・17にアイパターンを示す．図9・17において，アイが大きいほど雑音に対する余裕があることを示す．アイの縦方向の開き具合はパルスの振幅に関係し，横方向の開き具合はパルスの位置に関係する．

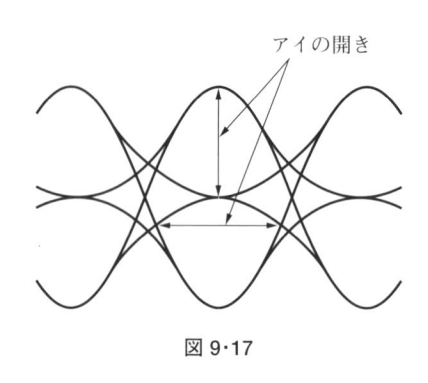

図9・17

伝送系の雑音や波形ひずみが大きいと，アイの開きは小さくなる．

> **Point**
>
> ●アイパターンの劣化の原因
> アイの縦方向の開き具合は，パルス符号間の干渉，エコー，出力パルスのレベル変動などのパルス振幅の劣化で狭められる．
> アイの横方向の開き具合は，出力パルス幅の変動，ジッタによるパルスの位置の変動などにより劣化する．

9.4 アンテナ系に関する測定

1 電圧定在波比の測定

導波管や同軸線路などの線路は，線路の電圧分布を直接測定しにくいので，反射係数などの測定においては**方向性結合器**が用いられる．主線路のインピーダンスの変化をなるべく少なくするように，導波管などの一部に副線路を疎に結合させたものである．

図9・18に，導波管回路に用いられる方向性結合器を示す．主導波管に隣接して副導波管を結合させ，その共通壁上に，管内波長λ_gの1/4離れた位置に大きさの等しい二つの結合孔を開けた構造である．

主導波管の①から②の方向に進行波電力が，②から①の方向に反射波電力が伝送されているとき，副導波管へは結合孔を通して電力の一部が結合されるが，①方向から伝送される進

行波電力は④方向には同位相で出力されるが，④側の結合孔から結合された電力は③側の結合孔と経路差が往復で$\lambda_g/2$となって逆位相で合成されるため，③方向には出力されない．同様に，②方向から伝送される反射波電力は，③方向には出力されるが④方向には出力されない．

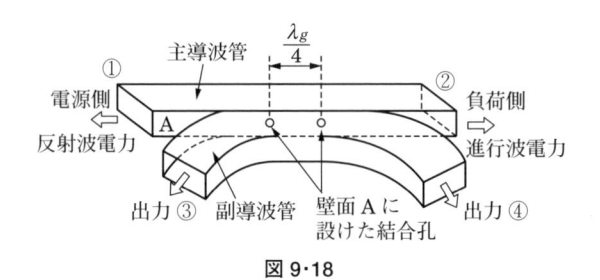

図9・18

方向性結合器を用いて，反射波電圧と進行波電圧の比を測定し，**電圧反射係数** Γ を求めると，**電圧定在波比** S は次式で表される．

$$S = \frac{1+\Gamma}{1-\Gamma} \tag{9.7}$$

図9・18の方向性結合器の副導波管の進行波電力に比例する端子④に電力計1を接続し，反射波電力に比例する端子③に電力計2を接続して，それぞれの測定電力を M_1，M_2 とすると，電圧反射係数 Γ は次式で表される．

$$\Gamma = \sqrt{\frac{M_2}{M_1}} \tag{9.8}$$

2 マジックT

導波管の分岐には，電界面で分岐させる**E面T分岐**と磁界面で分岐させる**H面T分岐**がある．**マジックT**はこれらの分岐導波管を組み合わせたもので，分岐した後の導波管の遮断波長が短いため遮断されて伝わらないという原理を用いて，入射波が特定の方向に出力することを利用したものである．

図9・19のマジックTによる反射係数の測定回路おいて，①端子に無反射終端，②端子に被測定回路，③端子に高周波電力計を接続し，④端子から高周波電力を供給すると，②端子に接続された被測定回路のインピーダンスが導波管に整合していない場合に反射波を生じ，この一部が③端子に現れて高周波電力計で測定することができる．このときの電力計の指示から反射係数を求めることができる．

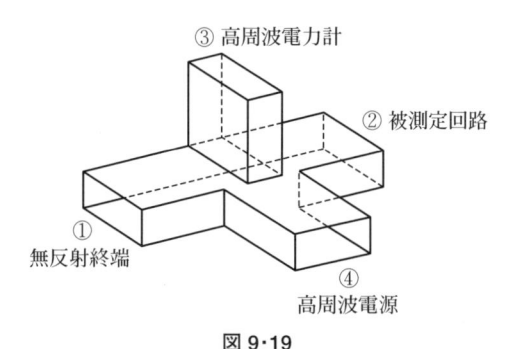

図9・19

9.4 アンテナ系に関する測定

基本問題練習

問 1

次の記述は，指示電気計器について述べたものである．このうち誤っているものを下の番号から選べ．

1. 図 9・20 (a) は，可動コイル形計器の図記号であり，直流専用である．
2. 図 9・20 (a) の計器で脈流電流を測定すると，その平均値が指示される．
3. 図 9・20 (b) は熱電対形計器の図記号であり，交流専用である．
4. 図 9・20 (a) と図 9・20 (b) の計器を組み合わせたものは，高周波電流および電力の測定に用いられる．

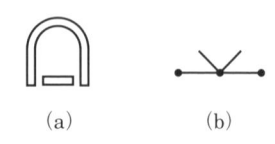

図 9・20

▶▶▶▶ p.220

問 2

最大指示値が 15V で内部抵抗が 90kΩ の直流電圧計に，測定範囲を拡大するため 450kΩ の抵抗を直列に接続したときの最大指示値として，正しいものを下の番号から選べ．

1. 60V　　2. 75V　　3. 90V　　4. 105V

▶▶▶▶ p.221

解説 図 9・21 に示すように，電圧計の最大指示値を V_r [V]，内部抵抗を r [Ω] とすると，このとき回路に流れる電流 I [A] は，

$$I = \frac{V_r}{r} = \frac{15}{90 \times 10^3} = \frac{1}{6} \times 10^{-3} \text{ [A]}$$

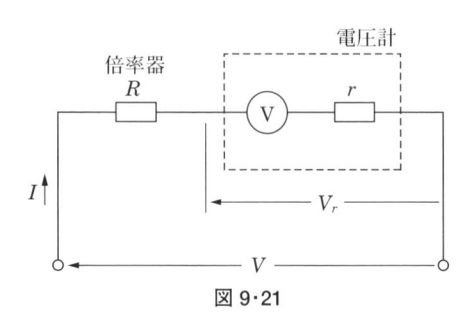

図 9・21

解答

問 1 －3

倍率器の抵抗を R〔Ω〕とすると，回路に加わる電圧の最大指示値 V〔V〕は，

$$V = (R+r)I = (450 \times 10^3 + 90 \times 10^3) \times \frac{1}{6} \times 10^{-3} = \frac{540}{6} = 90 〔\text{V}〕$$

問3

内部抵抗 r の電流計に，$r/3$ の値の分流器を接続したときの測定範囲の倍率として，正しいものを下の番号から選べ．

1 2倍　　2 3倍　　3 4倍　　4 5倍　　5 6倍

▶▶▶▶ p.222

解説 図9・22に示すように，電流計の最大指示値を I_r，分流器に流れる電流を I_R とすると，電流計の内部抵抗 r に対して分流器の内部抵抗は $r/3$ だから，電流計と分流器に流れる電流は抵抗に反比例するので，

$I_R = 3I_r$

回路を流れる電流 I は，

$I = I_r + I_R = I_r + 3I_r = 4I_r$

よって，測定範囲の倍率 N は，

$$N = \frac{I}{I_r} = \frac{4I_r}{I_r} = 4$$

または，次式に問題文の数値を代入しても求めることができる．

$$R = \frac{r}{N-1} 〔Ω〕$$

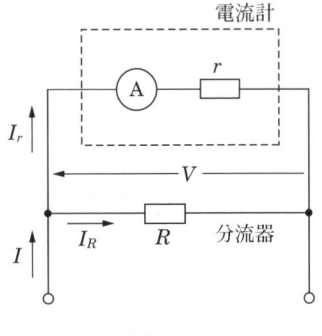

図9・22

問4

図9・23に示す計数式周波数計（周波数カウンタ）の動作原理について述べたものである．□内に入れるべき字句の正しい組合せを下の番号から選べ．ただし，□内の同じ記号は，同じ字句を示す．

(1) 被測定入力信号は入力回路でパルスに変換され，被測定入力信号と同じ □A□ を持つパルス列が，ゲート回路に加えられる．
(2) 水晶発振器と分周回路で構成される □B□ が正確な周波数を発振し，ゲート制御回路は，正確な時間間隔でパルス列を通過させるように，ゲート回路を制御する．

● 解答 ●

問2 -3　　問3 -3

図 9・23

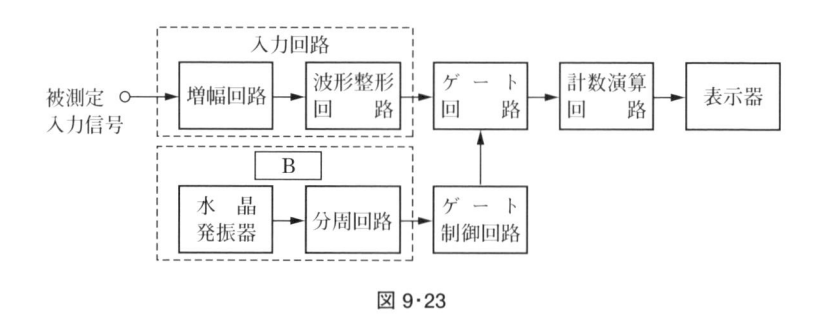

(3) T〔秒〕間にゲート回路を通過するパルス数Nを，計数演算回路で計数演算すれば，周波数f〔Hz〕は，$f=N/T$として測定できる．

(4) 被測定入力信号の周波数が高い場合は，波形整形回路とゲート回路の間に C が用いられることもある．

	A	B	C
1	周期	基準時間発生器	逓倍回路
2	周期	周波数変換器	逓倍回路
3	周期	基準時間発生器	分周回路
4	振幅	周波数変換器	逓倍回路
5	振幅	基準時間発生器	分周回路

▶▶▶▶▶ p.222

問5

次の記述は，周波数カウンタ（計数形周波数計）の非同期誤差（±1カウント誤差）について述べたものである．このうち正しいものを下の番号から選べ．

1 被測定装置と周波数カウンタを接続するケーブルの伝送損失によって±1カウントの誤差が生ずる．
2 ゲートの開閉信号とトリガパルスの位相の関係が一定でないことにより，カウント数が1カウント増減するために生ずる．
3 被測定装置と周波数カウンタとのインピーダンス整合がとれていないときに生ずる．
4 基準発振器の周波数が周囲温度や電源電圧によって変動するため，カウント数に変動が生ずる．
5 被測定信号にスプリアスまたは雑音が含まれているために±1カウントの誤差が生ずる．

▶▶▶▶▶ p.223

● 解答 ●

問4 -3　　問5 -2

問6

次の記述は，ブラウン管オシロスコープについて述べたものである．□内に入れるべき字句の正しい組合せを下の番号から選べ．ただし，□内の同じ記号は，同じ字句を示す．

垂直軸偏向板および水平軸偏向板に交流の正弦波電圧を加えたとき，その交流電圧の A が整数比になると，ブラウン管面に各種の静止図形が現れる．この図形を B といい，交流電圧の A の比較や C の観測を行うことができる．

	A	B	C
1	振幅	リサジュー図形	位相差
2	振幅	アイパターン	ひずみ率
3	周波数	リサジュー図形	位相差
4	周波数	アイパターン	ひずみ率
5	周波数	リサジュー図形	ひずみ率

▶▶▶▶▶ p.223

問7

次の記述は，図9・24に示すような原理的構造を持つマイクロ波帯の円筒空洞周波数計に関して述べたものである．誤っているものを下の番号から選べ．

1 共振のQを高くするためには，空洞内部に壁面損の少ない材料を使用する．
2 空洞が共振した点で，検波器のメータの指示値は上がる．
3 ポリアイアンは，共振するモードの電波を吸収するためのものである．
4 空洞周波数計は，空洞の大きさとマイクロ波の共振現象を利用した周波数計である．
5 マイクロメータは，空洞の軸方向の長さを変えて，共振周波数（測定周波数）を求めるために使用する．

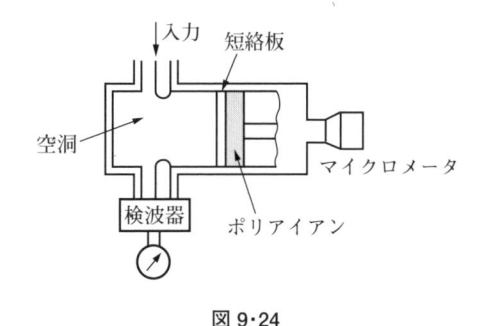

図9・24

▶▶▶▶▶ p.225

解説　ポリアイアンは，共振するモード以外の不要なモードの電波を吸収するためのものである．

解答

問6 -3　　問7 -3

問 8

次の記述は，動作原理の異なる電力計の名称である．このうち電力を吸収することにより抵抗値が変化する素子を利用したマイクロ波の電力計として，正しいものを下の番号から選べ．

1　カロリーメータ形電力計　　2　電流力計形電力計
3　サンプリング形電力計　　4　ボロメータ形電力計
5　CM形電力計

▶▶▶▶ p.225

問 9

マイクロ波の電力測定において，数ワット以上の比較的大電力の測定に適した電力計として，一般的に用いられるものを下の番号から選べ．

1　電流力計形電力計　　2　CM形電力計　　3　ボロメータ形電力計
4　カロリーメータ形電力計　　5　サンプリング形電力計

▶▶▶▶ p.226

問 10

次の記述は，マイクロ波などの高周波電力の測定器に用いられるボロメータについて述べたものである．□内に入れるべき字句の正しい組合せを下の番号から選べ．

ボロメータは，半導体または金属が電波を吸収すると温度が上昇し，電気抵抗が変化することを利用したもので，主として A の高周波電力の測定に用いられる．ボロメータとして実用されているものにサーミスタがあり，サーミスタは B であって，温度上昇とともに抵抗値が C する特性を利用したものである．

	A	B	C		A	B	C
1	数10mW以下	半導体	増加	2	数10mW以下	半導体	減少
3	数10mW以下	金属	減少	4	数W以上	金属	増加
5	数W以上	半導体	増加				

▶▶▶▶ p.226

解答

問 8 -4　　問 9 -4　　問 10 -2

問 11

送信機の出力電力を20dBの減衰器を通過させて電力計で測定したとき，その指示値が5mWであった．この出力電力の値として，最も近いものを下の番号から選べ．

1 15mW   2 25mW   3 50mW   4 100mW   5 500mW

▶▶▶▶▶ p.226

解説 減衰器の減衰量をΓ_{dB}〔dB〕，真数をΓとすると，

$\Gamma_{dB} = 10\log_{10}\Gamma$

$20 = 2\times 10 = 10\log_{10}10^2$　∴　$\Gamma = 10^2$

測定器の指示値をP_M〔mW〕，送信機の出力電力をP_O〔mW〕とすると，

$P_O = \Gamma P_M = 10^2 \times 5 = 500$〔mW〕

問 12

図9・25に示す増幅器の利得の測定回路において，レベル計の指示が0dBmとなるように信号発生器の出力を調整して，減衰器の減衰量を17dBとしたとき，電圧計の指示が0.775Vとなった．このとき被測定増幅器の電力増幅度の値（真数）として，最も近いものを下の番号から選べ．ただし，信号発生器，減衰器，被測定増幅器および負荷抵抗は正しく整合されており，レベル計および電圧計の入力インピーダンスは十分高い値とする．また，dBmは1mWを基準レベルとしたデシベル表示であり，$\log_{10}2 \fallingdotseq 0.3$とする．

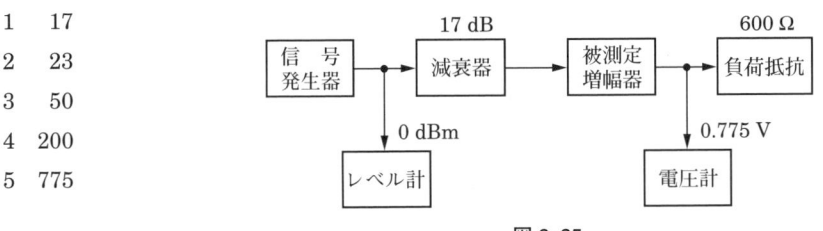

1 17
2 23
3 50
4 200
5 775

図9・25

▶▶▶▶▶ p.226

解説 負荷抵抗をR〔Ω〕，電圧計の指示をV〔V〕とすると，出力電力P〔W〕は，

$P = \dfrac{V^2}{R} = \dfrac{0.775^2}{600} \fallingdotseq 1\times 10^{-3}$〔W〕$= 1$〔mW〕

出力電力をdBmで表すと$P_{dBm} = 0$〔dBm〕であり，入力電力が0dBmであるから，増幅器の利得G_{dB}は減衰器の減衰量と同じ17dBとなる．これを真数Gで表すと，

17〔dB〕$= 10\log_{10}G$

● 解答 ●

問11 - 5

$$2 \times 10 - 3 = 10\log_{10}10^2 - 10\log_{10}2 = 10\log_{10}\frac{10^2}{2}$$

$$\therefore \quad G = \frac{100}{2} = 50$$

問13

次の記述は，マイクロ波用標準信号発生器として必要な条件について述べたものである．このうち誤っているものを下の番号から選べ．
1 出力の周波数およびレベルが正確で安定であること．
2 出力インピーダンスが可変であること．
3 出力端子以外からの高周波信号の漏れがないこと．
4 変調度が正確でひずみが小さいこと．

▶▶▶▶▶ p.226

解説 出力インピーダンスは一定であることが必要である．

問14

次にあげる測定器のうち，単独で使用して送信機のスプリアス発射の周波数やレベルを計測できるものを下の番号から選べ．
1 周波数カウンタ　　2 定在波測定器　　3 ボロメータ形電力計
4 マイクロ波信号発生器　　5 スペクトルアナライザ

▶▶▶▶▶ p.227

問15

次の記述は，スペクトルアナライザに必要な特性について述べたものである．このうち誤っているものを下の番号から選べ．
1 測定周波数帯域内の任意の信号を同一の確度で測定できるように，周波数特性が広く平坦であること．
2 互いに近接している信号を十分に分離できること．
3 スプリアスが少なく，ダイナミックレンジが十分大きいこと．
4 微弱な信号も検出できるよう高感度であること．
5 掃引発振器の発振周波数は，できる限り安定で，かつ，その波形が理想的な方形波に近いこと．

解答

問12 -3　　**問13** -2　　**問14** -5

解説　掃引発振器の発振周波数はできる限り安定で，かつ，その波形が理想的なのこぎり波に近いこと．

問 16

次の記述は，ブラウン管オシロスコープおよびスペクトルアナライザについて述べたものである．□内に入れるべき字句の正しい組合せを下の番号から選べ．
(1) ブラウン管オシロスコープは，水平軸に A を，垂直軸に振幅をとり，観測信号の波形を表示する装置である．
(2) スペクトルアナライザは，水平軸に B を，垂直軸に C をとり，観測信号を分析・表示する装置であって，スペクトルの分析やスプリアスの測定などに用いられる．

	A	B	C		A	B	C
1	周波数	時間	振幅	2	周波数	時間	位相
3	時間	周波数	時間	4	時間	周波数	振幅
5	時間	周波数	位相				

問 17

次の記述は，多重回線の雑音負荷による準漏話雑音を測定する場合の注意事項について述べたものである．このうち誤っているものを下の番号から選べ．
1 被測定装置に加える雑音は，できるだけ狭い帯域に設定すること．
2 雑音の入力レベルを規定値にすること．
3 測定周波数は，実際の運用状態で使われる測定チャネルを用いること．
4 被測定装置を実際の使用状態に調整して測定を行うこと．
5 準漏話雑音と熱雑音のレベル差が少ない場合は，熱雑音のみを測定して校正すること．

解説　被測定装置に加える雑音は，全伝送帯域にわたって平坦な雑音に設定すること．

解答

問 15 -5　問 16 -4　問 17 -1

問 18

図9・26は，被測定系の送受信装置が同一場所にある場合のビット誤り率測定のための構成例である．図中の□内に入れるべき字句の正しい組合せを下の番号から選べ．

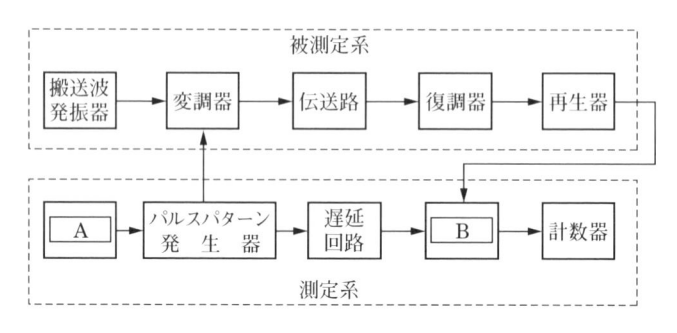

図 9・26

	A	B
1	マイクロ波信号発生器	スペクトルアナライザ
2	基準水晶発振器	パルス整形回路
3	雑音発生器	D－A変換回路
4	クロックパルス発生器	誤りパルス検出器

▶▶▶▶ p.229

問 19

次の記述は，図9・27に示す被測定系の送信部と受信部が離れて設置されている場合のビット誤り率特性を測定する方法について述べたものである．このうち誤っているものを下の番号から選べ．

1 測定系送信部のパルスパターン発生器の出力を被測定系の変調器に加える．
2 測定に用いるパルスパターンは，擬似ランダムパターンであることが多い．
3 測定系受信部では，受信パルス列から抽出したクロックパルスと同期したパルスでパルスパターン発生器を駆動する．
4 測定系受信部において，誤りパルス検出器に，被測定系再生器の出力とパルスパターン発生器の出力のそれぞれのパルス列を加える．
5 測定系受信部において，誤りパルス検出器は，二つのパルス列を比較して極性が一致したものを検出し，計数表示器でその単位時間当たりの数を計数し表示する．

● 解答 ●

問 18 －4

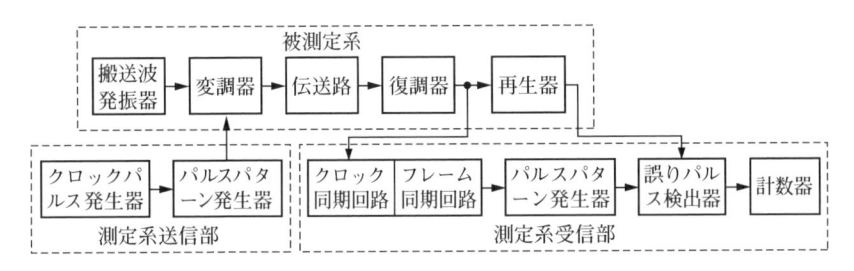

図 9・27

解説 測定系受信部において，誤りパルス検出器は二つのパルス列を比較して各パルスの極性の一致・不一致を検出し，単位時間当たりの誤りパルス数を計数し，計数表示器で表示する．

問 20

次の記述は，伝送路などの品質評価方法の一つであるアイパターンによって観測できる事項について述べたものである．このうち正しいものを下の番号から選べ．
1 デジタル送信機，中継器などから発生する高調波の波形および周波数
2 デジタル信号の伝送系で発生する雑音および波形ひずみ
3 アナログ多重信号の伝送系で発生する雑音および波形ひずみ
4 デジタル信号の伝送時におけるビット誤り率

▶▶▶▶▶ p.230

問 21

次の記述は，デジタル伝送における品質評価方法の一つであるアイパターンの観測について述べたものである．このうち誤っているものを下の番号から選べ．
1 識別器直前のパルス波形を，パルス繰返し周波数（クロック周波数）に同期して，オシロスコープ上に描かせて観測する．
2 パルス信号の伝送時に発生する雑音や波形ひずみなどを観測できる．
3 伝送系のひずみや雑音が大きいほど，アイの開き（アイアパチャ）が大きい．
4 アイパターンの観測では，定量的な測定や発生率の低い現象の観測は困難である．

▶▶▶▶▶ p.230

解説 伝送系のひずみや雑音が小さいほど，中央部のアイの開きは大きく，かつ方形に近づく．

● 解答 ●

問 19 -5　　問 20 -2　　問 21 -3

問 22

次の記述は，導波管回路に用いられる方向性結合器について述べたものである．☐内に入れるべき字句の正しい組合せを下の番号から選べ．

(1) 方向性結合器は，図9・28に示すように主導波管に隣接して副導波管を結合させ，その共通壁上に，管内波長の A だけ隔てた大きさの等しい二つの孔（結合孔）を開けたものである．

(2) 主導波管の右方向へ進行波電力が，左方向に反射波電力が伝送されているとき，副導波管の出力①には， B 電力に比例した電力が，また，副導波管の出力②には， C 電力に比例した電力が得られる．

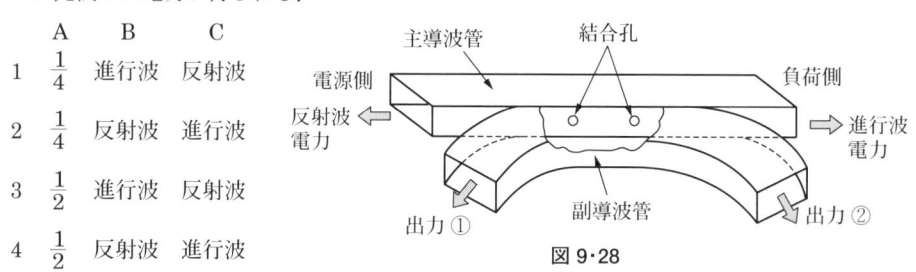

	A	B	C
1	$\frac{1}{4}$	進行波	反射波
2	$\frac{1}{4}$	反射波	進行波
3	$\frac{1}{2}$	進行波	反射波
4	$\frac{1}{2}$	反射波	進行波

図 9・28

▶▶▶▶ p.230

問 23

次の記述は，マジックTを用いて，被測定回路の電圧反射係数を測定する方法を述べたものである．☐内に入れるべき字句の正しい組合せを下の番号から選べ．ただし，☐内の同じ記号は，同じ字句を示す．

図9・29のマジックTにおいて，①端子に A ，②端子に B ，③端子に高周波電力計を接続し，④端子から高周波電力P_iを供給すると，②端子の B のインピーダンスが導波管に整合しない場合に反射波を生じ，この一部が③端子に現れて高周波電力計が指示される．この電力計の指示Pは，電圧反射係数Γとの間に$P=(1/4)\Gamma^2 P_i$の関係があるから，Γは，$\Gamma = $ C として求めることができる．

図 9・29

	A	B	C
1	未知インピーダンス	被測定回路	$\dfrac{2P}{P_i}$

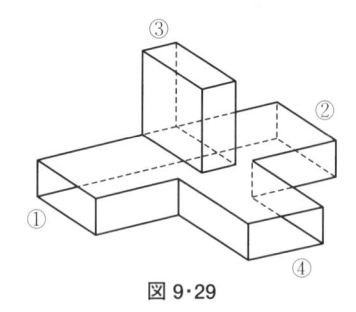

解答

問 22 －2

2	無反射終端	被測定回路	$2\sqrt{\dfrac{P}{P_i}}$
3	無反射終端	検波器	$\dfrac{2P}{P_i}$
4	未知インピーダンス	検波器	$2\sqrt{\dfrac{P}{P_i}}$

▶▶▶▶ p.231

● 解答 ●

問23 -2

国家試験受験ガイド

　この受験ガイドは，第一級陸上特殊無線技士（一陸特）の資格を目指す方を対象に，この資格の国家試験を受験する場合に限った内容で受験の手続について説明してある．

　なお，受験するときは(公財)日本無線協会(以下「協会」という．)のホームページの試験案内によって，国家試験の実施の詳細を確かめてから受験していただきたい．

1 国家試験科目

一陸特の国家試験科目および内容は無線従事者規則に次のように定められている．

無線工学
(1) 多重無線設備（空中線系を除く．）の理論，構造及び機能の概要
(2) 空中線系等の理論，構造及び機能の概要
(3) 多重無線設備及び空中線系等のための測定機器の理論，構造及び機能の概要
(4) 多重無線設備及び空中線系並びに多重無線設備及び空中線系等のための測定機器の保守及び運用の概要

法規
　電波法及びこれに基づく命令の概要

2 試験問題の形式など

各科目の問題の形式，問題数などを次表に示す．

科目	問題の形式	問題数	配点	満点	合格点	試験時間
無線工学	4または5肢択一式	24	1問5点	120点	75点	3時間
法規	4肢択一式	12	1問5点	60点	40点	

　法規と無線工学の試験は，両方の科目の問題が同時に配布されて実施される．また，解答はマークシート方式である．

3 各項目ごとの問題数

　各項目ごとの標準的な問題数を次表に示す．各項目の問題数は試験期によって，それぞれ1問程度増減する項目もあるが，合計の問題数は変わらない．

法　規	
問題の形式	問題数
電波法の概要	1
無線局	1
無線設備	3
無線従事者	1
運用	2
監督	2
罰則	1
書類	1
合　　計	12

無線工学	
問題の形式	問題数
多重通信システム	3
基礎理論	4
変調	2
送受信装置	3
中継方式	2
レーダ	2
アンテナ	2
電波伝搬	3
電源	1
測定	2
合　　計	24

4 試験の実施

実施時期　毎年2月，6月，10月

申請時期　2月期の試験は，12月1日から12月20日まで
　　　　　　6月期の試験は，4月1日から4月20日まで
　　　　　　10月期の試験は，8月1日から8月20日まで

申請方法　(公財)日本無線協会(以下,「協会」という.)のホームページ (https://www.nichimu.or.jp/) からインターネットを利用してパソコンやスマートフォンを使って申請する.

申請時に提出する写真　デジタルカメラなどで撮影した顔写真を試験申請に際してアップロード(登録)する．受験の際には，顔写真の持参は不要である.

インターネットによる申請　インターネットを利用して申請手続きを行うときの流れを次に示す.

① 協会のホームページから「無線従事者国家試験等申請・受付システム」にアクセスする.
② 「個人情報の取り扱いについて」をよく確認し，同意される場合は,「同意する」チェックボックスを選択の上,「申請開始」へ進む.
③ 初めての申請またはユーザ未登録の申請者の場合,「申請開始」をクリックし，画面にしたがって試験申請情報を入力し，顔写真をアップロードする.
④ 「整理番号の確認・試験手数料の支払い手続き」画面が表示されるので，試験手数料の支払方法をコンビニエンスストア，ペイジー(金融機関ATMやインターネットバンキング)またはクレジットカードから選択する.
⑤ 「お支払いの手続き」画面の指示にしたがって，試験手数料を支払う.

支払期限日までに試験手数料の支払を済ませておかないと，申請の受付が完了しないので注意すること．

受験票の送付　　受験票は試験期日のおよそ2週間前に電子メールにより送付される．

試験当日の注意　　電子メールにより送付された受験票を自身で印刷（A4サイズ）して試験会場へ持参する．試験開始時刻の15分前までに試験場に入場する．受験票の注意をよく読んで受験すること．

試験結果の通知　　試験会場で知らされる試験結果の発表日以降になると，協会の結果発表のホームページで試験結果を確認することができる．また，試験結果通知書も結果発表のホームページでダウンロードすることができる．

(公財)日本無線協会の
ホームページ
https://www.nichimu.or.jp/

5 最新の国家試験問題

最近行われた国家試験問題と解答（直近の過去3回分）は，協会のホームページからダウンロードすることができる．試験の実施前に，前回出題された試験問題をチェックすることができる．

また，受験した国家試験問題は持ち帰れるので，試験終了後に発表されるホームページの解答によって，自己採点して合否をあらかじめ確認することができる．

6 無線従事者免許の申請

国家試験に合格したときは，無線従事者免許を申請する．定められた様式の申請書は総務省の電波利用ホームページより，ダウンロードできるので，これを印刷して使用する．

添付書類等は次のとおりである．

(ア) 氏名及び生年月日を証する書類（住民票の写しなど．ただし，申請書に住民票コードまたは現に有する無線従事者の免許の番号などを記載すれば添付しなくてもよい．）
(イ) 手数料（収入印紙を申請書に貼付する．）
(ウ) 写真1枚（縦30mm×横24mm．申請書に貼付する．）
(エ) 返信先（住所，氏名等）を記載し，切手を貼付した免許証返信用封筒

索引

■あ行

- アイソレータ …………………………25
- アイパターン ………………………230
- 圧縮器 ……………………70，111
- アップリンク ………………………115
- アドミタンス …………………………9
- アナログ通信方式 …………………90
- アルカリ蓄電池 ……………………117
- 位相速度 ……………………………23
- 位相変調 ……………………………33
- イメージ混信 ………………………107
- インダクタンス ………………………3
- インバータ …………………………120
- インパットダイオード ………………26
- インピーダンス ………………………8
- 宇宙雑音 ……………………………204
- 影像インピーダンス …………………14
- 影像混信 ……………………………107
- 遠隔監視制御 ………………………143
- 演算増幅回路 ………………………31
- エンファシス ………………………109
- オシロスコープ ……………………223
- オフセットパラボラアンテナ ……182
- オームの法則 …………………………1

■か行

- 開口効率 ……………………………181
- カウント誤差 ………………………223
- カセグレンアンテナ ………………183
- 可動コイル形電流計 ………………220
- ガードタイム ………………………146
- ガードバンド ………………………146
- カロリーメータ形電力計 …………226
- 干渉 …………………………………141
- 干渉じま ……………………………196
- ガンダイオード ………………………26
- 感度抑圧 ……………………………107
- 管内波長 ……………………………21
- 気象レーダ …………………………161
- 起電力 …………………………………5
- 共振回路 ……………………………10
- 共振回路のQ ………………………11
- 共振周波数 …………………………10
- 虚数単位 ……………………………10
- 距離分解能 …………………………161
- キルヒホッフの法則 …………………1
- 空間分割多元接続 …………………146
- 空洞周波数計 ………………………225
- 屈折（電波の） ……………………199
- クライストロン ……………………28
- クリアランス ………………………203
- グレゴリアンアンテナ ……………183
- 群速度 ………………………………23
- 検波中継方式 ………………………140
- 高域通過フィルタ …………………16
- 高能率符号化方式 …………………70
- コーナレフレクタアンテナ ………180
- コリニアアレーアンテナ …………177
- コンダクタンス ………………………9
- コンバータ …………………………120
- コンパンダ …………………………111
- 混変調 ………………………………107

■さ行

- 最小探知距離 ………………………161
- 再生中継方式 ………………………140
- 最大探知距離 ………………………161
- サイリスタ …………………………120
- サーキュレータ ………………………25
- サセプタンス …………………………9

雑音	34, 204
雑音指数	34, 112
サーミスタ	226
山岳回折波	195
サンプリング	68
シール鉛蓄電池	117
指向性	178
指示計器	220
システム予備方式	143
実効値	7
実効長	179
時分割多元接続	146
時分割多重通信方式	92
遮断周波数	22
遮断波長	22
自由空間電界強度	198
自由空間伝搬損失	198
修正屈折率	200
充電（二次電池の）	118
周波数カウンタ	222
周波数分割多元接続方式	146
周波数分割多重通信方式	90
周波数変調	33
準漏話雑音	110
準漏話雑音の測定	228
衝撃係数	66
人工衛星局	115
進行波管	29
伸長器	70, 111
振幅変調	33
水晶発振回路	32
垂直ダイポールアンテナ	176
水平ダイポールアンテナ	176
スタッフ同期	76
スネルの法則	199
スーパヘテロダイン受信機	106
スペクトルアナライザ	227
スリーブアンテナ	177
スロットアレーアンテナ	184
静止衛星	114, 144
静電容量	4
整流形電流計	220
整流電源	118
絶対温度	113
絶対利得	179
セット予備方式	143
相互変調	107
相対利得	179
増幅度	31

■た行

帯域消去フィルタ	16
帯域阻止フィルタ	16
帯域通過フィルタ	16
ダイオード	26
大地反射波	195
ダイバーシチ	142
ダイバーシチ受信	114
対流圏散乱伝搬	203
ダイレクトレポーティング方式	144
ダウンリンク	115
多元接続方式	146
単極性	66
遅延検波	73
地球局	114
地球の等価半径係数	200
地表波	195
直接中継方式	139
直接波	195
直接波と大地反射波の干渉	196
ツェナーダイオード	26
低域通過フィルタ	16
抵抗減衰器	14
定電圧定周波電源装置	119

定電圧電源回路	119
デジタル回路	36
デジタル通信方式	91
デシベル	15
デマンドアサイメント	145
電圧定在波比	19
電界効果トランジスタ	27
電磁ホーンアンテナ	182
電波の窓	205
電離層	195
電離層反射波	195
等化器	112
等化雑音温度	113
同期検波	73
同軸給電線	20
同軸ケーブル	20
導波管	21
導波管窓	24
等方性アンテナ	178
特性インピーダンス	17
ドップラーレーダ	164
トランジスタ	26
トランスポンダ	115
トリガ同期方式オシロスコープ	224
トーン方式	144

■な行

鉛蓄電池	117
ニッケルカドミウム蓄電池	117

■は行

ハイトパターン	196
倍率器	220
白色雑音	34
パケット	94
パスレングス形変調器	72
波長	175

発動発電機	120
バラクタダイオード	26
パラボラアンテナ	180
パルス波形	66
パルス変調方式	67
パルス方式	144
パルスレーダ	158
反射係数	18
半導体	25
半波長ダイポールアンテナ	176
皮相電力	12
ビット誤り率	72
ビット誤り率特性の測定	228
ビーム幅	162, 181
標準信号発生器	226
標準大気	199
標本化	68
標本化定理	70
フィルタ	16
フェージング	203
負帰還増幅回路	32
複極性	66
符号誤り率	71
符号化	69
符号分割多元接続	146
符号分割多重通信方式	94
浮動充電方式	118
ブラウンアンテナ	177
プリアサイメント	145
フリスの伝達公式	198
フレネルゾーン	203
フレーム	93, 95
分岐	24
分布定数線路	17
分流器	222
平均値	7
平行2線式給電線	20

平衡変調器 …………………………………63
ヘテロダイン中継方式 ………………139
方位分解能 ……………………………162
方向性結合器 …………………………230
ポーリング方式 ………………………144
ボロメータ電力計 ……………………225
ホーンレフレクタアンテナ …………182

■ま行
マイクロ波帯 ……………………………21
マイクロ波通信回線 …………………95
マグネトロン ……………………………30
マジックT …………………………24, 231
マルチバイブレータ回路 ………………35
見通し距離 ……………………………201
ミルマンの定理 …………………………6
無給電中継方式 ………………………140
無効電力 …………………………………12
網同期 ……………………………………76
モード ……………………………………21

■や行
八木アンテナ …………………………176
有効電力 …………………………………12
有能雑音電力 …………………………113
容量（電池の）………………………117

■ら行
ラジオダクト …………………………201
リアクタンス ……………………………8
リサジュー図形 ………………………224
利得（アンテナの）…………………178
量子化 ……………………………………68
量子化誤差 ……………………………111
量子化雑音 ………………………69, 111
レーダ方程式 …………………………162
論理回路 …………………………………36

■英数字
1次電池 …………………………………116
2次電池 …………………………………117
2周波中継方式 ………………………141
2乗検波 …………………………………73
4端子定数 ………………………………12

AFC ……………………………109, 160, 163
AMI ………………………………………67

BEF ………………………………………16
BPF ………………………………………16
B-U変換器 ……………………………110

CDMA …………………………………146
CDM方式 ………………………………94
CVCF ……………………………………119
CWレーダ ……………………………164

EIRP ……………………………………179

FDM ……………………………………90
FDMA …………………………………146
FET ………………………………………27
FTC ………………………………161, 164
Fパラメータ …………………………12

HPF ………………………………………16

IAGC ……………………………160, 163
IDC ……………………………………106

j …………………………………………10

LPF ………………………………………16

NRZ ………………………………………66

索引

n形半導体 …………………………25	SCPC …………………………145
	SDMA …………………………146
OPアンプ ………………………31	SHF ……………………………175
	SSB ……………………………62
PAM ……………………………67	SS-FM …………………………65
PCM ……………………………68	SS-FM送受信装置 ……………108
PCM送受信装置 ………………110	SSG ……………………………226
PLL発振回路 ……………………32	SS-PM …………………………65
PPI ………………………………159	SS-SS …………………………64
PPM ……………………………67	STC ……………………………163
PSK ……………………………70	
PSK変復調器 ……………………72	TDM …………………………90, 92
PWM ……………………………67	TDMA …………………………146
p形半導体 ………………………26	TE波 ……………………………21
	TM波 …………………………21
Q …………………………………11	
QAM ……………………………71	U-B変換器 ……………………110
QAM変復調器 …………………74	UHF ……………………………175
RAM ……………………………28	VHF ……………………………175
RHI ………………………………159	VSAT …………………………116
ROM ……………………………28	VSB ……………………………63
RZ ………………………………67	

【著者紹介】

吉川忠久（よしかわ・ただひさ）

　　学　歴　東京理科大学物理学科卒業
　　職　歴　郵政省関東電気通信監理局
　　　　　　日本工学院八王子専門学校
　　　　　　中央大学理工学部兼任講師
　　　　　　明星大学理工学部非常勤講師

一陸特受験教室
無線工学

2007年 3月10日　第1版1刷発行　　ISBN 978-4-501-32560-2 C3055
2022年 9月20日　第1版8刷発行

著　者　吉川忠久
　　　　©Yoshikawa Tadahisa 2007

発行所　学校法人 東京電機大学　　〒120-8551　東京都足立区千住旭町5番
　　　　東京電機大学出版局　　　　Tel. 03-5284-5386（営業）03-5284-5385（編集）
　　　　　　　　　　　　　　　　　Fax. 03-5284-5387　振替口座 00160-5-71715
　　　　　　　　　　　　　　　　　https://www.tdupress.jp/

JCOPY ＜(社)出版者著作権管理機構 委託出版物＞
本書の全部または一部を無断で複写複製（コピーおよび電子化を含む）することは，著作権法上での例外を除いて禁じられています。本書からの複写を希望される場合は，そのつど事前に，(社)出版者著作権管理機構の許諾を得てください。また，本書を代行業者等の第三者に依頼してスキャンやデジタル化をすることはたとえ個人や家庭内での利用であっても，いっさい認められておりません。
［連絡先］Tel. 03-5244-5088，Fax. 03-5244-5089，E-mail: info@jcopy.or.jp

印刷：三立工芸(株)　　製本：渡辺製本(株)　　装丁：高橋壮一
落丁・乱丁本はお取り替えいたします。　　　　　　Printed in Japan

データ通信図書／ネットワーク技術解説書

ユビキタス無線ディバイス
－ICカード・RFタグ・UWB
　　・ZigBee・可視光通信・技術動向－
根日屋英之・小川真紀 著
A5判　236頁
ユビキタス社会を実現するために必要な至近距離通信用の各種無線ディバイスについて，その特徴や用途から応用システムまでを解説した。

ユビキタス時代のアンテナ設計
広帯域，マルチバンド，至近距離通信のための最新技術
根日屋英之，小川真紀 著
A5判　226頁
ユビキタス通信環境を実現するために必要となる，広帯域通信，マルチバンド，至近距離通信に対応したアンテナの設計手法について解説した。

スペクトラム拡散技術のすべて
CDMAからIMT-2000，Bluetoothまで

松尾憲一 著
A5判　324頁
数学的な議論を最低限に押さえることにより，無線通信事業に関わる技術者を対象として，できる限り現場感覚で最新通信技術を解説した一冊。

ディジタル移動通信方式　第2版
基本技術からIMT-2000まで
山内雪路 著
A5判　160頁
工科系の大学生や移動体通信関連産業に従事する初級技術者を対象として，ディジタル方式による現代の移動体通信システムを概説し，そのためのディジタル変復調技術を解説する。

リモートセンシングのための
合成開口レーダの基礎

大内和夫 著
A5判　354頁
合成開口レーダ（SAR）システムにより得られたデータを解析し，高度な情報を抽出するためのSAR画像生成プロセスの基礎を解説。

ワイヤレスブロードバンド技術
IEEE802と4G携帯の展開，
　　　　OFDMとMIMOの技術
根日屋英之・小川真紀 著
A5判　178頁
無線通信における高速大容量化技術について，その要素技術としてOFDMとMIMO，応用領域として各種無線LANと次世代携帯電話について解説した。

ユビキタス無線工学と微細RFID 第2版
無線ICタグの技術
根日屋英之・植竹古都美 著
A5判　192頁
広く産業分野での応用が期待されている無線ICタグシステム，これを構成する微細RFIDについて，その理論や設計手法を解説した一冊。

センサネットワーク技術
ユビキタス情報環境の構築に向けて
安藤繁他 編著
A5判　244頁
情報通信端末の小型化・低コスト化により，大規模・高解像度の分散計測システム（センサネットワーク）を安価に構築できるようになった。本書では，その基礎技術から応用技術までを解説している。

スペクトラム拡散通信　第2版
高性能ディジタル通信方式に向けて
山内雪路 著
A5判　180頁
次世代無線通信システムの基幹技術となるスペクトラム拡散通信方式について，最新のCDMA応用技術を含めてその特徴や原理を解説。

MATLAB/Simulinkによる
　　　　　　　　　　CDMA
サイバネットシステム ・真田幸俊 共著
A5判　186頁
次世代移動通信方式として注目されているCDMAの複雑なシステムを，アルゴリズム開発言語「MATLAB」とブロック線図シミュレータ「Simulink」を用いて解説。

＊定価，図書目録のお問い合わせ・ご要望は出版局までお願い致します。